U0260846

北京科技大学研究生教育发展基金资助项目

科学技术哲学导论

刘文霞　宋　琳　钱振华◎主编

知识产权出版社
全国百佳图书出版单位

图书在版编目（CIP）数据

科学技术哲学导论/刘文霞，宋琳，钱振华主编.—北京：知识产权出版社，2015.10
ISBN 978-7-5130-3984-0

Ⅰ.①科… Ⅱ.①刘… ②宋… ③钱… Ⅲ.①科学哲学②技术哲学 Ⅳ.①N02

中国版本图书馆 CIP 数据核字（2015）第 308223 号

内容提要

本书是硕士研究生“科学技术哲学”课程的教材，为学生对科学技术的研究发展提供辩证唯物主义的世界观和方法论指导。本书除绪论以外，共分 18 章，内容包括：科学与技术的含义和特征，科学与技术的发展模式和趋势，科学与技术的发展历史，自然界的存在，自然界的演化，自然界中的人类，科学技术研究的一般过程及规律，科学技术研究的经验方法，科学技术研究的理论方法，数学方法和系统科学方法，创造力开发，科学技术的社会功能，科学技术与经济、自然的协调发展，科学技术的正负效应，科学文化与人文文化，科学创新与教育，科学技术与人类未来。

本书可供广大高等院校教师、大学生、研究生，科技工作者，哲学、社会科学工作者，管理干部以及其他对科技哲学有兴趣的读者阅读参考。

责任编辑：石陇辉　　**责任校对**：韩秀天
封面设计：刘　伟　　**责任出版**：刘译文

科学技术哲学导论

刘文霞　宋　琳　钱振华　主编

出版发行：知识产权出版社有限责任公司　　**网　　址**：http：//www.ipph.cn
社　　址：北京市海淀区马甸南村 1 号（邮编：100088）　　**天猫旗舰店**：http：//zscqcbs.tmall.com
责编电话：010-82000860 转 8175　　**责 编 邮 箱**：shilonghui@cnipr.com
发行电话：010-82000860 转 8101/8102　　**发 行 传 真**：010-82000893/82005070/82000270
印　　刷：北京富生印刷厂　　**经　　销**：各大网上书店、新华书店及相关专业书店
开　　本：787mm×1092mm　1/16　　**印　　张**：17
版　　次：2015 年 10 月第 1 版　　**印　　次**：2015 年 10 月第 1 次印刷
字　　数：403 千字　　**定　　价**：39.00 元

ISBN 978-7-5130-3984-0

前　言

本书主要是为高等院校理工农医相关学科研究生学习“科学技术哲学”课程编写的教材，也可供广大哲学社会科学工作者、科技工作者、科技管理干部和其他有关人员阅读参考。

本书坚持和发展马克思主义哲学的基本原理，根据原国家教学委员会颁发的《自然辩证法概论教学要点》精神，广泛吸取原国家教学委员会社会科学研究与艺术教育司于1990年组编的《自然辩证法概论（修订版）》等多种版本“自然辩证法”教材的研究成果，同时融入各位参编教师的教学成果。在内容上，本书尽可能广泛吸取国内最新研究成果，面对新世纪，依据科学技术和社会发展的新形势和新特点，在体系结构和内容等方面进行了一些调整和探索，使本书能够反映科学技术哲学发展的最新动向。

本书除了导论，主要由五部分内容组成：科学与技术、现代科学描述的世界、科学技术的创造过程、科学技术的社会运行和科学技术的人文价值反思。在“科学与技术”这一部分，除了阐述科学与技术的含义、特征、发展模式，还着重介绍了科学与技术的发展历史。“现代科学描述的世界”在“人与自然”关系方面吸收了生态自然观、生态伦理学等方面的最新成果，论证了科学发展观、可持续发展的重大意义。“科学技术的创造过程”部分，根据系统科学的理论和观点对有关内容作了充实和深化，把经验方法（科学观察和科学实验）独立为一章，把理论方法（科学抽象、思维、数学方法、系统科学方法和假说与理论）综合为一章，另外把技术方法独立为一章。在“科学技术的社会运行”部分，分析了当代科学技术的社会功能，以及与经济、社会、文化、自然的关系。在“科学技术的人文价值反思”部分，阐释了科学技术的负面作用，探讨其社会价值观；在认识科学技术的精神气质和理性方式的基础上，进一步探讨科学技术对人类文明体系影响的双重效应，探讨科学与人文的融合及新世纪科学的未来走向，探讨了科技创新与教育的关系。

本书由北京科技大学刘文霞副教授、宋琳副教授、钱振华副教授任主编，中国人民解放军信息工程大学宋海龙教授参与了编写工作，具体分工是钱振华撰写绪论及第一章第六节、第十三章；宋海龙撰写第二章；宋琳撰写第三至七章；刘文霞撰写第一章一至五节、第八至十二章和第十四章。

在本书的编撰和出版过程中，得到了北京科技大学研究生院及知识产权出版社段红梅主任及石陇辉编辑的大力支持和帮助，研究生院班晓娟和宁晓钧老师以及周涛和姜志诚老师也对本书的出版给予了大力支持。本书还参考和引述了许多学界同仁的研究成果，在此一并表示真挚的谢意。

由于作者的学识和水平有限，加之时间仓促，本书难免有不当之处，敬请广大读者和同仁不吝赐正。

目　　录

第三篇　科学技术的创造过程

第四篇　科学技术与社会

第五篇　科学技术的人文价值反思

绪　　论

第一节　科学技术哲学的学科性质

科学技术哲学是以科学技术为研究对象的哲学，是一门具有中国特色的学科，是中国学者用马克思主义哲学的观点和方法，研究科学技术发展规律及其一般思维方式而建立起来的学科。可以说科学技术哲学是对科技时代提出的科技相关问题及其要求和挑战的哲学回应，也是联系马克思主义哲学和科学技术的桥梁和中介。

一、科学技术哲学的历史渊源

一般来说，科学技术哲学有两个直接的源流，一个是自然辩证法，另一个是科学哲学。

1. 自然辩证法

科学技术哲学是中国自然辩证法研究的重要领域，也是自然辩证法的研究成果，是20世纪末中国传统自然辩证法和世界科学哲学、技术哲学研究汇流的结果。

自然辩证法是由恩格斯在19世纪70年代至80年代初所撰写的《自然辩证法》这部著作所开创和奠基的一个研究领域。它是在19世纪自然科学、哲学和社会学发展的背景下建立的，并且已发展为一个相对独立的、完整的理论体系，是人类科学认识发展的必然结果。它是马克思主义的自然哲学、科学哲学和技术哲学，是关于自然界和科学技术发展的一般规律以及人类认识和改造自然的已有成果的概括和总结，是随着科学技术发展和人类进步而不断丰富和发展着的开放的理论体系。

（1）研究对象

自从人类在自然界演化的特定阶段分化出来以后，便产生了人与自然的对象性关系，世界的历史发展也由一个纯客观的自然史进入了有人类文明和人类社会的历史。在不断变革人与自然的关系的基础上，在人类认识和改造自然的基本实践活动中，人类发展了科学技术，也发展了认识与改造自然的世界观和方法论，这是人类认识和改造自然的智慧结晶。

辩证唯物主义是科学的世界观和方法论。人类在生产实践活动中，通过科学技术逐渐了解了各种自然现象，增强了人类改造自然的能力。自然辩证法作为辩证唯物主义关于自然界以及人类认识与改造自然的根本观点和看法，是在科学解决人与自然的矛盾过程中发展起来的，又合理地为解决人与自然的矛盾服务。在人与自然的相互关系中，人处于主体地位，是积极地变革人与自然关系的主动方面。自然界处于客体地位，是人类所要认识和改造的客观对象。科学技术则处于中介地位，人类借助于科学技术，使得对于自然界的认识和实践活动不断提高到新的水平。人与自然的关系是贯穿自然辩证法研究全过程的中心线索。从人与自然关系出发，以辩证唯物主义为指导，自然辩证法主要考察和研究处于客体地位的自然界的存在和演化、处于主体地位的人的认识和实践活动，处于中介地位的科学和技术的基本特征和发展规律。这样自然辩证法的研究对象就由三个相互关联的部分组成：自然界的辩证法、科学技术研究的辩证法和科学技术发展的辩证法。这三个方面是相互联系、密不可分的，其中心线索是人与自然的关系。

（2）研究内容

与自然辩证法和研究对象相对应，自然辩证法的研究内容也分为三个部分：辩证唯物主义的自然观、科学技术方法论和科学技术观。

辩证唯物主义的自然观是马克思主义关于自然界的本质及其发展规律的根本观点和理论说明。它是马克思主义关于自然界的本质、存在方式、演化发展以及人与自然的关系做出唯物的同时又是辩证的回答和理论说明，是从世界观的高度阐明了自然界辩证发展的图景。自然观的发展，既受到一定时期文化背景的影响，也受到当时科学技术发展水平的深刻影响。20世纪以来科学技术的迅速发展，大大证实、丰富发展了辩证唯物主义的自然观，为现代自然观的丰富和深化提供了大量的科学材料，但是要对现代自然科学成果进行全面考察和概括，却是一项十分艰巨的工作。

辩证唯物主义的科学方法论，是马克思主义关于人类认识自然和改造自然的一般方法的理论体系。它是以辩证唯物主义认识论和方法论为指导，在现代科技发展的水平上对各门科学技术的一般研究方法做出理论上的概括和总结。它在阐明科学方法与科学认识的关系以及科学问题和科研选题的基础上，主要讨论经验方法，包括观察和实验、理论方法（如科学抽象和科学思维）、科学假说和科学理论，以及技术方法（包括技术发明和技术创新），另外还有数学方法和系统科学方法等。科技方法论是人类认识和改造自然必须遵循的规律，它在本质上与自然界的辩证发展规律是一致的，也是随着科技活动的发展而不断丰富和发展的。

辩证唯物主义的科学技术观是马克思主义关于科学技术的本质及其发展规律的根本观点。科学技术作为一种特殊的社会活动现象，同样有其自身的辩证发展规律。马克思主义的科学技术观，是在现代科技发展及其与社会强大相互作用的基础上，研究科学技术的本质特征、体系结构和发展规律，科学技术的价值观和社会功能，科学技术发展的动力学机制、发展模式和发展趋势，以及科技、经济、社会的协调发展等问题。

自然辩证法除了包括以上三个主要的组成内容外，还常常包括其他一些内容。例如，各门自然科学中的哲学问题研究，科学哲学、技术哲学研究，以及其他应用研究等。

（3）学科性质

自然辩证法的对象和内容决定了它是一门具有哲学性质的学科。它是马克思主义哲学的一个分支学科。

马克思主义哲学是关于自然、社会和人的思维一般规律的科学。自然辩证法不同于马克思主义哲学的一般原理，它是以人类认识和改造自然的成果即科学技术为基础，更深入更具体地揭示自然界的辩证发展规律。

认识、改造自然的方法论及科技发展的辩证法，也不同于自然科学和技术的各门具体学科。在科学和哲学认识层以上，自然辩证法处于马克思主义哲学的普遍原理和科学技术的具体学科之间的位置上，是联系二者的纽带和桥梁，是具有中介学科特点的一个哲学学科。可以说，它来自科学技术，又指导和影响科学技术的发展。自然辩证法是科学技术发展成果的哲学概括和总结。

自然辩证法的另一显著特点，是它与多门学科的交叉、渗透，有交叉学科的性质。自然辩证法是哲学与具体科学，特别是自然科学交叉渗透而形成的，与自然科学、技术科学、自然史、科学史、技术史、科学学、技术论、创造学、系统科学、科学技术、社会学、科学哲学、技术哲学、认知科学等有着密切联系，使其研究对象和内容都有若干方面的交叉。因此，它的学科地位不是孤立的。它不仅反映了哲学与自然科学的交叉，也反映了自然科学、技术科学、思维科学、社会科学的交叉。从这个意义上说，自然辩证法带有交叉学科的性质。

2. **西方科学哲学**

科学哲学，是以科学为其研究对象的哲学，而且主要是以自然科学为其研究对象的哲学，是对科学的哲学反思。西方科学哲学的研究范围随着历史的发展而在不断变化。早期西方的科学哲学思想着重研究和探讨科学的方法论问题，后来又研究科学知识的逻辑结构问题。现代西方的科学哲学的研究范围更加广泛。

英国《大不列颠百科全书·科学哲学》条目所记："科学哲学。首先，试图阐明科学研究过程中所涉及的要素：观察过程、理论模式、表述与计算方法、形而上学的预设等；然后，从形式逻辑、实际的方法论和形而上学的观点出发，估计它们的有效性的基础。"❶

西方科学哲学建立于20世纪初，但它的思想最早萌芽于古希腊、古罗马时期的哲学，不过当时是作为认识论的一个组成部分而包括在一般的哲学体系之中。随着近代科学的产生和发展，认识论开始成为哲学研究的中心问题。西方的科学哲学思想自此有了长足的进步。20世纪20年代，逻辑实证主义的兴起标志着科学哲学的成熟。

现代西方科学哲学的主要流派包括逻辑实证主义（也称逻辑经验主义）、批判理性主义和历史主义。20世纪50年代，逻辑实证主义在西方科学哲学领域占统治地位，它利用数理逻辑的方法对科学知识的结构作静态的逻辑分析。人们又称它为逻辑主义的科学哲学。

20世纪50年代以后，新的科学技术革命出现了，逻辑实证主义因不能适应新形势而迅速衰落，代之兴起的是波佩尔的批判理性主义（即证伪主义）和奎因的逻辑实用主义等。虽然它们占领西方科学哲学舞台的时间很短，但是从它们的哲学思想中却演化出了一个新的流派——历史主义学派。历史主义对科学哲学的变革是根本性的，它主张科学哲学与科学史的研究相结合，着重研究科学发展的动态模式等问题，创造了西方科学哲学新的繁荣。但是，历史主义学派带有浓厚的非理性主义和相对主义的思想。因此，20世纪60年代末以来，它遭到了新历史主义学派的批判。新历史主义学派，尤其是以夏皮尔为代表的一翼，批判了旧历史主义学派的错误思想，继承了其中的合理成分，并把它与科学实在论结合起来，造就了西方科学哲学中唯物主义的复兴，给现代西方科学哲学带来了生机。

现代西方科学哲学是现代西方哲学的一个重要组成部分，它以自然科学为主要研究对象，反映了西方科学技术发展的现状，相对于现代西方的人本主义哲学来说，具有较多的合理成分，批判地研究现代西方科学哲学，严肃地清除其错误观点，辩证地汲取其合理成分。这不仅对于加深了解现代西方科学技术和文化的现状有重要的意义，而且对于加深理解和丰富发展马克思主义理论也有重要的意义。

二、中国的科学技术哲学研究

中国科学技术哲学的发展已有整整一个世纪的历史，可以回溯至20世纪二三十年代。

❶ 夏基松，沈斐凤. 西方科学哲学［M］. 南京：南京大学出版社，1987.

中国科学技术哲学是在中国传统文化衰退、西方文化大举进入中国的背景下发展起来的，西方现代科学哲学及其学术传统、马克思主义的自然辩证法和中国传统哲学中的自然哲学传统是它的三大学术来源。马克思和恩格斯寻求对科学的社会经济解释而形成了马克思主义的科学技术哲学——自然辩证法。中国的“自然辩证法”研究，是由一批倾向于马克思主义的学者从研读恩格斯的《自然辩证法》一书而发展起来的。恩格斯的原著是一份未完成的手稿，长期以来，一方面存在着学科范围不清晰、学科框架不完整等恼人的问题，另一方面也为特定时期中国学者的创造性工作留下了充裕的空间。[1] 20 世纪 70 年代末以后，世界哲学和科学技术已经发展到了一个新的阶段：科学哲学一度繁荣，成为世界现代哲学的主要思潮之一。自然辩证法在中国也再度成为研究热点，自然辩证法采取的是一个兼容并包的“大口袋”方针，在自然辩证法的旗帜下聚集了许多新人、新思想、新成果，如现代自然观、科学技术方法论、科学技术观、科学思想史、科学哲学、技术哲学、科学学、科学技术史等。这使得自然辩证法不再是一门学科，而迅速演变成为一项涉猎广泛的事业或研究领域。

中国的自然辩证法在不断发展的同时，西方科学哲学和技术哲学日趋成熟。20 世纪 80 年代中期，随着改革开放的深入，人们开始反思科学技术实践中的许多新问题，对自然辩证法学科本身的建设也有了更彻底的思考。介绍和吸收西方科学哲学和技术哲学的成果成为改造和推进自然辩证法研究的重要借鉴。于是，在 1987 年，当国务院学位委员会修改研究生学科目录时，自然辩证法的学科名称改成了“科学技术哲学（自然辩证法)”。之所以带一括号，主要是照顾一部分同志的习惯。此后，科学技术哲学作为哲学的二级学科逐渐成为哲学中最有生气的分支之一，前景为人看好。科学技术哲学也在不断开拓新的研究领域，逐步就科学技术本身及其与经济、社会、文化相联系的各个方面进行哲学层次的思考和探索，批判地吸收历史上和当代该领域其他学派的研究成果，取得了显著的学术成就和社会效益，科学技术哲学类的课程在高校普遍开设。实践证明，它对于帮助学生掌握科学的思维方法和工作方法，开阔视野、扩大知识面、改善知识结构等起着重要作用。

在今天，随着改革开放和世界科技革命的潮流的汹汹涌进，科学技术哲学的研究框架又有了许多变化，研究内容有了新的拓展。科学技术哲学改变了过去自然辩证法研究相对封闭的局面，也摆脱了西方科学哲学和技术哲学在中国与马克思主义哲学相对立的困境，陆续分化和形成了一系列专门的学科分支，如科学学、未来学、科学哲学、科学方法论、科学技术思想史、技术哲学、科学社会学、科学技术与社会研究等，在我国高等学校和部分科研机构也建立起了比较规范的科学技术哲学专业硕士、博士生教育体制。

可见，中国科学技术哲学研究独具中国特色，它是马克思主义哲学研究科学技术的重要方面，是中国的自然辩证法研究发展的必然结果，是以马克思主义哲学的立场、观点、方法对西方科学哲学和技术哲学成果进行吸收、继承、创新的结果。总之，中国的科学技术哲学是在马克思主义哲学的引导下，由自然辩证法、科学哲学、技术哲学汇流而成。在 21 世纪，科学技术哲学将更加全面深入地研究其基本内容，对新世纪科技发展的趋势（信息化和生态化)，也将做出新的诠释，对高科技产业化的运作及其后果，也将更为关注。

---

[1] 刘大椿．科学技术哲学的学科定位问题［G］//中国自然辩证法研究会，中国科学院研究生院．自然辩证法走进新世纪．哈尔滨：哈尔滨出版社，2002：118.

第二节　科学技术哲学的研究领域和内容

科学技术哲学的研究领域很广。中国人民大学刘大椿教授指出，当代研究要在前20多年引进国外成果的基础上，把着眼点放在分析评论和消化吸收上面，对科技前沿的一系列重大问题做出恰当的哲学概括，对西方相应领域有价值的观点和内容加以分析和借鉴，还应特别注意对中国传统文化和哲学思想中的精华结合现代科学思想给以必要的阐发和张扬。他将科学技术哲学的研究领域和内容归为以下几个主要方面。[1]

一、综合研究

科学技术决定着当代经济发展和社会进步，同时影响哲学思潮的变化。这方面的研究要求在全面系统地调查和占有资料的基础上进行综合分析，做出实事求是的结论，重点应把握科学、技术、经济、社会、意识之间的转化机制。

该类研究主要包括下列内容：①当代科技革命与资本主义；②当代科技革命与社会主义；③当代科技革命与马克思主义；④科学技术是第一生产力；⑤科学技术与经济、社会协调发展的体制和机制。

二、自然科学哲学问题研究

自然科学前沿的哲学探讨，是本学科的活跃领域，是实现人文社会科学工作者与自然科学工作者联盟的主要阵地，既有助于为具体科学研究拓展思路，又能为哲学发展提供生长点。在自然科学哲学问题的研究中，必须对自然科学和哲学的最新成果都有比较深入的了解，这样才可能做出实事求是的、深刻的哲学分析和概括。

这方面研究的课题领域主要是：①数学哲学问题；②天文学哲学问题；③物理学哲学问题；④化学哲学问题；⑤地理学哲学问题；⑥生物学哲学问题；⑦心理学基本理论及其哲学问题；⑧智能机、人脑与思维科学哲学问题。

上述领域牵涉面广、内容丰富，不能设想在短期内能把研究全面展开，首先应该在每个领域里选取那些代表该领域发展方向、可能取得重大突破，同时对于哲学思维的开拓又有重要价值的问题，特别是对那些已经产生广泛影响、迫切需要用马克思主义观点加以分析的问题，进行扎扎实实的研究。

三、自然观研究

自然观是人们关于自然界总的看法和根本观点，包括物质观、运动观、时空观、意识观、自然发展史、人与自然的关系等多方面的内容。历史上，这些问题的研究常常纳入哲学和哲学史之中，现在则被看作科学技术哲学的一个基本研究领域。这是因为，科学技术哲学的研究对象——科学技术实际上是人们认识和改造自然的活动及其成果。从总体上把握自然界和人与自然的关系，是科学技术哲学所必须研究的。

这方面的研究应当紧密结合当代自然科学的进展，结合科技发展给自然造成的变化，

---

[1] 刘大椿．科学技术哲学导论［M］．北京：中国人民大学出版社，2001：12－16.

根据新的材料，坚持和发展辩证唯物主义自然观，明确并协调人与自然之间的复杂关系。这方面研究的课题范围包括：①物质系统的层次分析；②时空范畴及其现代自然科学基础；③当代科学前沿提出的范畴与规律研究；④天然自然与人工自然；⑤人工智能与自然的辩证发展；⑥人与自然关系的协调；⑦全球问题（人口、粮食、能源资源、环境问题及其对策）；⑧生态问题。

四、科学哲学与科学方法论研究

当代科学哲学研究取得了重大进展。但在国外，目前呈现出学派纷呈的局面，迫切需要认真分析已有的成果，做出有一定深度的概括。

科学方法论研究在一定意义上与科学哲学研究是重叠的，不过它更加偏重于对科学的方法及其所遵循的规范进行理论分析，致力于科学活动的运作问题。这方面的研究宜与科学史研究和科学社会学研究结合，对著名科学家和重要科学发现进行案例分析，总结他们的科学思想和方法论建树。

科学哲学和科学方法论的研究范围主要包括：①科学发现的逻辑与科学证明的逻辑；②科学哲学中的实证论、实在论与实用主义；③科学认识的经验层次和理论层次；④科学进步与科学合理性；⑤科学理论与科学活动的评价；⑥科学哲学的基本理论范畴研究；⑦逻辑经验主义研究；⑧历史主义学派研究；⑨当代著名科学哲学家及其代表著作研究；⑩著名科学家的哲学思想研究；⑪当代中国著名科学家的方法、思想与社会活动研究；⑫当代后实证主义和后现代主义研究。

五、技术哲学与技术方法论研究

技术哲学是新兴的、有重大实践意义的学科领域。在研究中，尤其要注意恰当地确定选题和研究方向，不要单纯就技术论技术，要从科学、技术、经济、社会之间的相互作用来分析近现代技术发展的历程和趋势，深入研究技术与自然、技术与科学、技术与经济、技术与社会、技术与文化、技术与心理以及技术评估等问题。

主要的课题范围包括：①马克思主义技术观；②科学、技术、生产的相互联系，它们之间的转化机制和规律；③基础研究、应用研究、开发研究结构的合理选择，技术发展的战略；④技术创新、制度创新和管理创新问题；⑤技术发明和技术转移的内在机制与社会条件，技术的社会体制和社会激励；⑥技术、自然与人的协调，技术活动中人的因素，工程技术人员的社会地位和活动方式；⑦技术价值论与技术评估；⑧高技术发展战略问题；⑨一般技术方法论原则，管理方法论原则，工程设计的一般原则等。

关于技术科学和工程技术的哲学问题，主要涉及下述研究领域：①医学哲学问题，医学伦理学问题；②农学哲学问题；③工程技术哲学问题；④系统科学哲学问题；⑤生态学哲学问题；⑥一般技术观；⑦技术发展方法论。

六、科学技术与社会研究

科技推动社会进步的作用机制、促进社会进步的途径，是科学技术哲学与社会学研究的前提条件。

这方面研究的课题范围包括：①科学技术发展的社会后果和控制；②技术发展的社会

机制和技术的社会功能；③现代化的进程，技术革命与社会革命的结合；④技术决定论的意义和局限；⑤科学活动的社会规范与社会体制；⑥我国科学技术现代化的途径和对策；⑦我国科技体制改革的理论探索；⑧“科教兴国”战略方针研究；⑨新中国成立以来科技政策的经验总结；⑩“863 计划”“星火计划”“火炬计划”实施的经验总结与理论评价；⑪各国的科技立法及其比较研究，科技人才培养的社会环境、途径和机制；⑫科学观的研究；⑬科学技术对国际和平与安全的影响。

七、科学与文化研究

科学是一个重要的文化领域，是人类文化中极其重要的组成部分。探讨科学与文化问题，要认清科学在整个文化中的地位，要研究和创造在全社会形成科学意识的环境和机制，论证科学精神与人文精神的关系、它们的内在统一性，加强科学价值观和科学伦理学的建设，使科技的现代化发展与物质文明建设、精神文明建设相互促进。

这方面的研究课题范围包括：①科学意识的形成、传播和历史使命；②科学文化与人文文化；③科学精神与民主精神；④科学价值观与社会主义精神文明；⑤文化传统与文化背景对科学活动的制约；⑥哲学层次上的科学世界观与自然科学层次上的科学规范；⑦科学与企业文化；⑧科学与宗教；⑨科学活动与“真善美”的统一性；⑩科学主体社会活动的多重性（科学与非科学方面）；⑪中西文化传统对科技发展影响的比较研究；⑫科学、非科学、反科学与伪科学。

八、科学技术哲学名著与科学技术哲学史研究

认真研究科学技术哲学的经典著作和国外科学技术哲学发展的历史，弄清楚本学科的历史渊源，了解它曾经面对的主要问题和提出的主要思想，才能批判地继承。这方面的课题范围包括：①恩格斯《自然辩证法》研究；②马克思学说中的科学技术论；③科学革命与列宁的哲学思想；④西方马克思主义论科学技术的异化；⑤自然辩证法与中国马克思主义思想运动；⑥从“科学的哲学”运动到“科学哲学”学科；⑦西方科学主义、技术决定论思潮的历史命运；⑧科学哲学与分析哲学；⑨科学哲学与现代中国思潮。

从当前实际出发，近期科学技术哲学研究的主要领域和内容可以参照自然辩证法研究归于六个方面：第一是科学技术哲学学科的基础研究，包括科学技术哲学的总体特征研究和西方科学哲学、技术哲学介绍，在本书中属于导论部分；第二是科学技术的历史发展以及科学技术的基本特征，组成本书的第一篇；第三是当代自然观和人与自然关系的研究，这一研究以现代科学技术为中介和基础，构成本书的第二篇；第四是科学技术方法论研究，包括理论方法、经验方法和技术方法，大量吸收西方科学哲学和技术哲学有关研究成果，组成本书的第三篇；第五是科学技术观研究，包括科学技术与经济、社会、政治、文化关系的研究，科学技术与社会因素之间的相互作用研究，科学技术主体社会活动的研究等，它们构成了本书的第四篇；第六是对当代科学技术的价值反思以及科学技术发展的未来趋势研究，构成了本书的第五篇。

本书以了解国外动态，立足国内实际为前提，力图使传统的课题研究更为深入，对 21 世纪科技发展的趋势做出新的诠释，对高科技产业化的运作及其后果也将更为关注。这主要表现在以下方面。

1）对科学和技术进行了区分。因为，无论就其认知方式、范式结构而言，还是就其文化渊源、社会载体，特别是价值观念、行为规范而论，两者都是很不相同的。从默顿开始为科学活动所归纳的规范结构中，是不能把技术简单纳入进去的。不论科学如何“技术化”，不论技术如何“科学化”，不论科学、技术如何“一体化”，都只能说明它们之间的关系变得越来越密切了，而绝对不意味着就可以把它们混同起来。

2）自然观的研究重点转向在全球问题背景下的人与自然关系的探讨。生态哲学、环境伦理学的研究引人注目；近年来，现代自然哲学的讨论也恢复了一定的势头。在自然及自然哲学研究方面，围绕人工自然研究的意义，人工自然的界定，天然自然、人工自然与生态自然的关系，人工自然与中国经济、城市建设以及人的全面发展等问题进行了研讨。

3）把技术方法的地位提升到与科学方法相当的地位。不仅把科学认识论和科学方法论的研究进行了系统阐述，同时对技术方法的探讨也成为重要核心之一。此外，还开始把注意力转向技术哲学特别是技术创新的问题；对于证明与发现、发明与创新的关系有了更深入的了解。

4）增添了科学技术史的内容。对科学技术的发展规律，既从学科本身和社会体制的角度，也从科技史和思想史的角度进行研究；对科学前沿问题的哲学讨论也更加到位。与科学史的研究密切相关，试图历史地回答科学的理性本质问题。不过，科学史研究必须同其他方面的研究结合起来，否则就有沦为盲目的编年史大全的危险。

5）社会学的角度着重探讨科学技术的社会运行和科学技术的社会功能两个方面。科学技术本质上是一种探索性的社会活动，考察科学技术在各种社会条件制约下的成长历程，把科学技术作为一种社会建制、一种专门职业来进行研究。对于科学、技术、经济、社会、文化、意识之间的矛盾与互动关系，不仅从理论上进行了许多研究，而且关注它们的实践方面。其中，联系中国的历史和现实所做的探讨多有新意。

第三节　学习和研究科学技术哲学的意义和方法

一、意义

学习科学技术哲学，对于用辩证唯物主义的基本立场、观点和方法观察问题、分析问题、指导实践、端正政治方向、树立正确的世界观、掌握科学思想方法是必不可少的重要方面，有助于提高辩证思维能力和实际应用唯物辩证法的自觉性，对于青年学生来说，意义重大。

1. 科学技术哲学对科技人才的培养提供了正确的自然观和科学技术观的指导

从事科学研究，应该对自然界有一个总的看法，对科学技术有一个总的认识，因为人的一切活动都是在一定的思想观念支配下进行的。对于跨世纪的人才来说，自然界将是他们认识的主要客体。因此，一个正确的世界观，特别是自然观能为他们的科学认识和实践活动指明正确的方向和道路。过去我们在科技发展或经济建设中犯错误、出问题，往往不是在具体的战术问题上，而主要是在人与自然关系、科学技术与社会关系问题这一类总体问题或战略问题上违背了辩证法。因此自然辩证法这门学科能够给科技工作者提供对自然界、科学技术、经济建设的总的看法和基本观点。另外，科学技术的发展有自己的规律，只有通过新的研究才有可能揭示这些规律，这是一般的哲学和具体自然科学研究所不能取代的。

科学技术工作者通过科学技术哲学这一桥梁把科学技术与哲学联系起来，比较易于接受辩证唯物主义的自然观，正确认识科学技术与自然、科学技术与社会的关系，更易于把科学技术看作处理人与自然关系的认识和手段，把社会看作展开这种认识和手段的“自然历史过程”，从而在观念上走向历史唯物主义。正确理解科学技术与社会的关系，还有助于更好地理解马克思主义的经济学和社会主义理论，以及这些理论在今日中国的新发展。

2. *科学技术哲学为科技工作者提供了科学的认识论和方法论指导*

在新世纪掌握和运用科学的思维工具和研究方法是科技进步和科研成败的关键。因为科技史表明，无论自然科学之兴盛，还是社会科学之昌明，都与方法论的发展和完善程度息息相关，以理论思维形态表现出来的认识工具——科学方法论是任何一个理论体系的精华。而理论体系中最有价值，最值得珍视的是科学研究方法。而自然辩证法所包含的方法，特别是现代思维方式和方法，是科学发展史和认识发展史中的哲学概括和总结，对各门自然科学研究具有普遍的指导意义。在西方许多国家都非常重视科学方法的研究。非标准分析的奠基者、英国数学家 A. 鲁宾逊在一篇题为《数理逻辑的发展》的论文中说：“数理逻辑的前途可能在于辩证法”。我国一些著名科学家也都十分强调科学工作者学习和钻研科技哲学、自然辩证法理论和方法的重要性。著名科学家钱学森说，马克思主义哲学确实是指导科学研究的重要武器，特别是自然辩证法。[1] 著名数学家杨乐、张广厚也认为：“唯物辩证法可以替一切科学的研究方法规定一个总的正确方向。这些年来，我们在理论研究工作中之所以能够取得不断突破，其中一个重要原因正是唯物辩证法的观点指引我们沿着正确方向进行研究。”[2]

3. *学习科学技术哲学可以培养和提高科学技术研究能力，促进科研创新*

恩格斯说，一个民族要想站在科学的最高峰，就一刻也不能没有理论思维。恰好辩证法对今天的自然科学来说是最重要的思维形式。[3]

辩证思维的能力是科学工作者乃至整个民族所具有的科学技术能力的有机组成部分。自然辩证法正是探讨理论思维在科学发现和科学发明中的作用的科学。因此，一切从事科研和技术创造的人都应当自觉地用辩证法武装自己的头脑这一科学研究中最重要的工具。科学技术工作者的生活和研究总是受一种哲学思维的支配，区别只在于是受一种落后哲学的支配，还是受建立在科学基础上的、适合现代科学发展的哲学思维方式的支配。学习科学技术哲学，掌握现代科学思维方式，虽然不能代替具体的科学研究和技术实践工作，但是能够在自然观、科学技术发展的规律和科学技术方法论上，帮助科学技术工作者提高科学研究和技术实践的能力，进一步发挥他们的主观能动性和创造性。

4. *学习科学技术哲学可以提高科技工作者的政策水平*

学习科学技术哲学可以提高贯彻执行我国科技政策的自觉性，为实施“科教兴国战

---

[1] 震光．钱学森同志关心自然辩证法的研究工作［J］．自然辩证法通讯，1981（3）．

[2] 张广厚．用唯物辩证法指导数学研究工作的体会［G］//《哲学研究》编辑部．自然辩证法文集．长春：吉林人民出版社，1979．

[3] 恩格斯．自然辩证法［M］．北京：人民出版社，1971．

略”、建设有中国特色的社会主义做出更大的贡献。当前世界上的竞争，实际上是科学技术水平的竞争。学习科学技术哲学，了解科学技术的特点、方法和发展规律以及科学技术与自然、社会的关系，有助于我们抓住现代科学技术革命的机遇，制定和推行正确的科学技术发展战略，认清科学技术各学科的发展趋向及其在我国科学技术现代化中的地位，促进科学技术各学科的交叉和结合，正确估量各种技术的社会经济效果和环境后果等。

5. 扩大了学生视野，开阔了思路，扩大了知识面，改善了知识结构

21 世纪是科技世纪，21 世纪的科技呈现出高度分化又高度综合的发展趋势。一方面，各门基础学科相互交叉、相互渗透；另一方面，以计算机、新能源、信息、生物、海洋、空间等为代表的新学科又如雨后春笋层出不穷。因此，新时期的科学发展特点要求科技人员既要有精深的专业知识，又要有广博的其他知识，向综合化方向发展。

自然辩证法课程是以马克思主义哲学为指导，具有较高综合性和普遍性的结论，是一门交叉学科，既有哲学和科学技术交叉，又有文理交叉，因而使学生专博结合，活跃了思想，在所学的各门孤立的知识块之间建立起联系，加深了从整体上对自然界的本质、特点和发展规律的认识，在头脑里形成一幅较完整的自然界发展的辩证图景，提高了理论思维能力，提高了他们综合研究与分析问题的能力，这非常符合交叉科学时代对科技人才的要求。

在新世纪，全世界都在倡导创新意识，“创新是一个民族进步的灵魂，是国家兴旺发达的不竭之力”。在当代新技术革命蓬勃兴起、中国与世界经济科技接轨、国际竞争日益激烈的条件下，大力开发科技人才的创造力，大力发展科技，是关系我们民族兴衰的头等大事。自然辩证法责无旁贷地担负起帮助科技人才树立正确的自然观、科技观、人生观、价值观的重要任务，担负起培养、提高科技人才创造性思维能力的重大责任。这是国家和历史的重大使命。

二、学习科学技术哲学的方法

科学技术哲学是一门内容非常丰富的学科，学习科学技术哲学必须坚持实事求是的科学态度，着重领会它的基本观点和方法，多读书、多思考，还必须力求理论联系实际。同时，还要做到四个坚持。

1）要坚持以辩证唯物主义哲学为指导。要掌握和遵循包括《自然辩证法》等在内的一系列马列著作中的基本原理和观点，同时，也要不断研究新的历史条件下的理论发展。处理好坚持和发展的关系，是学好科学技术哲学的首要前提。

2）要坚持以自然科学为基础。结合自然科学的历史发展以及当代科学技术的最新成果和自己所学专业的特点来学习和把握科学技术哲学的理论和方法。

3）要坚持“双百方针”，倡导学术民主的研究风气。在改革开放时代，教师和学生都有条件接触更多的理论问题和学术观点，“教”和“学”都不应该“扣帽子”“打棍子”，要提倡实事求是的态度。

4）学习和运用科学技术哲学的理论和方法，要坚持反对两种倾向：一种是用科学技术哲学代替自然科学研究的所谓代替论；一种是轻视理论思维，贬低科技哲学、自然辩证法等指导作用的所谓取消论。

第一篇
科学与技术

本篇旨在揭示科学技术的含义与特征，理清两者之间的区别与联系，探讨现代科学技术的体系结构，并按照远古、古代、近代、现代的历史顺序，简要考察科学技术起源及演化发展的历史，为进一步探讨科学技术的认识功能、社会功能及其价值奠定基础。

第一章 科学与技术的含义和特征

第一节 科学及其特征

一、科学的含义

科学一词，来源于拉丁文“scientia”（英语为“science”），原意为“学问”或“知识”。19 世纪下半叶，随着科学知识体系的形成，人们对于科学的概念和含义有了进一步的理解。给科学下定义的第一个科学家，是著名生物学家、进化论的奠基人达尔文。1876 年达尔文指出，科学在于综合事实，并从中得出一般的法则或结论。科学学创始人贝尔纳认为，现代科学是一种建制，一种方法，一种积累的知识传统，一种维持或发展生产的主要因素以及构成我们诸信仰和对宇宙与人类的诸态度的最强大的势力之一。[1] 马克思和恩格斯在《神圣家族》一书中也曾经论证了科学的真正含义，指出：“科学是实验的科学，科学就在于用理性方法去整理感性材料。归纳、比较、观察和实验，就是理性方法的主要条件。”[2]

在中国古代，《礼记·大学》中有“格物致知”的说法，意谓穷究事物的原理而获得知识。清代末年，人们把声、光、电、化等自然科学统称之为“格致学”。日本明治时代的启蒙思想家福泽谕吉首次把 Science 译为“科学”（意思是分门别类加以研究的学问）。1893 年，康有为最早将“科学”一词引进中国。随后，梁启超在《变法通议》中，严复在其译著《天演论》中，都使用了“科学”一词。从此，科学一词便在我国广泛使用。

当前，关于科学的定义说法很多，主要有以下几种。

- 科学是按在自然界的次序对事物进行分类和对它们意义的认识。[3]
- 科学是作为一种整体的知识的总和……，或者在它总体上的描述、有计划的发展以及研究。[4]
- 科学是认识的一种形态。……是指人们在漫长的人类社会生活中所获得和积累起来的、现在还在继续积累的认识成果——知识的总体和持续不断的认识活动本身。[5]
- 科学是在社会实践基础上历史地形成的和不断发展的关于自然、社会和思维及其规

---

❶ 贝尔纳. 历史上的科学［M］. 北京：科学出版社，1981：684.

❷ 马克思，恩格斯. 神圣家族［M］. 北京：人民出版社，1958.

❸ 吕乃基，译. 新英国百科全书第 6 卷［M］. 芝加哥：芝加哥大学出版社，1976：5292.

❹ 吕乃基，译. 百科全书第 12 卷［M］. 1957：556.

❺ 朴昌权，译. 世界大百科辞典第 5 卷［M］. 1976：229.

律的知识体系，科学是对现实世界规律的不断深入认识的过程。❶

• 科学是关于自然、社会和思维的知识体系，❷ 或者说，科学是以范畴、定理、定律形式反映现实世界多种现象的本质和运动规律的知识体系。❸

上述情况表明，多年来，虽然许多哲学家、科技史家、科学学家都从各个方面对科学的确切定义进行过探讨，但至今尚未统一起来。有的人，如科学史家梅森，认为“很难找到一种能简明表示适用于一切时间和地点的科学定义”。❹ 但是，概括起来，科学概念包括以下三个方面的内涵。

首先，科学是一种知识体系。人们是通过生产实践、社会其他实践和科学实验而得到知识的。然而，零散的经验知识还不是科学。科学是网罗事实、发现新事实并从中得出关于事物的本质和普遍规律的理论知识。科学也不仅仅是某种事实和规律的知识单元，而是由这些知识单元组成的体系。

其次，科学是产生知识体系的认识活动。人们对客观世界的认识是一个由不知到知、由知之甚少到知之较多的动态过程。所以，知识体系也不是一成不变的。科学是一个不断发现未知事实和未知规律，并使知识体系演化的过程。在这个过程中，科学思想、科学方法、科学态度和科学实践是密切联系的。

最后，科学是一种“社会建制”。随着科学的发展，一方面，科学在社会物质文明和精神文明建设中的功能日益显著，地位日益重要；另一方面，科学也由单个人的工作发展到集体研究再发展成为一项社会化事业。不仅科学家，而且政府、企业都直接参与科学事业。在某些学科领域，科学甚至成为一项国际性的事业，需要进行跨国合作。

科学概念有广义和狭义之分。广义地说，科学包括自然科学、社会科学和思维科学。狭义地说，科学仅指自然科学，不包括技术在内。本书中涉及的科学作狭义的理解，主要是指自然科学。当然，其中的某些观点也适用于理解社会科学。

二、科学的特征

1. 理性和实证性

科学归根到底来自于对自然界的感性认识，科学的知识单元包括观察和实验报告所提供的关于经验事实的陈述性知识。感性经验所反映的自然事物的现象，是局部的、零散的、肤浅的知识，但科学中陈述的经验事实，已经不是或不完全是直接的感性表象，而是在理性指导下，经过一定的理性概括，并表现为理性形式（概念、判断的形式）的经验知识。

要将感性认识上升到逻辑的和理性的认识，科学的知识单元还必须包括以定律、定理来表述的判断性知识或反映过程必然性的程序性知识，以及揭示对象本质和原因、表现于假说和学说的解释性知识。只有对客观事物规律和本质有系统的认识，能够确认和解释对象及过程是什么、为什么时，科学才能成为科学。

经验事实经过进一步加工成为判断性知识和解释性知识，才能成为完整的理论或理性

❶ 大百科全书第29卷. 苏联大百科全书出版社，1924：241.

❷ 辞海（缩印本）[M]. 上海：上海辞书出版社，1980：1746.

❸ 中国大百科全书·哲学 [M]. 北京：中国大百科全书出版社，1987：404.

❹ 梅森. 自然科学史 [M]. 上海：上海人民出版社，1977：19.

认识。科学理论的一个重大特点就是它具有逻辑性，是一个由概念、定律、定理、学说和数学推理等构成的有条理的自洽的知识体系。

科学理论必须是对客观事物和过程的真实反映，它是否是真知，是否是客观真理，必须经过科学实验的检验。实证性是科学又一基本的和显著的特征。是否具有实证性（可检验性）也是科学与非科学的划界标准。如果某种观点或学说在原则上既不可能由实践来证实（确认或肯定），又不能由实践证伪（否定、驳倒或推翻），就不属于科学的范畴。一切科学的东西都必须来之于实践，都必须接受理性的无情审查，都必须接受实践的严格检验。

2. 探索性和创新性

科学是认识客观世界的动态过程，具有探索性。一方面，科学研究的对象异常复杂，往往真相与假相并存，需要研究者具备辨别真伪的判断能力，及透过现象认识事物本质的抽象思维能力；另一方面，科学活动，特别是现代的科学活动，虽然具有一定的目的性和计划性，但与按既定规程运作的物质生产过程不同，科学活动面对的是未知的或知之较少的世界，它难以完全按预定的目的和计划进行。在科学认识中充满着机遇，这是科学认识的特点也是它的优点。正因为人们在科学工作中不能完全确切地知道它的结局，才会有出人意料的创新。

创新是科学的本质，不断探索未知和创造新的知识是科学的根本任务和基本特征。科学的创新性体现在相互联系的两个方面：一是不断揭示自然事物的新的属性和新的自然过程，提出新的观点和原理；二是运用新知识去创造物质文明的新成果。

自然科学的探索和创新是永无止境，不断发展、进步和完善的。科学与保守、僵化观念，与教条主义是水火不容的。

3. 通用性和共享性

科学作为知识体系，属于社会精神文明和社会文化的范畴，或者说它是一种通用的文化意识。科学与政治法律思想、哲学、道德、宗教观念等社会意识形态不同，后一类社会意识形态属于社会上层建筑的范畴，由一定的社会经济基础决定，反映社会经济制度、社会关系的内容，为壮大、巩固和发展某种社会经济基础服务；随着社会革命和经济基础的变革，这些社会意识形态必然会或迟或早地随之变化。社会经济制度虽然会影响到科学活动和科学事业的兴衰，但它不能决定科学认识的内容。科学是人们认识自然的成果，它直接反映人与自然界的关系，科学发展取决于生产力发展的水平和性质；社会经济制度的变革和统治集团政策的改变，不会导致自然科学内容的改变或丧失。

科学知识具有通用性，本身没有阶级性，不存在与特定国家、特定民族或特定集团的特殊利益相关的科学。同时，科学知识具有共享性，即所有的人都可以利用，能够被任何阶级的人们掌握，对任何阶级的活动都发生作用。

由于科学具有通用性和共享性，所以科学无国界，然而，研究、掌握、利用科学的人是社会的人，在阶级社会里是从属于一定阶级、一定社会集团和一定国家的，科学家有祖国。在实现世界大同以前，科学家总是要为自己国家的科学事业做贡献，总是要为一定的利益集团服务，并受到统治阶级的支配和制约。

4. 一般生产力和潜在生产力

科学活动是社会的一种精神生产事业，其产品是它生产的科学知识。科学产品与其他产品不同，它可以用于社会物质生产并不断提高物质生产力水平。科学在未与物质生产结合之前，表现为物质生产的精神潜力，即以知识形态存在的一般生产力，或者说是一种潜在的生产力。科学一旦应用于物质生产，便物化为直接生产力，成为一种显在的生产力。当然，由一般生产力到直接生产力要经过转化过程。技术就是这个过程中的中介环节。技术所起的作用即是将科学知识引入到生产力诸要素中去，促使这些要素发生变化，从而提高社会生产力的水平。

第二节　技术及其特征

一、技术的含义

技术一词来自希腊文“techne”，意为“技巧”“本领”“艺术”。在中国古代，技术泛指“百工”。成书于战国时期的《考工记》指出“天有时，地有气，材有美，工有巧，合此四者然后可以为良”，“天”“地”“材”可以看作是自然界和物质的特性，“工有巧”则是工匠的技术。在很长时期里，人们把技术看作是世代相传的制作方法、手艺和配方。18世纪末，法国哲学家狄德罗在他主编的《百科全书》中把技术定义成“为了完成特定目标而协调动作的方法、手段和规则相结合的体系”。17世纪初，人们把“techne”同“logos”（言辞、说话）结合起来，形成了“technology”（技术）一词。

当前，关于技术的定义，说法很多，主要有以下几种。

- 技术是满足整个公共需要的物质工具、知识和技能的集合。[1]
- 技术是人工制造的人们活动的手段的总和。[2]
- 技术泛指根据生产实践经验和自然科学原理而发展成的各种工艺操作方法和技能，如电工技术、焊接技术、木工技术、激光技术、作物栽培、育种技术等。除操作技能外，广义地讲，还包括相应的生产工具和其他物质设备，以及生产的工艺过程或作业程序、方法。[3]
- 技术一般指人类为满足自己的物质生产、精神生产以及其他非生产活动的需要，运用自然和社会规律所创造的一切物质手段及方法的总和。[4]

一般认为，技术是人们为了特定目的所应用的一种手段和方法。这种手段和方法包括物质手段（工具和设备等）、知识、经验和技能以及组织形式等。

二、技术的特征

1. 技术是人类社会的需要与自然物质运动规律相结合的产物

技术是人们利用和改造自然的一种实践活动。就具体的工程技术发展过程来看，一般的程序是：根据社会的需要，应用科学知识和生产经验形成技术原理；经过工程规划、工

[1] （阿根廷）赫里拉．技术的新作用［J］．科学与哲学研究资料，1980（5）．

[2] （苏）舒哈里京．技术与技术史［J］．科学与哲学研究资料，1980（5）．

[3] 辞海（缩印本）［M］．上海：上海辞书出版社，1980：1532．

[4] 金炳华．哲学大辞典［M］．上海：上海辞书出版社，1992：779．

程设计使其转化为产品研制；制造出合乎要求的产品。概括起来，这是人们把技术原理知识同具体的物质手段相结合转化为直接生产力的过程，这一过程表明技术是人们利用自然物、自然力为自身服务的一种实践活动。随着技术原理的不断深化，人们所利用的物质手段不断改进，技术也随之发展和提高。

技术属于人类社会利用和改造自然的范畴，在本质上反映着人对自然的能动作用。技术具有自然属性。人类对自然界的利用和改造是一个物质、能量和信息的转换过程。作为手段和方法的技术必须依靠自然事物和自然过程，符合自然规律；现代技术更是人们自觉利用自然科学知识创造出来的。

但是，人们在技术活动中并不是消极地、被动地顺应自然过程，并不是听任自然规律自发地起作用。技术目的打破了自然界的“常规”。人们使用技术作用于自然界，可以有选择地强化某些自然规律的作用，而抑制另一些自然规律的作用，从而实现自己的意图。技术目的性是技术的起点和归宿。

技术同时还有社会属性。人们利用技术创造了一个社会化的自然或“第二自然”，即一种介于自然与社会之间的人工自然。技术是创造人工自然的手段，也是人工自然的主要内容。技术和技术目的还受到社会经济、政治和文化的强烈制约。在现代的市场经济体制下，技术本身就是商品，是企业谋取最大利益的手段，是国际竞争的筹码，是军事实力的支柱。技术活动乃至技术的性质与人们的社会需要密切相关，不能把技术的性质与技术的应用截然分割开来。同时，技术活动（如发明）也只有在社会的共同协作下才能产生和实现。

2. 技术是客观的物质因素和主观的精神因素相作用的产物

在技术中客观的物质因素（工具、设备等硬件）和主观的精神因素（人的知识、经验和技能等软件）是统一的，既不能把技术仅仅理解为一种物质手段而忽视技术中人的知识、经验和技能，也不能把技术看作纯粹的精神因素，而忽视物质因素。它是人们所具有的知识、经验和技能在同一定的物质手段相结合的过程中形成和发展的。技术既包含方法、程序、规则等软件，也包括物质手段的硬件，缺少其中任一方面都不可能有活生生的、现实的技术。软件与硬件相互作用并不断更新，使技术不断发展。

3. 技术是生产力的构成要素，是生产力性质和水平的标志

技术渗透于生产力的诸实体要素（劳动工具、劳动对象和劳动者），制约着它们相互结合的广度和深度；技术作为渗透性要素决定着生产力的性质、类型和水平。人们往往把某种主导技术作为特定历史时代的主要标志，如石器时代、铁器时代、蒸汽时代、电气时代、原子能时代、计算机时代、空间时代等。

但技术与生产力毕竟不是完全等同的，这不仅是因为存在着非生产性的技术（如军事技术）。即便是生产技术，与生产力之间也有一定的区别：现实生产力还依赖于资源和气象等自然条件，就业人口数量、原材料供应和市场状况等社会因素；对某一时期、某一国家或某一企业来说，生产技术水平的提高未必都能同时收到提高生产力水平的效果，生产水平的下降也未必就导致技术水平的下降；从技术发展到生产力发展也有一个转化和实现的过程，并主要取决于社会经济条件和经济规律。

第三节　科学与技术的区别和联系

一、科学与技术的区别

在日常生活中，人们通常把科学与技术作为同一序列的范畴来应用。这反映了这两个概念之间固有的内在联系。但是，我们也必须看到两者之间的差异。科学与技术的区别主要表现在以下几个方面。

1. 科学与技术属于两类不同的范畴

科学是知识形态的东西，属于社会的精神财富。它的根本职能（目的）是认识客观世界，回答“是什么”“为什么”“能不能”的问题。而技术是一种物化形态，属于实践领域。它的根本职能在于对客观世界的控制和改造，完成“做什么”“怎么做”的实际任务。

2. 科学与技术遵循两条不同的创新路线

科学发现和技术发明在过程、途径和方法上具有明显的区别。在科学研究，特别是基础理论的研究中，实践（科学实验）经验虽然是不可缺少的，但就其目标来说，经验常常是由实践过渡到理论的中间环节和桥梁。一个科学理论的建立，本身就是对经验的扬弃。而在技术研究中，经验则不仅是发明的基础，而且往往是它的组成部分。在内容方面，科学研究与技术研究相比，后者具有更大的综合性。一条科学原理导致一项技术发明的情况是少见的。相反，一项重大技术发明的出现通常是一些或许多学科原理综合应用的结果。科学上的创新叫做发现，有重大成就者可获得科学奖。而技术上的重大突破叫做发明，捷足先登者享有专利权。

3. 科学与技术具有两种不同的社会价值

科学作为对客观规律的探索和概括，具有长远的、根本性的社会价值和经济价值。这是因为大多数理论上的重大发明和创新，终究会带来技术上的重大突破。此外，科学理论的发展还具有认识上、文化上、教育上和哲学上的价值，而且可以振奋民族精神，增强人们的进取精神以及培养实事求是的作风和创造精神，以至于成为衡量一个民族盛衰的重要标志。而技术作为改造客观世界的手段，其价值主要在于提高生产率和经济效益，即在于它的经济价值。科学评价要看其是否具有创新性和真理性，而技术评判则要看其是否实用，有无明显的经济效益。

二、科学与技术的联系

科学与技术尽管是两个不同的概念，而且存在着不少差异，但是两者之间却有很多固有的密切联系。

1. 科学理论的重大突破，日益成为技术进步的前提条件

当前，由于科学的飞速发展和技术的“高、精、尖”化，过去的那种脱离科学、先于科学出现的技术，已完全不可能。纯经验的方法已经根本不可能再创造出诸如核反应堆、激光、电子计算机等技术手段。现代技术的任何重大进步，必须建立在基础科学的研究成果上。例如，没有核物理学的重大突破，就不会有 20 世纪 40 年代出现的原子能技术；没有分子生物学、分子遗传学的理论成果，就不会有今天的生物技术。这就是人们所说的技术科学化。

2. *技术的进步日益为科学的发展提供了强大的实验手段*

20世纪以来，科学研究已经向微观、宇观领域以及生命运动的复杂系统进军。揭示这些领域的物质运动规律，不仅要靠丰富的想象和严密的理论思维，而且还要有精密的、具有特殊功能的科学仪器和实验装备。恩格斯在论及近代工业技术与科学发展的关系时曾指出："从十字军东征以来，工业有了巨大的发展，并产生了许多力学上的（纺织、钟表制造、磨坊）、化学上的（染色、冶金、酿酒）以及物理学上的（眼镜）新事实，这些不但提供了大量可供观察的材料，而且使新的工具成为可能。可以说，真正有系统的实验科学，这时候才第一次成为可能。"❶

3. *技术日益成为科学知识转化为物质生产力的中介和桥梁*

科学是知识形态的生产力，具有抽象的理论形式和创造性质。科学研究的直接目的是揭示自然界的客观规律。它并不能自觉地、直接地转化为现实的生产力，只有通过技术这个中间环节才能应用于生产，促进社会生产力的提高。这是人所共知的事实。过去，许多重大科学研究成果迟迟不能应用于生产，并不是科学认识本身不正确，而是没有转化为技术，没有找到把理论转化为生产力的环节、途径和桥梁，从而使科学转化为生产力的周期变得很长。

现在，由于社会生产对科学技术的依赖，尤其是技术革命的发展，使上述转化周期大大缩短，从而出现了"科学－技术－生产"一体化的趋势，这就使科学与技术的关系更加密切，从而形成了一个相互依赖、相互渗透、互为因果、辩证发展的统一整体。正因为如此，当人们从社会生产的角度看待科学和技术的定义时，往往把两者统一起来，作一个整体范畴来研究论述。

第四节 科学技术的体系结构

一、现代科学技术的体系结构

在科学与技术的发展进程中，两者不仅日益多样化和系统化，而且也日益一体化。19世纪末20世纪初，原本作为生产工艺的工程技术经过总结概括、加工整理，形成了工程科学或应用科学。20世纪二三十年代，又产生了介于基础科学和工程技术之间的技术科学，加速了科学技术一体化的进程。这样一来，技术体系的内容就更加丰富，结构更趋复杂。

科学技术知识作为人类长期认识自然和改造自然的成果，显示出不同的阶段性。第一个阶段是基础科学阶段，它反映着基础科学理论和实验技术的矛盾运动；第二个阶段是技术科学阶段，它反映着技术理论和专业技术的矛盾运动；第三个阶段是应用科学阶段，它反映着应用理论和生产技术的矛盾运动。现代科学技术的体系结构如图1－1所示。

❶ 马克思恩格斯选集（第3卷）[M]. 北京：人民出版社，1972：523－524.

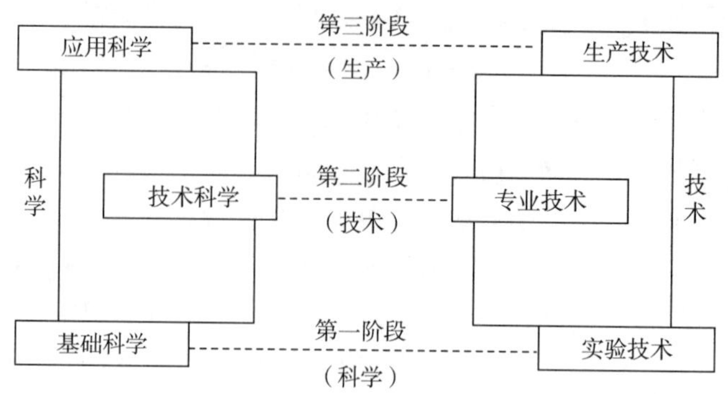

图 1－1　现代科学技术的体系结构

二、现代科学的体系结构

1. 现代科学的宏观结构

按照系统论的观点，现代科学的体系结构指的是现代科学系统中各个组成要素之间的有机结合方式。宏观结构是指构成现代科学整体的各个门类、各种学科之间的有机结合方式。现代科学的宏观结构是多层次、多分支的。在此，我们只介绍不同层次的门类结构和学科结构。

现代科学的分类结构包括基础科学、技术科学和应用科学。它们各自在现代科学结构中占据特殊的地位，发挥着特殊的作用。

基础科学以自然界中各种物质形态和运动形式为其研究对象，其目的在于探索自然界各种物质运动形式的规律性，它的研究成果是整个科学技术的理论基础。基础科学的下一个层次是学科结构，包括力学、物理学、化学、生物学、地学、天文学等学科。当然，在这些学科的下面，又包括许多分支学科。

技术科学主要是研究生产技术、工艺过程中的共同规律，为专业技术提供理论根据。技术科学包括计算机科学、自动化科学、工程科学、电子科学、材料科学、能源科学、环境科学等。这些学科下面也包含许多分支学科。

应用科学又叫工程科学，它主要研究产品或工程的设计、实验、试制以及具体产品生产技术的改革等。它包括计算机工程、能源工程、生物工程等。这些学科下面也含有许多分支学科。

现代科学的门类结构是相互联系的，从现代科学的发展进程来看，基础科学经过技术科学到应用科学，才能应用于生产。但是生产技术反过来又向现代科学提出迫切需要，推动应用科学、基础科学的发展。所以，忽视任何一个门类的研究都会产生不利的后果。基础科学作为现代科学结构的基石，必须予以充分重视。但也应该看到，技术科学和工程科学是科学转化为直接生产力的桥梁，因此，只有协调好三者之间的关系，才能不断推动现代科学的发展。

同样，现代科学的学科结构也是相互联系的，而且各学科的交叉点或边缘区常常是新兴学科的生长点。因此，认真研究学科之间的分化和整合关系，有助于预见边缘学科、横断学科和综合学科的出现。

2. 现代科学的微观结构

现代科学的微观结构是指一门具体学科所包含的要素之间的有机结合方式。一般来说，一门学科的理论体系是由概念、定律、逻辑形式等构筑起来的。

科学概念是构成科学理论的细胞。科学概念的形成和发展反映出人类对事物认识程度的不断深入。概念又可分为具体概念和抽象概念，前者直接反映某种客观现象的状态和表面性质，后者则由理性思维所把握，反映客观事物的规律和本质。它们之间的联系和转化，使得科学概念本身具有一定的系统性。

科学定律是从科学概念到科学理论的中介。科学定律也可分为具体定律和抽象定律两类。前者是依靠仪器设备对客体进行观察并归纳所得资料的结果，如落体定律、电磁感应定律等；后者是运用抽象概念进行判断、推理的结果，如万有引力定律、狭义相对论等。

科学理论中的逻辑形式指的是概念与概念之间、定律与定律之间都是通过演绎相联系的。从表面上看，科学理论是由一系列形式、符号构成的一种逻辑结构，但是这一逻辑结构具有特定的内涵，是特定内容的经验概括，是现实世界特定关系的深刻反映。

科学概念、定律、逻辑形式等基本要素的相互联系、相互制约，形成了现代科学的理论结构。这一结构作为把握客观事物本质联系的结果，是指导我们进行科学实践并开辟新的认识途径的理论框架。认真研究现代科学的微观结构，有助于了解现代科学的本质和特点，寻找其发展的模式和规律。

三、现代技术的体系结构

1. 技术体系的宏观结构

技术体系的宏观结构是指构成技术整体的各个门类之间的有机结合方式。按照不同的分类标准，技术可以分为不同的种类。例如，根据技术发展的不同阶段，可以把技术分为实验技术、专业技术和生产技术；根据人和自然之间的互动内容，可以把技术分为物质变换技术、能量转换技术和信息交换技术。在此，我们就后一种分类标准来研究技术系统的宏观结构。

物质变换技术是指一切改造、变换、加工物质材料的手段和方法的集合。它的变换对象是物质，其输入和输出的是物质流，其功能是根据预定目的，把对象中的物质通过变时、变位、变性、变形、变组合等变换，把对象改造成为人类所需要的形式。物质变换技术也可以看成由若干技术组成的系统，它包括改变物质空间分布和形态的采掘加工技术、改变物质空间位置的运输技术、改变物质储存时间的储藏技术、改变物质内部结构及性质的材料技术和改变物质形态及其组合的制造技术等。

能量转换技术指的是技术体系中一切对能量实施转换的手段和方法的集合。它转换的对象是能源，输入和输出的是能量流，其功能在于通过对能量实施转换以满足人类社会的需要。能量转换技术也可以视为由若干种不同技术组成的系统。例如，实现能量分布位置转换的能量传输技术、实现不同形式能量转换的能量转换技术、实现能量在时间上转换的能量储存技术等。能量转换技术在技术体系中占有重要地位，近代所发生的技术革命常常是能量转换技术的变革而引起的，并以它的变革作为标志，如蒸汽、电力、原子能技术等。

信息交换技术是指技术系统中一切信息交换、加工处理的手段和方法的集合。它的对象是信息，输入和输出的是信息流，其功能是对信息加以交换、加工、处理，以满足人类社会的需要。信息交换技术也可以视为由若干种不同技术组成的系统。例如，实现空间位置交换的信息传输技术、实现信息内容或性质交换的信息处理技术、实现信息在时间上交换的信息储存技术等。20 世纪以来，信息交换技术占据的地位日益重要，它的变革已成为新技术革命的标志。

2. 技术体系的微观结构

技术体系的微观结构指的是每一具体技术内部各要素之间的有机结合方式。关于技术内部的基本要素也有许多不同的分法。早期有材料、能源、控制、工艺四大要素说，以后又有工具、控制、工艺、动力四大要素说，以及工艺操作要素、动力要素和控制要素三大要素说。后一种学说从技术主体在实践活动中所担负的职能入手，把技术分成三个基本的功能要素，更好地揭示了技术系统的微观结构。

技术的工艺操作要素是指技术系统中直接作用于对象，使对象发生预期变化的功能要素，它是工艺流程和工艺设备的统一。它在以物质为对象的机械加工技术中，表现为对工件进行加工的钻、铣、磨、车等工具与加工程序的统一；它在以能源为对象的转换技术中，表现为使热能转换为机械能再转换为电能的变电工艺和发电设备的统一；它在以信息为对象的计算机技术中，表现为运算程序和运算器的统一。技术工艺操作要素决定技术系统的功能特点，是技术系统的核心。

技术的动力要素是指技术系统中主要为工艺操作要素提供所需动力或能量的功能要素。它也为控制要素提供必需的能量，虽然不直接作用于劳动对象，也不直接提供产品，但却是技术系统运转中不可缺少的部分。

技术的控制要素是指根据人类设定的目的，通过接收、分析和处理周围环境的信息和技术系统内部工作的信息，实现对技术系统的控制。

以上三个要素是相互联系的，它们在技术系统的运作过程中，通过整合互补，完成技术系统的整体功能，促使对象发生预期变化。在历史上，三个要素都经历过由低级到高级的演变，都经历了由技术手段逐渐取代人去行使上述基本职能的过程。在这个过程中，人似乎越来越远离了劳动对象，但是控制和改造自然的能力却在不断加强。所以，不断改进这些要素及其关系是促使技术本身不断进步的关键。

第五节　科学技术的社会组织

从社会学的角度去看科学，科学是孤立的系统，它是社会大系统中的一个子系统。一方面，科学作为维持或发展生产的主要因素推动社会的进步。科学推动生产力，是通过向生产力的三要素——劳动者、劳动工具和劳动对象渗透，并通过科学管理使生产力结构更加合理化而实现的。另一方面，社会的需要促进了科学的发展，并通过教育、法律、政策等控制和制约使科学合理地发展。

从科学史的角度来看，科学作为一种求知活动，有着悠久的过去。如科学史家梅森认为，“科学就是人类历史上积累起来的有关自然界的相互联系着的技术、经验和理论知识的不断发展活动”。当科学不再是单凭个人兴趣和爱好从事的工作，它就成为一种有特殊要求的职业、成为一种社会建制，意味着：①科学本身的内容不易为一般的公众所理解；②科学的经济价值不易为大众所理解；③科学要获得社会其他建制以及社会团体、部门、个人的支持，依靠他们提供的研究条件，同时应为这些部门、团体和个人服务；④科学家在建制内有公认的行为规范、有共同的交流语言，相互协作、相互竞争，其工作也只有在科学组织内部才能得到公正的评价；⑤科学的意义和价值最后取决于它的经济效益、社会效益和认知价值。

一、科学共同体

科学共同体的概念是在20世纪40年代由一些学者提出的。科学共同体的形成是科学作为社会组织的基础和核心，它是由学有专长的实际工作者所组成，是指科学工作者在科学活动中通过相对稳定的联系而形成科学劳动的一种组织形式，它能独立自主地承担与其相适应的学术活动，有自己的章程、宗旨、规章制度。所以，科学共同体并非是以科学为职业的科学工作者简单的、形式上的总和，而是有其深刻内容，即有其特殊的行为规范、精神气质和体制目标的组织，有共同的信念、共同的价值。

从科学史所提供的资料来看，科学共同体的探索目标和方向是共同的，即以增进知识为己任，用知识造福于人类。正是在这样一种精神动力的支配下，科学共同体才成为有着强大生命力的社会集团。科学共同体的一个主要特点就是，原则上它是没有国家界限的。但是科学界里存在着分层现象。科学界里的分层现象是指由于科学家的传统惯例和评价标准不同，在科学共同体里形成了权威大小的差距。科学共同体是一种特殊的分层结构，它在本质上是一种权威结构。不过，权威的行使以及对权威的信仰、服从完全是建立在科学共同体成员自愿的基础之上的。科学权威结构是科学共同体的行为规范和精神气质得以保持和发扬的重要保证。

科学共同体内存在种种激励机制，美国的科学社会学家斯托勒曾认为：“科学的规范结构与奖励结构之间互动的基本思想，为把科学理解为一种社会建制提供了坚实的基础”。所以科学共同体为了促进合乎其目标、规范的科学家行为的健康发展，精心设计了科学奖励系统作为共同体内部社会运行的基本机制。对科学论著的奖励，对科学发现以及种种科学研究成果奖励的诸多形式都可以说是对科学共同体成员本人研究工作的承认和肯定。这种承认是对角色履行任务的认可，同时也是有创造的科学家将继续担任科学家角色的新的条件和保证。科学社会学家默顿曾称“承认是科学王国的通货”，可以说，在科学界里，谋求“成果—承认”、争取科学发现的优先权，不仅是科学家行为的内在激励因素，也是庞大的科学共同体能够得以灵活运转的不竭的能源和动力。

二、科学共同体的表现形式

科学共同体作为科学家联系的非实体方式，可分为社会内在形式和社会外在形式。社会内在形式就是学派、“无形学院”等形态；社会外在形式就是学会和国家的、社会的科学研究组织机构等形态。内在形式与外在形式并不是毫无关系的，二者实际上可以重合，例如，学派以科学研究机构为基地，特定的学派构成学会的灵魂和核心等。

1. 科学组织的社会内在形式

（1）学派

学派是由一些具有共同学术思想的人所组成的一种科学家集团，这些人之间保持着十分密切的学术思想交流或者长期的科学研究合作，他们有公认的学术权威作为其带头人或领袖，有的学派还会产生世代相继的师承关系。学派还常常具有国际性。历史上曾经有过很多学派，像毕达哥拉斯学派、哥本哈根学派、布鲁塞尔学派、海森伯学派、维也纳学派、布尔巴基学派等。通常说来，学派组织具有以下几个特点：①有以权威学者作为组织核心的内聚性；②有集体竞争力的整体性；③有学术思想历史继承关系的传统性；④有学术思想上党同伐异的排他性。学派在科学发展上可以表现出巨大的推动力，它能使宝贵的学术思想经过集体的、几代人的共同努力，日益完善和成熟；它也有利于造成学术争鸣，保护真理、发展真理、批驳谬误。虽然学派的排他性可以形成闭关自守的不良后果，甚而可能导致削弱自身的生命力走向衰败，但是这种消极方面与其积极方面相比较而言是次要的。学派作为科学共同体的社会内在组织形式，具有其他科学组织所不能代替的作用和地位，它是科学思想发展的内在的重要组织机制。

（2）无形学院

美国著名社会学家默顿认为，从社会学意义上，可以把“无形学院”解释为地理上分散的科学家集簇，是介于学派与一般科学共同体之间的一种科学组织形式。它同学派的共同之处在于均是以优秀的科学家为中心，自由联合、自由讨论，可以及时、灵活、没有世俗约束地进行学术思想的交流。但是，它的排他性不像学派那样强，也不像学派那样坚持某种特定的学术主张，它只是为了彼此间充分交流借鉴学术思想而形成一定的组织形式。无形学院也是科学共同体富有强大生命力、永久创造力的社会内在组织形式之一。因为现代科学前沿，常常是由少数人的非正式交流系统的“无形学院”先创造出新知识、形成新的想法、体现着科学研究的前沿。无形学院的种种活动往往会成为新兴学科崛起的温床。

2. 科学组织的社会外在形式

（1）学会

学会是科学共同体形式中人员最为广泛的社会外在组织形式，也是近代科学史上第一种正式的科学研究的组织形式。它是受国家法律保护的职业科学家的团体，也是科学劳动者的集团利益的代表，它的主要任务是进行学术交流。在现代的国家里，各种各样的学会也是政府领导科学技术的智囊团和思想库，是促进社会科学事业发展的有组织的力量。在学会中，科学家的劳动方式是个体的，但是他们通过学会内部的刊物、会议等进行思想交流，共同提高。

（2）国家和社会领导下的科研组织

在现代社会中，存在着许许多多国家各级科学院、研究院、研究所和企事业单位的研究所、研究室等，这是科学最强的社会组织形式。其中，国家级的科研机构比较侧重于基础研究和综合性的应用研究，而地方、企业的科研机构则侧重于应用与开发研究，高等院校则侧重基础研究和应用研究。

（3）科研中心

科研中心是国际兴办、国家兴办或者社会兴办的一种新的、强有力的科学社会组织形式，有一定的、专门的科研队伍和配套的实验设备以及资料情报与行政管理系统，能灵活有力地组织力量，实现重大的综合性的科学研究任务。从理论上讲，它是现代科学既分化又综合的发展趋势在科研组织上的体现。

当代社会还发展出大型的科学技术服务机构，如实验中心、测试中心、数据中心等。巨大的科学社会建制的形成提出了科学研究有效管理的优化决策等问题。

第六节　科研组织的发展和演变

科学组织的形成与发展就是科学逐渐体制化的过程。科学体制化的标志有：自立性、适应性和广泛性。科学体制化的趋势主要是个人—松散的学会—集体研究—国家规模的学会—大科学。

一、科研组织的分类

根据活动的空间范围和组织化程度，科研组织可以分为实体性和非实体性两类。

1. **实体性组织**

（1）科技的社团组织

世界上较早的科技社团组织主要有：1560 年，意大利那不勒斯自然秘密协会成立；1660 年，英国皇家学会成立；1700 年，德国柏林学会成立；1724 年，俄国圣彼得堡学会成立；1743 年，本杰明·富兰克林倡导成立美洲增进有用知识哲学学会，1749 年改为费拉德菲亚学院，现在的宾夕法尼亚大学；1831 年，英国科学促进会成立；1848 年，美国科学促进会成立；1872 年，法国科学协会成立。

（2）科技教育机构

世界上较早的科技教育机构主要有以下几个。

法国：1747 年建立培养土木工程师为主的桥梁铁路学院，1749 年设立中央社会活动学校，次年改名为巴黎综合技术学校。

德国：1809 年，著名教育家洪堡领导创办柏林大学并设立工学院。

美国：大学进行制度改革，主要为系的建立、研究生院制度的建立和以课题为中心的研究组织的产生。

（3）科技研究组织

一般根据科研组织的性质分为政府科研组织、工业企业科研组织、高校科研组织等。世界上著名的科技研究组织主要有：欧洲核子研究组织（CERN）、卡文迪什实验室、德国帝国技术物理研究所（PTR）、IBM 研究实验室、贝尔实验室、英国国家物理实验室（NPL）、荷兰莱顿低温实验室、美国劳伦斯伯克利国家实验室。

（4）科技的学术阵地

1）学术期刊。例如，《科学引文索引》（SCI），收录了 50 多个国家的 3500 多种重要科技期刊。

2）如今的互联网也成为科技重要的学术阵地。

2. **非实体性组织**

（1）科学共同体与“无形学院”

英国科学家波拉尼 1942 年在《科学的自治》一书中首次提出科学共同体这一概念，他认为科学共同体是由全社会从事科学研究的科学家组成的一个具有共同信念、共同价值和共同规范的社会群体。美国学者库恩 1962 年在《科学革命的结构》一书中引入了科学共同体的近义词——范式，他认为科学共同体不仅是科学从业者的集合，更确切地说应该是拥有相同范式的学有专长的实际工作者的集合。无形学院是科学共同体的一种重要形式，它是美国科学史家普赖斯在研究现代科学学术交流的社会网络时发现的。普赖斯指出，现代科学即使是最小的分支也有成千上万的同行，在这些同行中，真正有学问的人往往是少数，他们站在学科的前沿，为了尽快地获得最新的信息，他们之间大多通过直接交谈、通信等个人联系的方式进行非正式的学术交流，于是在无形之中形成了非正式的小团体，这种小团体就是无形学院。

默顿认为科学共同体的任务在于生产公共知识。默顿在1938年发表的《十七世纪英国的科学、技术与社会》提出科学的精神气质，认为科学共同体是由具备普遍主义、公有主义、无私利性和有条理的怀疑主义等行为规范和精神气质的科学研究者组成的团体。

（2）技术共同体与“创新者网络”

美国技术史家康斯坦特于1980年首先提出技术共同体和技术范式概念，技术经济学家多西进一步分析了技术和科学在发展机制上和程序上有相似的性质。创新者网络出自技术创新经济学，可以看作是技术共同体中的子团体，是指一种特殊的创新者组织形态，即网络组织，它介于市场和企业组织之间，是两者相互渗透的产物。与市场或企业组织相比，网络组织是一种松散联结的组织，但成员组织之间有一种合作的关系作为网络组织的联结机制。这种“创新者网络”与技术共同体的关系，类似“无形学院”与科学共同体的关系。

二、科研组织的发展

1. 近代以前的科研组织形式

严格意义上的科学，即建立在观察、实验基础上并同数学逻辑推理相结合的近代科学，诞生于文艺复兴（14～16世纪）后的欧洲。所以说，科学有着短暂的历史，却有着悠久的过去。

美国威斯康星大学科学史教授戴维·林德伯格在《西方科学的起源》一书有一个冗长的副标题——公元前600年至公元1450年宗教、哲学和社会建制大背景下的欧洲科学传统。但他也主张“我们所需要的科学概念应是宽泛的、具有包容性的，而不是狭义的、具有排斥性的”，还指出“追溯的历史年代越久远，所需的科学概念就越宽泛”。关于“科学”的源头，则需要考察公元前600年至公元1450年的欧洲科学传统。也就是说，现代科学的源头可以追溯到古希腊。

（1）古希腊的科学和组织

在古希腊时代，一些著名的学者都各自创立学校，招收门徒，以传播自己的思想。学园是西方最早的教学机构，它是中世纪时在西方发展起来的大学的前身。其中著名的有数学家毕达哥拉斯创办的毕达哥拉斯学园、智者派学者伊索克拉底创办的修辞学校、哲学家柏拉图创办的阿加德米学园、亚里士多德创办的吕克昂学园等。

（2）中世纪的科研组织

1）大学的建立。用来表示中世纪大学的比较正规的术语是“studiumgeneral”。“studiumgeneral”这个词指的是由从事高等学术活动的学者和学生组成的“大学”或“行业公会”。实际上中世纪的大学都是为了追求这种联合状态的优越性而组成的社会团体，因此它们更像是一些行业公会。这种机构形成了自己独有的特征，如组成了系和学院，开设了规定的课程，实施正式的考试，雇用了稳定的教学人员，颁发被认可的毕业文凭或学位等，这样的机构吸引了许多从世界各国来向精通某些领域知识的教师学习的学生。将一所大学（不论是新设立的还是已经有的）作为“studiumgeneral”予以认可的具有效力的机构是由教皇或皇帝决定的，因为只有他们才被认为有资格授予大学普遍认可的权利。

2）中世纪的科研组织形式。意大利作为文艺复兴的发源地，也是近代科学的摇篮。中世纪意大利创立了“自然秘密研究会”“灵采学院”“齐曼托学院”等科学团体以及英国的“无形学会”、法国帕斯卡的“私人学会”、普里斯特利（牧师）的私人实验室等。

2. 近代科研组织的发展

（1）新型大学的诞生

英国的高等教育在工业革命时代得到了很大的发展。1597 年，麦塞斯公司的老板英国的托马斯·格雷欣爵士将遗产捐出建立了一所以科学教育为主的学院。与此同时老牌大学也开设了科学课程，如 1583 年爱丁堡大学开设了数学、自然哲学，1619 年牛津大学开设了几何学教席，1621 年牛津大学开设了自然哲学教席及天文学教席，剑桥大学开设了卢卡西数学教席，1669 年牛津大学开设植物学教席，1702 年剑桥大学开设化学教席，1704 年剑桥大学开设天文学教席。

（2）英国科学团体的创立

英国科学团体的建立直接受到著名学者培根 1627 年所著的《新大西岛》的影响，培根在书中介绍的所罗门宫是一所乌托邦式的教学和科研机构，在那里，众多的学者研究百科全书式的知识，所罗门宫的目的是“探讨事物的本原和它们运行的秘密，并扩大人类的知识领域。

因此，建立一个书中所描画的所罗门宫，一直是英国实验科学家们孜孜以求的理想。17 世纪 40 年代，在威尔金斯的倡导下组织了“哲学学会”，会员有沃利斯和玻意耳等。1646 年，英国爆发资产阶级革命，克伦威尔的军队攻占了牛津，威尔金斯和沃利斯等人应邀到牛津大学任职。

英国皇家学会（Loyal Society of London for Improving Natural Knowledge）成立于 1660 年，并于 1662 年、1663 年、1669 年领到皇家的各种特许证。女王是学会的保护人。它的全称是“伦敦皇家自然知识促进学会”，宗旨是“增进关于自然事物的知识和一切有用的技艺、制造业、机械作业、引擎和用实验去从事发明”，明确禁止谈论神学、形而上学、道德政治、文法修辞或逻辑。它是世界上历史最长而又从未中断过的科学学会，它在英国起着全国科学院的作用。

（3）法国科学体制的形成

与英国一样，法国的科学家和哲学家们起初也是自发聚会。法兰西科学院起源于 17 世纪中叶时巴黎一群哲学家和数学家的非正式聚会。1662 年，由于蒙穆特的活动，法国学者很快与英国皇家学会建立了联系，又得到宰相科尔贝的支持。1666 年，法国私人学会转变为“法国巴黎皇家科学院”，这是法兰西科学院的前身。1666 年，巴黎科学院正式成立。与伦敦皇家学会不同，该院由国王提供经费，院士有津贴，官方色彩更浓一些。

（4）德国科研组织的建立

德国在 1700 年建立柏林学会，可以说是德国民族文化传统与近代科技文化互动的肇始。虽然柏林学会并没有取得什么实际的科学成绩，也没有为国家造就相应的科学家角色，但它通过大量聘请外国科学家，特别是法国的著名学者，如莫伯屠斯、拉美特利、伏尔泰、拉格朗日等，为德国民族文化传统注入了一种全新的文化因素——盛行于英法等国的近代科技文化。从此，两种传统经过数十年的交互作用，一方面促进并完成了德国的哲学启蒙，另一方面又直接导致了作为德国科学体制化前奏的哲学革命。

在德国，洪堡建立柏林大学时，以教学和科研相结合为原则，开创了现代大学的模式。这样的大学改革为后来的德国工业革命了提供了重大的支持。德国大学以其优秀的高等教育享誉世界。

3. 现代科学组织的发展

进入现代科学以来，科学研究越来越成为一种特殊的职业，科学家队伍的增加以及科学界的分层，使得科学家由独立型向合作型与竞争型转化。科学家从事科研的资金来源和课题来源趋于多样化，既有国家基金、非营利组织的基金，更有商业合同。这些东西把科学家和社会的其他组织捆绑在一起，对社会的其他组织依赖的增加也意味着社会其他组织对科学的干涉的增加。

19 世纪的科学学会主要事件有：英国皇家学会的改组、专业学会的出现，以及出现一大批科学促进会，主要有：1822 年的全德自然科学家和医生协会、1831 年的英国科学促进协会、1848 年的美国科学促进协会和 1863 年的美国科学院。

19 世纪的科学体制呈现出：科学家人数剧烈增加、科学研究学院化的特点，主要体现在：①大多数科学家以教授身份从事学术研究；②正规科学训练是从事科研和科学教学的条件；③技工学校和理工学院的建立，1850 年英国有 600 所技工学校（10 万学生），1810 年柏林大学成立、1861 年麻省理工学院（MIT）成立；④教学研究实验室的建立，格拉斯哥大学化学实验室、物理实验室成立，剑桥卡文迪什实验室、莱比锡大学生理学实验室、吉森大学化学实验室在此时成立，研究生制度也在此时期建立。与此同时 1876 年爱迪生发明工厂，1889 年贝尔电话实验室成立代表着工业实验室的成立。

4. 20 世纪以来科学组织的发展

20 世纪的科学呈现出从小科学到大科学，集体研究成为研究的主要方式，科学发展以指数规律加速发展。对科学家来说，在现代，科学家的成长与科研组织的关系越来越密切。每一个现代科研组织都对科学家关于科研问题的选择、合作与竞争、交流、成果产出的质量和速度等都提出了不同的标准和要求，科学家不得不对这些标准和要求采取积极的应对措施。在这种情况下，“科学家即使过去曾经是一种自由自在的力量，现在却再也不是了。他现在几乎总是国家的、一家工业企业的，或者一所大学之类直接间接依赖国家或企业的办独立的拿薪金的雇员”。

对国家来说，科技竞争力成为衡量国家综合实力的重要指标，而现代科研组织则成为科学发现和技术发明的孵化器，所以，一个国家科研组织的结构与水平直接决定着该国的科研水平。

工业研究实验室是工业社会的产物。它的历史直接关系到 20 世纪的科学技术与社会经济发展的历史。工业实验室的现代发展将特有的基础性研究也纳入工业研究实验室的活动范畴，从而成为包括研究与发展全部活动的研发组织，其中发展部分或者应用新知识或技术开发活动占工业研究实验室全部活动的 60% ~70%，著名的美国贝尔实验室即是其中的典范。

19 世纪末期，物理学进入了一个新发展时期，推动物理学发展的物理实验，从经典物理学发展时期以个人为主辅以简单仪器进行研究的形式，发展到近代物理学研究中集体分工合作并配备高级精密仪器的形式。这种发展，导致现代物理实验室的出现。最早的现代物理实验室是英国的卡文迪什实验室。卡文迪什实验室是20世纪享誉世界科学界的科研和培养优秀人才的中心之一，它既是著名的剑桥学派的核心，又是原子物理、核物理和分子生物学奠基场所，近几十年又以世界主要的凝聚态物理和射电天文学基地之一而著名。它不仅是英国基础科学研究皇冠上一颗璀璨的明珠，也是世界第一流的科学实验室。

第二章　科学技术的发展历史

第一节　远古时期科学技术的起源与萌芽[1]

一、科学的早期萌芽

1. 科学知识的萌芽

在原始社会里，由于认识的局限性，科学只能以萌芽状态存在于具体的生产技术之中。例如，加工石器、发明弓箭、捕鱼、打猎、驯养家畜、栽培植物、建造房屋桥梁、制陶、印染纺织、冶炼金属等，无一不是科学知识萌芽的土壤。最新萌芽的是天文学知识。为了获得生存所需要的物质资料，农牧民族都需要与自然界的循环规律相协调，日出而作，日落而息，这样渐渐地发现了月亮之盈亏、气候之冷暖变迁等规律。这一切都是从天象变化和地上的物候观测中得到的，经不断地积累便有了天文学知识的萌芽。

中国是开展天文学研究最早的国家之一。我们的祖先在以采集和渔猎为主的旧石器时代，已经对寒来暑往的变化、动物活动的规律、植物生长和成熟的季节逐渐有了一定的认识。在新石器时代，社会经济逐渐进入农、牧生产为主的阶段，人们更加需要掌握季节，以便不误农时。我国古代的天文历法知识就是在生产实践的迫切需要中产生出来的。在新石器时代中期，我们的祖先已开始注意观测天象，并用以定方位、定时间、定季节了。方位的确定，对于人类的生产、生活都具有重要意义。半坡及其他许多文化遗址中，房屋都有一定的朝向，或向南，或向西北。确定方位大概以日出处为东，日落处为西，日正午时所指为南。传说在颛顼时代就有“火正”的官员，专门负责观测“大火”（红色亮星“心宿二”），并根据其出没来指导农业生产。后来，由于氏族混战，观测一度中断，结果造成了很大的混乱。到尧帝时设立羲和之官，恢复了火正的职责，因而风调雨顺，国泰民安。

数学知识的萌芽是与人们认识“数”和“形”分不开的。人们认识“数”是从“有”开始的，起初略知一二，以后在社会生活和社会实践中不断积累经验，知道的数目才逐渐增多。在“数”的概念产生之前，计算是与具体实物相联系的。英文计算一词来自于拉丁文“calculus”，意思就是小石子，说明远古人类用一堆小石子来计算。中国也有“结绳记事”和“契木为文”的传说。人们对“形”的认识也很早，并依照这种认识制造出多种形状的工具，如石斧、骨针、石球、弓箭等。几何学来源于丈量土地，英文“几何”一词，原义就是测地术。

---

[1] 本书将科学技术的发展分为四个阶段：远古时期（公元前3000年之前）、古代（公元前3000年至16世纪中叶）、近代（16世纪中叶至19世纪中叶）和现代（19世纪中叶之后）。

2. *原始的科学与原始的宗教*

在远古时期，人类认识自然的能力极为低下，对变幻莫测的自然现象和威严奇妙的自然过程充满畏惧和迷惑，他们对自然的解释更多的是采用了神话和迷信崇拜，于是，原始的科学便与原始的宗教一起产生。

原始宗教往往以自然物为崇拜对象，相信万物有灵，相信灵魂不死，从而构成了与各种崇拜对象相应的宗教仪式。如为了求雨，就学蛙鸣；为了五谷丰收，就表演季节的循环，由此而产生了原始的巫术祭奠仪式。原始宗教按其对象和内容来分，可分为两大类型：一是对自然物和自然力的直接崇拜；二是对精灵和灵魂的崇拜。原始宗教大都经历了自然崇拜、动物崇拜、图腾崇拜、鬼魂崇拜和祖先崇拜，这些宗教形式往往又是同时并存的。

宗教的本质是人们对于超自然力的崇拜。原始宗教的产生是远古时期人类认识能力低下的标志。科学是建立在认识自然、并利用这种认识控制自然的基础上的。科学起源于原始人类的各项技术实践，尽管他们的知识还非常幼稚，并且往往这些零散的知识又与宗教迷信混杂在一起，不易区分。但原始宗教和科学都是当时人们从自己的认识水平出发对自然加以说明和解释的一种尝试。原始科学从某种意义上说，正是从原始的宗教、神话中萌发出来的，尽管两者存在着本质的区别。随着生产力的发展，人们对自然的解释逐渐从神话、迷信中摆脱出来，逐渐产生了符合科学的观念。当社会分化出阶级以后，宗教的性质和功能也随之发生了变化。可以说，原始科学的产生发展离不开原始宗教，尽管科学的成长总是在与宗教的不断斗争中进行的。

二、技术的早期发展

1. *石器的发展*

人类和其他动物的区别在于“动物仅仅利用外部自然界，单纯地以自己的存在来使自然界改变；而人则通过他做出的改变来使自然界为自己的目的服务，来支配自然界。”❶ 原始人类为了满足自身最基本的生活需要，开展了多种技术活动。技术与生产劳动同样悠久，人类的劳动是从石器的制造和应用起步的。在旧石器时代，原始人使用打制的石刀、砍砸器，到新石器时代（距今约万年）有了磨制的细石工具。原始人还学会了制造复合工具，使用有骨制或石制矛头的投枪、长矛和弓箭。弓箭大约是人类发明的第一种机械。有了这些工具，人类就可以进一步改造自然，并为人类由长期的采集、狩猎生活过渡到原始农业生产创造了条件。

2. *火的利用*

人类认识和利用火的历史十分悠久。最开始利用的可能来自于雷电、火山爆发等引起的自然火。人们在发现早期直立人元谋猿人牙齿化石的地层中，发现许多炭屑，表明元谋人已学会了使用火的技术。晚期直立人北京猿人使用火的遗迹，是现有人类明确用火最早的遗迹之一。在北京人居住的洞穴里发现了厚达 6m 的灰烬层，其中还有许多被烧过的兽骨、石块和朴树子，这是他们已开始吃熟食的证据。人工取火的技术可能是在旧石器时代末期随着钻孔技术的出现而发明的，并在新石器时代随着磨制工具的使用而逐渐得到普及。

---

❶ 恩格斯. 自然辩证法［M］. 北京：人民出版社，1971：158.

《庄子·外物篇》中有“燧人氏钻木取火，造火者燧人也，因以为名”的记载。石器的发展和火的利用，导致了与“刀耕火种”技术相适应的原始农业、原始畜牧业的出现（社会第一次大分工），使人类获得更丰富的食物来源，并开始有了定居和村落生活。恩格斯指出：“尽管蒸汽机在社会领域中实现了巨大的解放性的变革……但是，毫无疑问，就世界性的解放作用而言，摩擦生火还是超过了蒸汽机，因为摩擦生火第一次使人支配了一种自然力，从而最终把人同动物分开。”❶

3. 手工业的发展

新石器时代，由于劳动工具的不断改善，人们的生产经验不断丰富，出现了分别以植物种植和动物驯养为主的原始农业和畜牧业，其进一步发展，又促使了制陶和纺织等原始手工业的发展。制陶技术产生于公元前八九千年，它的出现，第一次使人类对材料的加工超出了仅仅是改变材料几何形状的范围，开始改变材料的物理、化学属性；第一次使材料的加工不仅利用人的体力，而且利用火这种自然能源。陶器的出现，提供了贮藏容器，扩大了加工食品的方法。陶制纺轮推动了原始纺织，促进手工业与农业的分化（社会第二次大分工）。利用植物纤维制成纺织品，大约发明于新石器时代的早期。原始人最初利用野生葛、苎麻等作纺织原料，其纺纱方法有两种：一是捻搓和续接，用双手把准备纺织的纤维搓和连接在一起；另一种是使用纺轮，它已具有能够完成加捻和合股的能力。在利用植物纤维进行纺织的同时，畜牧地区也开始利用羊毛进行纺织。用丝纺织最早起源于我国。1962 年在山西夏县西阴村新石器时代的遗址里即发现了距今五六千年前的蚕茧，浙江钱山漾新石器时代遗址里出土了几块 4700 年前的苎麻布，同时也有纺织品。这些文物的发现表明，早在石器时代，原始手工业已经有了一定的发展。

4. 技术的发展与社会进步

冶炼工艺也是产生于新石器时代末期，它与制陶有密切的关系。人类最早使用的金属大概是天然铜。人类在烧制陶器的长期实践中发现，用木炭代替木材作燃料，可以获得更高的温度（可达 950～1050℃），这样的高温已接近铜的熔点，因而为铜的熔铸和冶炼准备了条件。由于青铜（铜、锡、铅合金）比纯铜熔点更低，硬度更大，也更容易加工成锋利的刃器，就使青铜比纯铜获得了更为广泛的应用。不过，此时青铜主要被用于制造武器、祭器和装饰品，青铜还不能取代石器作为生产工具被普遍使用；与青铜相关的冶金术的出现，为人类转入金属工具的制造和使用开辟了道路，考古学上称这个时期为“金石并用时代”。在 5500 年前，埃及尼罗河流域和美索不达米亚的底格里斯河、幼发拉底河流域率先进入金石并用时期。在这一时期，由于生产工具的进步带来了生产力水平的提高，农业逐步脱离了“刀耕火种”的状态，发展为锄耕和犁耕，耕地面积在各个大流域的冲积平原上得到了空前的扩展，人口数量也迅速增加。从公元前 4000 年至公元前 2000 年，尼罗河流域的埃及人、两河流域的苏美尔人和阿卡德人、印度河流域的印度人以及黄河流域的中国人，相继进入奴隶社会，从此，人类文明也就迈入了更高的阶段——奴隶社会。

---

❶ 恩格斯．反杜林论［M］．北京：人民出版社，1970：112．

第二节　古代科学技术的发展

一、四大文明古国的科学技术

在距今6000年至4000年以前，世界上形成了古代四大文明中心，这就是尼罗河流域的古代埃及，幼发拉底河、底格里斯河流域的古代巴比伦，印度河、恒河流域的古代印度，以及黄河流域的古代中国。这些地区都先后进入了奴隶社会，出现了少数脱离体力劳动的脑力劳动者，产生了最初的文字。在劳动工具方面也由石器时代逐步过渡到了青铜器时代，甚至出现了最早的铁器。伴随着奴隶社会生产力的发展，古代科学技术第一次在这些地方呈现出前所未有的大繁荣，构成人类在古代社会的第一个科技中心。在两河流域和尼罗河流域已经建设了大规模的水利灌溉网，已经使用由牲畜牵引的金属犁来耕作，农业因此有了相当的发展。同时，也已经有了大型的木船和带轮子的车子等水上和陆上的运输工具，已经使用脚踏鼓风机来冶炼铜甚至铁，已经有了年、月、日、时、分、秒等时间划分和较为准确的历法。在这些地方保存下来的巴比伦的楔形文字写成的“泥板书”和埃及的象形文字写成的“纸草书”中，记载和反映了这两个地区当时科学与技术的发展状况。

建筑水平是力学、几何、算术等知识和水平的综合体现。古埃及的金字塔、古巴比伦的神庙、古印度的佛塔和石窟等建筑，其工程之宏伟，即使在今天看来也是令人惊叹不已的。

中国商周时期精美的青铜器，也是这个时期科学技术发展水平的重要标志。

二、古希腊的自然哲学与技术

公元前7世纪到公元2世纪末，奴隶社会科学技术发展的高峰转移到了古希腊。它构成人类在古代社会的第二个科技中心。古希腊又分为前后两个时期：公元前7世纪到公元前4世纪为古希腊前期，学术中心在雅典；公元前4世纪到公元2世纪为古希腊后期，史称“希腊化”时期，科学技术文化中心在埃及的亚历山大里亚。

古希腊科学的最大成就是它的自然哲学思想。当时，在古希腊的各城邦中涌现出了一大批自然哲学家，他们不仅对自然现象作了大量的观察和体验，提出了一些经验定律和推测性结论，而且力求揭示自然现象的奥秘，探索世界构成的本原，提出了原始的元素说和原子论。他们断言：“有一个东西，万物由它构成，万物最初由它产生，最后又复归于它，它作为实体永远同一，仅在自己的规定中变化，这就是万物的元素和本原。”[1]

泰勒斯是古希腊最早的自然哲学家之一，是古希腊第一个唯物主义派别——米利都学派的主要代表。他认为万物的本原是水，万物起源于水而又复归于水。在科学研究上，他发现了一般性的几何学原理，例如，“圆周被直径等分、等腰三角形的两底角相等、半圆上的圆周角是直角”，等等。在天文学方面，他吸收了巴比伦的成果，曾准确地预言过公元前585年5月28日的日食。米利都学派的另一位自然哲学家是阿那克西曼德，他是泰勒斯的学生、朋友和继承人。他以积极从事科学研究活动而闻名。传说，他第一个发明了日晷计

[1] 恩格斯．自然辩证法［M］．北京：人民出版社，1971：164．

时器，用以测试冬至、夏至和昼夜平分点；他绘制了希腊人所知道的世界上第一张地图，被称为科学地理学之父。在哲学上，他认为，世界的本原非土非水、非气非火，而是一种“未定形的”被称作“无限”的东西。阿那克西曼德的学生、朋友和继承人是阿那克西米尼。他认为世界的本原是气，认为万物的产生和消亡就是气的凝聚和稀散。世界万物产生于气，最终也复归于气。气稀薄时为火，渐趋浓密时相继为风、云、水、土、石头等。还认为气的运动是永恒的，世界上的一切变化由此产生。

古希腊爱非斯城邦、爱非斯学派的创始人赫拉克利特认为，世界的本原是火，万物和火相互转化，正像货物换成黄金、黄金换成货物一样。“世界是一团按规律燃烧和熄灭的永恒的活火。”他认为，万物都处于永恒的、不断的运动变化之中。“万物皆流，万物无常驻”“人不能两次踏进同一条河流”“我们存在又不存在”是他提出的三个著名的命题。赫拉克利特在当时能有这样的思想，实在难能可贵。他因此被列宁誉为辩证法的奠基人之一。

毕达哥拉斯学派的创始人、勾股定理的发现者毕达哥拉斯是古希腊又一个伟大的哲学家、数学家和科学家。他对数学有深刻独到的研究，以至于对数的研究进到了本原的研究。他认为，世界的本原就是数，数组成一切事物，数是宇宙的要素。任何对象的终极组成部分都是数。因此，万物皆数，数是世界的本原。他说：“数学的本原就是万物的本原”“数目的元素就是万物的元素”。毕达哥拉斯把数看成是先于现实事物而独立存在的本体，“宇宙的组织在其规定性中通常是数及其关系的和谐的体系”。因此，毕达哥拉斯是“第一个把周围的一切叫作秩序的宇宙”的人。把自然事物之间纷繁复杂的关系看作某种和谐秩序的表现，把自然界的秩序和规律与数及其数学关系联系起来，这在人类对自然界的认识上前进了一大步，开辟了人类定量研究事物、揭示自然规律的新道路，在科学史上为人类做出了巨大的贡献。

米利都城邦的留基伯和阿布地拉城邦的德谟克利特则认为，宇宙间万事万物都是由原子组成的，原子就是一种质上相同、量上不同的不可再分的最小的物质微粒，它是一切实物的组成要素。原子的实质是致密的、充满的，称之为存在者。原子运动的场所是虚空，虚空即不存在者。因此，世界就是由原子和虚空组成的整体。万事万物的产生和消灭就是由于原子在虚空中的结合和分离所造成的。所以他说，“一切事物的本质是原子和虚空”。原子是绝对的充满，其中没有任何空隙；虚空是绝对的空虚，其中不包含任何物质。原子和虚空都是绝对必要的，它们的并存才能构成世界万物。留基伯和德谟克利特的原子论也叫作“原子–虚空论”。原子–虚空论把一和多、变和不变、连续性和间断性、自然的本质和现象等都在物质的结构上统一了起来，因此比较严密地建立起了一个唯物主义的自然哲学体系，形成了与柏拉图的理念说相对立的哲学学说。

原子论的提出对后世的影响是极其巨大和深远的。可以说，古希腊的原子论是现代科学的真正基石，也是牛顿绝对时空观的前身。它的真正价值在于，它认为实在在于物质，而不在于心灵，试图用简单要素来解释世界的组成，寻求世界万物的本原。因此，在哲学上，这是一种自发的唯物主义。而在科学上，原子说要比它以前或以后的任何学说都更接近于现代观点。

古希腊的科学除了自然哲学以外，在天文学、数学、力学、逻辑学等领域也有许多成就。欧多克索斯、亚里士多德和托勒密地心说的提出，欧几里德几何体系的建立，阿基米德力学定律的发现，亚里士多德逻辑学、形而上学的形成等，都是古希腊极具代表性的自然科学成果。这些成果尽管还很不完善，甚至存在着根本性的错误，例如，阿基米德力学定律还很有限和零散，而地心说就其本质来说则是错误的，等等，但是，它们作为早期的科学成果已经相当伟大。其最伟大的地方就在于：它们都有一个共同之点，即都是以严密的逻辑推理、抽象的形式语言、定量的数学描述和公理化的理论体系为特征，融科学与哲学于一身，因此，开了人类全部自然科学理论研究的先河，自然科学的研究因此有了自己特有的理论传统和仿效的楷模。古希腊的自然科学尤其是自然哲学的成就如此之大，以至于恩格斯这样评价："在希腊哲学的多种多样的形式中，差不多可以找到以后各种观点的胚胎、萌芽。"❶ 而在西方文化界享有极高声誉的著名学者、英国当代最伟大的哲学家、数学家、散文学家和社会活动家、1950 年曾荣获诺贝尔文学奖的当代知名学者罗素，在其名著《西方的智慧》一书中指出："严格地说，全部西方哲学就是希腊哲学""希腊哲学与理性科学属于同一时代""希腊是全世界的脑力加工厂""哲学和科学在公元前 6 世纪都创始于米利都的泰勒斯"。

三、古罗马和中世纪的科学技术

尽管希腊已经是世界性的脑力工厂，但它却不能以一个自由独立的国家而生存。希腊的科学从 2 世纪以后便逐渐走向衰落，代之而起的是古代罗马。罗马人虽然在土木工程和实用技术方面有所建树，但他们轻视理论，在科学思想上却很少成就，所以逐渐丧失了希腊的科学传统。

从公元 455 年罗马陷落一直到 14 世纪末文艺复兴开始，是欧洲的封建社会统治时期，在历史上通称中世纪。在这一千多年的时间里，希腊、罗马时期的奴隶主文明被封建王权的野蛮所代替，世俗文明被淹没在宗教狂热之中，科学、哲学完全沦落为神学的婢女，一切不合教义的思想都遭到禁绝，背离圣经的书籍悉被烧毁，研究和宣传科学的人被监禁甚至烧死。据不完全统计，中世纪欧洲各国被宗教裁判所判刑和烧死的异教徒有五百万人之多，其中许多人是科学家和宣传唯物主义自然观的人。公元 415 年，天文学家西昂的女儿、亚历山大里亚最后一位数学家希帕蒂娅，由于研究数学被定罪，活活地烧死在教堂里。这样的野蛮、残忍和愚昧的事情在长达一千多年的时间里几乎每天都在进行着。例如，在托克马达任宗教裁判所所长的 18 年中，他平均每周烧死 11 人，每天严惩的人数平均竟达 30 人。由于宗教神学和封建势力的摧残，中世纪欧洲的科学思想园地犹如一片多年不事耕耘的荒地，其上杂草丛生、荆棘遍野，稀落的几株科学幼苗在凛冽的严霜下、在瘠薄的土壤里艰难地生长着。欧洲中世纪的一千多年，正如丹皮尔在他的巨著《科学史》中所指出的："是人类由希腊思想和罗马统治的高峰跌落下来，再沿着现代知识的斜坡挣扎上去所经过的一个阴谷"。

四、中国古代实用科学技术的辉煌成就

正当西方欧洲处于黑暗的中世纪的同时，科学技术却在东方中国的大地上获得了较快的发展，并在公元 3 世纪到公元 15 世纪长达一千多年的时间里，保持了西方所望尘莫及的先进水平，形成了人类在古代社会的第三个科技中心，从而在人类科学技术史上写下了辉煌的一页，占有特别重要的地位。

---

❶ 马克思恩格斯全集第 20 卷［M］. 北京：人民出版社，1972：386.

中国古代科学技术成就最具代表性的是火药、指南针、造纸、印刷术四大实用技术和农学、医药学、天文学、数学四大实用科学。

指南针大约在战国时期就已经出现了，距今已有两千多年的历史。到了宋、元时期已用于航海。指南针的发明，直接促进了航海、交通和地理大发现，具有重大的历史意义，被誉为人类永不熄灭的灯塔。造纸出现在汉朝，是由蔡伦105年改进发明的。活字印刷是宋代平民毕昇发明的。造纸的成功，印刷术的发明，这是人类文化史上的两大盛事，也是书写材料和文化传播手段上的两次革命。火药是唐朝的炼丹家们发明的，宋朝时已用于军事。火药、指南针、造纸和印刷术这四大技术都是实用性很强的技术，对人类社会的历史进程产生了深远的影响。

中国古代的农业科学，除了《吕氏春秋》中的《上农》《任地》《辨土》和《审时》四篇专论外，最有代表性的就是五大农书，即西汉的《氾胜之书》、北魏贾思勰的《齐民要术》、宋代陈敷的《陈敷农书》、元朝王祯的《王祯农书》以及明代徐光启的《农政全书》。这些大部头巨著的先后出现，标志着我国农业实用科学技术体系的形成。

医药学的代表作有战国时期成书的《黄帝内经》、汉朝张仲景的《伤寒杂病论》、明朝李时珍的《本草纲目》等。《黄帝内经》是中医学理论体系开始形成的标志，它从整体的观点出发，强调人体是一个有机的整体，人的健康和疾病与自然环境有密切的联系。这些医药学巨著构成了中国特色的医学理论体系和系统的辨证施治原则。从此，中国医学形成了以脏腑、经络、气血、津液为内容的生理病理学；以“四诊”（望、闻、问、切）、“八纲”（阴阳、表里、虚实、寒热）辨证施治为基础的治疗学；以“四气”（寒、热、温、凉）、“五味”（酸、甘、苦、辛、咸）来概括和区分药物性能的药物学。此外，还有针灸、推拿、气功、导引等辅助疗法。其风格之独特、内容之丰富、思想之深刻，为世界上所独有。可以说，中国医药学的特殊传统和深邃思想，直到今天仍然是一块挖掘不尽和潜力未料的珍贵宝藏。

天文学方面的成就最具代表性的是关于宇宙结构的“盖天说”“浑天说”“宣夜说”三大假说，以及张衡制作的浑象和郭守敬制作的浑仪等先进的天文观测仪器等。

标志中国古代数学成就的代表作是十大数学名著——《周髀算经》《九章算术》《海岛算经》《五曹算经》《孙子算经》《夏侯阳算经》《张丘建算经》《五经算术》《缉古算经》《缀术》。这些著作的出现，形成了中国古代计算见长的实用数学体系。

总之，中国古代科学技术从秦汉到宋元取得了丰硕的成果，达到了世界当时的先进水平。无论是历史悠久的农业科学，还是群星璀璨的天文学，或是计算见长的数学和挖掘不尽的医学，或是震惊世界的四大发明，以及后来居上的冶炼技术、影响深远的水利工程、誉满全球的纺织技术、别具一格的建筑技术、名扬天下的制瓷技术和举世闻名的航海技术，等等，都在人类科学技术史上写下了光彩夺目的一页，为人类的科技进步和社会发展做出了巨大的贡献。但总的看来，中国古代科学技术与西方相比有以下两个基本特点：一是实用性强，理论性差；二是重于描述，轻于解释。

中国古代科学技术之所以具有上述两大特点，是因为中国的科学研究缺乏哲学理论指导、缺乏科学的理性传统。究其原因，从根本上说要到东西两种不同的文化传统中去寻根。西方文化是“自然本位的”文化，东方文化则是“人本位的”文化。

五、古代科学技术发展的主要特征

以古希腊和古代中国科学技术为主要代表的整个古代科学技术是以直观和零散的形式出现的，还没有达到完整、成熟、系统的程度，基本上属于对自然现象的描述和对生产经验的总结，而不是对自然过程和规律的理论概括和阐述。在这一时期，虽然也出现了像欧几里德几何学和中医经络理论这样一些理论性较强的学科，但整体地、宏观地看，几乎所有科学技术的出现都是为了直接解决当时现实生活和生产实践中提出和遇到的实际问题。例如，天文学、数学、算术、力学、医学，等等，概莫能外。天文学出自农业生产中的历法需要，数学出自丈量土地和食物分配的需要，力学出自建筑的需要，医学出自治病救人的需要，等等。简言之，古代科学技术有三个特征：一是在表现方式上，是以直观的和零散的形式出现的，还没有达到完整、成熟、系统的程度；二是在内容特点上，都是对自然现象的描述和对生产经验的总结，而不是对自然过程和规律的理论概括与解释；三是在目的要求上，都是为了直接解决当时现实生活和农业生产中提出和遇到的实际问题。

古希腊的自然哲学充满了猜测、思辨和臆想。比如，毕达哥拉斯提出，由于球形是最完美的几何形体，所以大地应该是球形的；而在人身上，只有头是球形的，所以，体现了人最完美本性的智慧也一定位于人身上最完美的地方——头上。在这里，毕达哥拉斯的观点之中包含有“地球是球形的”和“大脑是人的思维器官”的正确猜测。他又认为，因为十是最完美的数字，所以天上的发光体应该有十个。其实，十根本就不是什么最完美的数字。十作为人类普遍的数学运算基本进制单位，其所以会出现，只是因为人类最初赖以计数的人的手指有十个。亚里士多德在解释物体的运动时提出，任何物体都有自己的自然位置，并且有恢复到自然位置的趋向。土的自然位置在靠近地心的地方，以此向上是水、火、气，因此，气总是向上的，而含土元素越多的物体回到地心的愿望越强烈，因而下落时速度越快。由于时代的局限性，自然哲学只能用理想的、幻想的联系来代替尚不知道的联系，用虚构、臆想来代替缺少的事实，用纯粹的想象把真实的缺口填补起来。它在这样做的时候提出了一些天才的思想，预料到了一些后来的发现，但是也说出了十分荒唐的见解，这在当时是不能不这样的。

第三节　近代科学技术的发展

一、近代前期的科学技术成就

1. 近代前期的科学成就

近代科学是古代科学的继承和发展。中国的四大发明和古希腊的古典文化为近代科学的兴起提供了必要的前提。火药、指南针、印刷术在12世纪经阿拉伯人传播到欧洲，同资本主义的生产相结合，得到了广泛的应用和推广，产生了深远的社会影响。马克思指出：“火药、指南针、印刷术，这是预告资产阶级社会到来的三大发明。火药把骑士阶层炸得粉碎，指南针打开了世界市场并建立了殖民地，而印刷术则变成新教的工具，总的说来变成

科学复兴的手段，变成对精神发展创造必要前提的最强大的杠杆。”❶

东罗马帝国首都君士坦丁堡在1453年陷落前后，大批东罗马帝国的知识分子携带拜占庭帝国灭亡之时抢救出来的古希腊科学文化典籍的手抄本和从罗马废墟中发掘出来的古代雕像流亡到西欧各国，向西方世界传播了古希腊内容丰富的科学文化和辩证的思维方式，从而为近代科学的兴起奠定了基础。

近代科学是资本主义生产发展和文艺复兴运动相结合的产物。资本主义生产的发展，不仅提出了很多问题要求科学做出解释，积累了大量材料要求科学做出概括，而且为科学的研究提供了大量有效的物质手段和工具，诸如显微镜、望远镜、钟表、气压计、温度计、湿度计等大量新的观测和计量仪器的发明，促进了实验科学的兴起，推动了近代科学的发展。而文艺复兴运动作为资产阶级反对封建专制统治和宗教神学的思想解放运动，打开了中世纪套在人们头上的精神枷锁，为科学的兴起和发展扫清了思想障碍。

近代科学始于1543年，其标志是《天体运行论》和《人体构造》两部巨著的问世。1543年，波兰天文学家哥白尼出版了他经过长达30多年观察研究而写成的《天体运行论》一书，提出了太阳中心说，批判了统治天文学界长达一千多年的错误的地心说。这是人类科学发展史上的一个里程碑。同一年，比利时解剖学家维萨里在布鲁塞尔出版了他的巨著《人体构造》。在该本书中，维萨里用大量解剖学的事实说明了人体的构造和体液的循环，纠正了统治医学界长达1400多年之久的盖仑的错误学说，批判了上帝造人的观点。太阳中心说的提出和体液循环的发现，像两响震惊世界的礼炮，庄严宣告了近代自然科学的诞生。于是，在哥白尼和维萨里所举起的科学革命的两面旗帜下面，很快地聚集了一大批献身科学的勇士，由于他们的杰出工作，自然科学得以迅猛的发展。

以日心说和血液循环理论为代表的近代科学思想因其本身所固有的追求真理、反对宗教迷信的革命性质，从一开始就受到了神学的反对和宗教法庭的迫害。维萨里因其《人体构造》一书的出版而被宗教法庭判处死刑，困死在“朝圣”途中；而对哥白尼来说，《天体运行论》一书出版之际，死神就已经把他抱走了。西班牙医生塞尔韦图斯因坚持体液循环理论、主张血液循环学说而被加尔文教烧死，死前被活活地烧烤了两个小时。70岁高龄的伽利略因坚持日心说而被宗教法庭传讯和审判，宣判终身监禁。正是像伽利略这样的科学先烈和勇士，用鲜血和生命捍卫了科学真理和科学信仰，在血与火的殊死搏斗中为科学殉道，才开辟出了自然科学的独立之路。

这个时期，自然科学在许多方面都取得了重大成就。

在天文学领域，继哥白尼提出了日心说后，德国天文学家开普勒总结分析了自己的老师第谷一生积累的详细观察资料，发现和提出了行星运动的三大定律，即行星运动的椭圆轨道定律、面积定律和调和定律。

在力学领域，伽利略发现了自由落体和抛射体的运动规律，提出了物体运动的惯性定律、相对性原理以及钟摆的等时性原理。牛顿则综合了伽利略和开普勒的思想，提出了描述物体机械运动的三大基本定律，发现了万有引力定律，从而建立了经典力学的理论体系。牛顿对科学做出的贡献主要集中在他1687年出版的巨著《自然哲学的数学原理》一书中。

在光学领域，斯涅耳提出了光的折射定律；牛顿发现了光的色散现象；笛卡儿、牛顿提出了关于光的本质的“微粒说”，惠更斯则提出了关于光的本质的“波动说”。

---

❶ 马克思．机器、自然力和科学的应用［M］．北京：人民出版社，1978：67.

在电磁学领域，吉尔伯特发现了摩擦生电现象；居里克发明了手摇起电机；米森布鲁克和克莱斯特分别独立地发明了“莱顿瓶”；富兰克林研究了雷电现象，制成了“避雷针”；库仑发现了“库仑定律”；加尔瓦尼发现了生物电。

在化学领域，玻意耳提出了化学元素的概念，于1661年发表了他的名著《怀疑派化学家》，把化学确立为一门科学，开始了分析化学的研究；法国化学家普鲁斯特发现了化学反应过程中化合物元素构成的定比定律；英国化学家普里斯特利和瑞典化学家舍勒分别独立地发现了氧；法国化学家拉瓦锡提出了燃烧的氧化理论，出版了著名的《化学纲要》一书，此书在化学领域中的意义犹如牛顿的《自然哲学的数学原理》在物理学领域中的意义一样，分别是自己学科中的奠基性的著作。

在生物学领域，瑞典生物学家林耐提出了植物分类的双名法，并以此确立了动植物的分类体系；法国植物园园长布丰提出了生物演化和突变的思想；英国医生哈维提出了血液循环的学说。

在数学领域，英国数学家内皮尔发明了对数；笛卡儿创建了平面解析几何；牛顿、莱布尼茨建立了微积分，数学从此由常量数学进入到了变量数学，历史和辩证法从此进入了数学。

2. 第一次技术革命

在近代前期，自然科学和技术近乎平行发展，但比以往时代表现出了明显的相互联系、相互影响的特点。当时的自然科学研究旨在回答当时技术上提出的重大理论问题，但是自然科学的理论成果反过来又为技术进步开辟了道路，为工作机和蒸汽机等重大发明提供了条件，从而形成了第一次技术革命。

第一次技术革命，发端于英国，而后遍及整个欧洲。它以纺织机械的革新为起点，以蒸汽机的发明为标志，实现了工业生产从手工工具到机械化的转变。1733年，英国钟表匠约翰·凯发明了织布用的飞梭，大大提高了织布的效率，于是纺纱成了制约纺织业提高效率的“瓶颈”。1765年，英国纺织工哈格里夫斯发明了“珍妮”纺纱机，揭开了技术革命的序幕。接着，平民技工阿克莱特于1769年发明了水力纺纱机。1779年，童工出身的克隆普顿，综合了珍妮机和水力机的优点，发明了骡机，可以同时转动三四百个纱锭。骡机的出现，标志着纺纱机革新的初步完成。

纺纱机的革新，使棉纱供过于求，出现了新的不平衡。1785年，英国牧师卡特莱特发明了自动织布机，提高效率几十倍。随之而来的是一系列与之配套的机器发明，如净棉机、梳棉机、自动卷纱机、漂白机、整染机等，实现了整个纺织工业的机械化。

工作机的技术革新，要求为它们提供强大而方便的动力，从而产生了动力上的革命。蒸汽机早在工业革命之前就发明了，但最初的一批蒸汽机仅用于矿井排水，效率低，并没有引起技术革命。由于后来的工作机革新对于动力机的呼唤，高效率的蒸汽机得以问世，才最终迎来了动力上的革命。

最初蒸汽机的工作原理，都是利用蒸汽冷凝形成真空，然后靠大气压力来做功，所以其理论来自对真空和大气压力的认识。伽利略、托里拆利、帕斯卡、居里克、玻意耳等人在该领域做了许多研究工作。在这些科学认识的基础上，法国物理学家巴本、英国工程师萨弗里、英国铁匠纽科门等人对蒸汽机进行了研究，发明了大气活塞式蒸汽机，被矿山普遍采用。

工匠瓦特发展了前人的工作，对蒸汽机技术进步做出了划时代的贡献。1763年，他在修理纽科门蒸汽机的过程中，受布莱克关于“比热”和“潜热”理论的启发，找到了纽科门蒸汽机效率低的主要原因是有大约五分之四的蒸汽消耗在重新加热汽缸上。针对存在的问题，在1765～1784年，瓦特对旧式蒸汽机进行了一系列根本性的改进，采用密封气缸和分离冷凝器新装置，大大提高了蒸汽机效率，最后完成了普遍适用于各行业的往复式蒸汽机。至此，瓦特完成了一个时代的伟大技术创新，把第一次技术革命推向高潮。正如马克思所说，瓦特的伟大天才，在于他不把他的蒸汽机看成一种有特殊用处的发明，而把它看作是大工业可以普遍应用的东西。在这之前，生产中使用的各种天然动力，都受到自然条件和其他有关因素的限制。蒸汽动力技术的创新，才为大规模工业生产提供了前所未有的强大而方便的廉价动力。

工作机的革新，蒸汽机的发明，使技术革命的浪潮迅速推向化工、机械加工、冶金和交通运输部门，导致了世界性的工业革命。恩格斯说：“蒸汽和新的工具机把工场手工业变成了现代的大工业，从而把资产阶级社会的整个基础革命化了。工场手工业时代迟缓的发展进程变成了生产中的真正的狂飙时期。”❶

二、近代后期的科学技术成就

1. 近代后期的科学成就

近代自然科学在文艺复兴运动之后，经过近300年的发展，到了18世纪下半叶，特别是从19世纪起出现了全面的繁荣。在科学技术的发展史上，19世纪被称为“科学世纪”。在这一世纪里，在各主要的学科领域中都取得了一系列的综合性理论成果。

在天文学领域，1755年，康德出版了《宇宙发展史概论》一书，提出了太阳系起源的星云假说。星云假说认为，在太阳系形成之前，宇宙空间就存在着一种弥漫的原始物质即星云，在吸引和排斥的相互作用下，星云物质因吸引而不断凝聚，因排斥而发生旋转，通过自身的运动规律，从最初的浑浊状态中逐渐发展成有秩序的天体系统。星云假说是人类认识史上第一个科学的天体起源学说，它从物质自身的对立统一规律来分析天体的形成与发展，这不仅在科学上为现代天体化学奠定了基础，从而推动了整个自然科学的发展，而且在哲学上为辩证唯物主义的自然观提供了自然科学的依据。星云假说既批判了“宇宙神创说”，又否定了“神的第一次推动”。恩格斯高度评价了星云假说，指出：“在康德的发现中包含着一切继续进步的起点。如果地球是某种逐渐生成的东西，那么，它现在的地质的、地理的、气候的状况，它的植物和动物，也一定是某种逐渐生成的东西，如果立即沿着这个方向坚定地继续研究下去，那么自然科学现在就会进步得多。”

值得指出的是，由于康德著作的不合时宜，并且匿名出版，所以没有受到当时人们的重视。直到1796年法国科学家拉普拉斯在《宇宙系统论》一书中用牛顿力学详细论证了太阳系的演化过程，独立地提出了一个类似的星云假说以后，康德的著作才逐渐受人重视。所以，星云假说也称为“康德－拉普拉斯星云假说”。❷

在地质学领域，英国地质学家赖尔1830年出版了他的《地质学原理》一书，提出了地质渐变的思想。18世纪欧洲工业革命以后，采矿业的大发展，运河的开凿，使人们发现逐

---

❶ 马克思恩格斯选集第3卷［M］. 北京：人民出版社，1972：301.

❷ 恩格斯. 自然辩证法［M］. 北京：人民出版社，1971：12.

一形成的地层中有不同的生物化石。大量的新事实使人们不得不承认，地壳结构和地表形态以及地球上的动植物都有时间上的历史。但当时法国的动物学家和古生物学家居维叶却用“灾变论”来解释这一现象，他认为，这是由于上帝的惩罚而引起的巨大灾变造成的。赖尔则以丰富的材料论证了地球地层渐变的理论。他认为，地球表面的变迁是由各种自然力在长期缓慢的发展中综合作用的结果，是逐渐形成的，并不是什么超自然的力量，不需要用上帝的惩罚和灾变来解释，从而抨击和否定了以居维叶为代表的、支配和统治生物学界和地质学界多年的“灾变论”。赖尔的功绩在于，他使人们认识到了地球并不是一成不变的，而是在自然力的作用下不断生成和变化的，这就粉碎了“灾变论”，有力地驳斥了上帝创世说。所以，恩格斯指出：“只有赖尔才第一次把理性带进地质学中，因为他以地球的缓慢变化这样一种渐进作用，代替了由于上帝造物主的一时兴发所引起的突然革命。”❶

在物理学领域，发现了能量转化和守恒定律，建立了电磁学理论。

19 世纪 40 年代，德国青年医生迈尔、英国业余物理学家焦耳等人，几乎同时从不同的角度、通过不同的途径、用不同的方法发现了能量转化和守恒定律。这一定律的发现表明，自然界中的一切运动都可以归结为一种形式的运动向另一种形式的运动的不断转化。能量转化与守恒定律的发现，不仅在物理学上具有划时代的意义，而且具有很大的哲学价值。它为哲学上论证物质不灭原理和运动不灭原理提供了自然科学依据。它表明，“自然界中整个运动的统一，现在已经不再是哲学的论断，而是自然科学的事实了。”❷ 因此，那种认为互不联系、互不转化、既成不变的谬论被排除了，对世外造物主的最后记忆也随之清除了。

19 世纪，物理学领域的另一个重大成就就是法拉第 - 麦克斯韦电磁理论的建立。它在更大范围、更深层次上揭示了自然界的统一性。电和磁是两千多年以前就已经被发现的自然现象。早在公元前 7 世纪，古希腊人就已经发现用兽皮摩擦过的琥珀能吸引碎屑。磁石的特性也很早就被人们注意到了。到 16 世纪，英国伊丽莎白女王的御医吉尔伯特对电和磁进行了深入系统的研究，并在 1600 年发表了《论磁石》一书。但一直到 19 世纪，电和磁仍然被人们认为是两种完全不同、互不相干的东西。1745 年德国的克莱斯特和荷兰莱顿大学的米森布鲁克分别发明了“莱顿瓶”。1754 年，美国科学家富兰克林作了著名的风筝实验，通过对雷电的研究证明“莱顿瓶”中的电与大气中的电是同一种东西。从 19 世纪 20 年代至 19 世纪 80 年代，由于一大批物理学家，尤其是法拉第和麦克斯韦的杰出工作，完整的电磁学理论得以建立起来。法拉第 - 麦克斯韦电磁理论从本质上揭示了光、电、磁现象的统一性。

在生物学领域，19 世纪有两个重大发现，这就是细胞学说的提出和生物进化论的创立，它们证明了生物有机体内部的统一性，沉重地打击了“神创论”和物种不变论。显微镜的发明和使用使生物学的研究大为改观，导致了细胞的发现。德国生物学家施莱登在 1838 年提出了细胞是植物构造的最基本单元的理论，发表了《植物发生论》一文。文中指出，低等植物全由一个细胞组成，而高等植物是由许多细胞组成的，细胞是一切植物的最基本的结构单元和构成单位。1839 年，德国动物学家施万又发表了《关于动物与植物结构和生长类似的显微镜研究》一文，进一步指出，整个植物界和动物界都是由细胞组成的，细胞是全部生物的最基本的单位，一切有机体都是由细胞发育而成的。细胞理论的建立，使人们

❶ 恩格斯. 自然辩证法［M］. 北京：人民出版社，1971：15.

❷ 马克思恩格斯选集第 3 卷［M］. 北京：人民出版社，1972：525 - 526.

第一次从细胞层次上看到了一切生物的统一性，这就在动物和植物两个领域之间驾起了桥梁，从而宣布对峙几千年的两大壁垒——动物界和植物界之间的严格而明显的区分消失了，动物和植物互不相干、完全不同的古老神话破灭了。细胞理论的提出，为生物进化论的形成奠定了科学基础。1859 年，英国生物学家达尔文根据他对自然界长期广泛的考察研究，在总结农业、畜牧业改良品种的实践经验和前人成果的基础上，出版了《物种起源》一书，提出了以自然选择为基础的生物进化的理论。进化论认为，“物竞天择，适者生存”，造成了生物的不断进化和发展，这是生物界发展变化的普遍规律，现代的植物、动物和人都是自然界长期进化发展的产物。进化论生动地揭示了生物界由简单到复杂、由低级到高级发展变化的自然图景。列宁指出，达尔文的进化论第一次把生物学放在完全科学的基础上，在生物学上具有划时代的意义，在哲学上具有重大的价值。它推翻了那种把动植物看作是彼此毫无关系的、神创的、不变的形而上学的观点，为辩证唯物主义的宇宙发展理论提供了重要的自然史基础。

在化学领域，19 世纪有三个重大发现：一是道耳顿 - 阿伏伽德罗的原子分子论；二是门捷列夫的元素周期律；三是韦勒的草酸和尿素的人工合成。

1808 年，英国化学家道耳顿根据他对气体压力、化合物构成元素原子量的研究出版了《化学哲学新系统》一书，提出了原子的科学假说，并运用这一假说圆满地解释了化学反应中的当量定律、定比定律和倍比定律，从而完成了近代化学发展中的一次重要的理论综合，奠定了现代化学的基础。正如恩格斯所说的：“在化学中，特别是由于道耳顿发现了原子量，现已达到的各种结果都具有了秩序和相对的可靠性，已经能够有系统地、差不多是有计划地向还没有被征服的领域进攻，就像计划周密地围攻一个堡垒一样。”❶ 此后，意大利化学家阿伏伽德罗继承和发展了道耳顿的原子论思想，于 1811 年发表了题为《原子相对质量的测定方法及其原子进入化合物时数目比例的确定》的论文，在这篇论文之中，他提出了分子概念以及分子与原子相区别的重要问题。阿伏伽德罗的分子假说把道耳顿的原子论和盖 - 吕萨克的气体反应定律统一起来，成为说明物质构成和化学反应机理的原子分子学说。这一学说的建立，对自然科学的发展起了巨大的推动作用。

俄国化学家门捷列夫对当时已经知道的 63 种化学元素进行分类、排列，研究了它们之间的相互关系和变化规律。到 1869 年，他排出了第一张化学元素周期表，发现了元素性质按其原子量的变化呈现出周期性变化的规律性。1869 年 3 月，他在《元素属性和原子量的关系》论文中指出，按照原子量大小排列起来的元素，在性质上呈现出明显的周期性；原子量的大小决定元素的化学性质；可根据原子量和元素性质的依赖关系预言未被发现的元素；可以根据周期律修正已知的但不准确的元素的原子量。根据元素周期律，他成功地预言了未知的元素镓、钪和锗的化学性质，修正了金、铀等元素的原子量。元素周期律在科学上有重要价值，它把几百年来关于各种元素的大量知识综合起来，形成了有内在联系的统一整体，从而实现了无机化学由经验描述到理论综合的一次大飞跃。

1828 年，德国化学家韦勒用无机化合物氯化铵溶液和氰酸银反应，制成了有机化合物尿素，并发表了《论尿素的人工合成》一文。这是人类第一次用无机原料合成有机物，它穿透了无机界与有机界之间坚实的壁障，填平了无机界和有机界之间不可逾越的鸿沟，开辟了无机界通向有机界的通衢大道。那种认为自然界是永远不变的，无机物只能产生无机

❶ 恩格斯．自然辩证法［M］．北京：人民出版社，1971：95．

物、有机物只能产生有机物的机械论观点宣告彻底破产了。

2. **第二次技术革命**

第二次技术革命发生在19世纪下半叶，其主要标志是电力的运用，以电动机和电力传输、无线电通信等一系列发明为代表，实现了电能与机械能等各种形式的能量之间的相互转化，给工业生产提供了远比蒸汽动力更为强大和方便的能源，“电气时代”开始取代“蒸汽时代”，为现代自然科学的产生准备了技术条件。这次技术革命同第一次技术革命相比，有一个明显的特点，即自然科学理论的突破已成为生产技术革新的先导，科学理论已经走在生产实践的前面。在第一次技术革命中，自然科学的理论指导还比较零散，对工作机来说，力学起到重要作用，而对蒸汽机变革，热力学只起到配角作用，工匠技艺经验的积累居主导地位。后来在研究提高蒸汽机效率的基础上，才建立起系统的热力学理论，但是第二次技术革命是在电磁理论创立之后才发生和发展起来的。

1799年，伏打电池的发明首次使人们获得了持续的电流，揭开了电力利用的序幕，而电磁理论的创立，则是19世纪科学史上的一次革命，它改变了世界文明的面貌，对人类社会生活产生了极为深远的影响。1820年，丹麦物理学家奥斯特发现了电流使磁针偏转的效应，第一次展示了电和磁之间的联系。这一发现是近代电磁学的突破口，蕴含着电动机的基本原理。1822年，法国人阿拉戈和盖－吕萨克发明了第一个电磁铁；同年，安培发现两平行电流同方向相斥，反方向相吸，提出了表示电流磁场方向的“安培定则”。

自学成才的英国科学家法拉第以自己的研究成果，奠定了电磁理论的基础。法拉第用实验证明了不仅电可以转变为磁，磁也同样可以转变为电；运动中的电产生磁，运动中的磁产生电，揭示了机械能转化为电能的规律性。变化的磁场在导线里产生感应电流，这是发电机的基本原理。在实验的基础上，他大胆地冲破牛顿力学关于“超距作用”的观念，提出了“力线”的概念，并用铁粉做实验，证明了磁力线的存在。他确信这种力线不只是几何的，它同时具有物理性质，是物理存在。电荷或磁极周围的空间，不再是一无所有，而是布满了向各个方向散发出去的力线，电荷或磁极就是力线的起点。由此出发，法拉第首次提出了“场”的概念，把布满磁力线的空间称为磁场，而磁力线就是通过连续的场这种物理实在而传递的。当时，对于法拉第的“场”的概念，几乎所有物理学家都认为是离经叛道的臆造，直到二三十年后，才被人们接受。法拉第长于实验和形象思维，而短于数学和抽象思维，因而未能将自己的研究成果形成系统的、理论化的知识体系。他的继承者麦克斯韦完成了这一历史任务。

1862年，麦克斯韦初步提出了完整的电磁理论，不仅解释了法拉第的实验结果，而且发展、补充了法拉第的思想。他引进了“涡旋电场”和“位移电流”的新概念，指出交变的电场产生交变的磁场，交变的磁场又产生交变的电场。由此他预言了电磁波的存在。10年以后，他完成了电磁理论的经典著作《电磁学通论》，建立了电磁场的基本方程，即著名的麦克斯韦方程组。这是继牛顿万有引力之后近代物理学又一次重大的理论综合，它把电荷、电流、电场和磁场完全统一起来了，同时精确地表明电磁场运动具有波动性质，它在空间以光速传播，而光在本质上就是一种电磁波。这样，完整的电磁理论就建立起来了。1888年，德国物理学家赫兹从实验上证明了电磁理论的正确，从而导致了无线电的发明，开辟了电磁技术的新纪元。

电磁规律的发现和电磁理论的建立，直接导致了第二次技术革命。人们根据奥斯特和法拉第的发现，发明了发电机和电动机。1845年，英国物理学家惠特斯通制成了第一台使用电磁铁的发电机。1867 年，德国人西门子发明了自激式直流发电机，后来的发电机都是在西门子发电机的原型上改进的。所以，西门子的发明在技术史上相当于瓦特发明的往复式蒸汽机，有着划时代的重要意义。

早期发电机发出的电力，主要是用于照明而不是工业动力。1879 年，英国化学家斯旺和美国发明家爱迪生同时发明了白炽灯，特别是爱迪生用碳化竹丝制成灯丝，大大延长了灯丝寿命，使电灯事业化获得了成功。所以，人们把世界之光——电灯的发明归功于爱迪生。

随着远距离高压输电技术的发明，电力不仅用于照明，而且开始用作工业动力；它不仅使偏僻山区的廉价水力可以得到利用，而且为消除城市和农村的差别提供了物质技术基础。这里面起着重要作用的变压器，其基本原型是由法拉第发明的。他根据电磁感应定律，制成了感应圈，这就是最早的原始的变压器。

电气工业的另一重大成就——无线电通信，是在麦克斯韦建立电磁理论，预言电磁波的存在，并由赫兹用实验证明这个预言之后，在 19 世纪的最后 10 年中，才由俄国的波波夫、意大利的马可尼等人实验成功。

1894 年，波波夫在彼得堡大学成功地进行了无线电通信的公开实验，次年，马可尼也成功地实现了第一次无线电通信。由于马可尼得到了英国邮电部门的大力支持，工作条件较好，因而进展迅速。1899 年，马可尼成功地实验了英法海峡两岸间的无线电通信。1901 年，他又进一步建立起横越大西洋的无线电联系，从英国把无线电信号发送到 2700km 外的加拿大。从此，无线电就变成了真正实用的通信工具，从而在空间上、时间上缩短了地球上各处人们之间的距离。

在电气时代，另一项有代表性的技术成就是内燃机的发明。内燃机包括煤气内燃机、汽油内燃机、柴油内燃机等。由于它的热效率高，比蒸汽机结构更合理紧凑，为各种类型交通工具提供动力，使汽车、船舰、机车、石油等一系列相关工业部门迅速兴起。

电气时代所创造的社会生产力是蒸汽机时代所望尘莫及的。英国的产业革命，主要标志是蒸汽机的发明，而美国的产业革命，主要标志则是电力的应用。经过几十年的努力，美国就在经济上后来居上，压倒了欧洲各国。1860 年，美国工业产值居世界第四位，只占资本主义世界的 10%；到 1890 年，美国年产值就猛增了 9 倍，超过了英国，位列世界第一，成为经济最发达的国家。德国也在第二次技术革命中跃居世界第二位。

第四节　现代科学技术的发展

一、现代科学的发展

现代科学发展的起点是 19 世纪末拉开序幕的物理学革命。在 20 世纪上半叶，微观物理学一直处于整个自然科学的先导地位，而 20 世纪四五十年代以后，科学各个领域都发生了惊人的重大突破，其中生命科学和系统科学愈来愈走在科学的前列。

1. 物理学革命

19 世纪的力学、光学、热学、电磁学取得了一系列突破性进展，物理学家们怀着无比自豪的心情进入 20 世纪，许多人认为科学大厦即将建成，只剩下一些细节性的事情有待完善。然而，正是19世纪末物理学留下的两朵小小的“乌云”（即“以太危机”和“紫外灾难”）和新的实验发现却带来了20世纪的物理学革命。

物理学革命是由19世纪末物理学实验的三大发现揭开序幕的。汤姆孙（英）、伦琴（德）和贝克勒耳（法）等发现了电子、X射线和元素的天然放射性。人们认识到原子并不是最小的不可分割的物质单元，而是有其结构、可以再分的。传统的能量转化定律也难以解释镭的热效应，经典物理学的基础并不是充分牢固的。面对这些发现，绝大多数物理学家仍坚信物质世界的客观规律性，也有少数人把电子的发现看作是“原子非物质化了”或“物质消灭”，用“无物质的运动”来说明天然放射性，乃至把物理学革命看作是“物理学危机”，是“原理的普遍毁灭”。

20世纪初，物理学的重大成就是相对论和量子力学的建立。按照麦克斯韦的理论，电磁波（包括光）必须靠介质——以太以有限速度来传递，但寻找“以太”的实验（如迈克耳孙-莫利实验）未取得肯定结果。这意味着在真空中传播的光速对以任何速度运动的物体来说都是不变的，意味着不存在时空的绝对参考系。爱因斯坦突破了以太说和牛顿的绝对时空的观点，在1905年提出了狭义相对论。1916年又建立了广义相对论。相对论论证了质量能量之间、时空与物质运动和物质分布之间的联系，并得到实验证明。

热力学的发展、蒸汽机和电照明的应用，推动了热辐射的研究。基于黑体辐射的实验结果与经典物理学概念（能量连续变化）相背（即所谓“紫外灾难”），德国物理学家普朗克在1900年提出了“能量原子”或量子的思想。薛定谔、海森伯等在量子论的基础上论证了物质世界的波粒二象性、波函数和测不准关系，建立了量子力学体系。量子力学使人们从对宏观世界的认识深入到微观世界，论证了连续和间断统一的自然观，揭示了统计决定论的意义。

在物理学革命的基础上，科学在更深的层次上考察微观对象，又在更大尺度上探索宏观世界，并且把这两者结合起来。20世纪现代科学的学科分化更加明显，各门学科相互渗透，又导致了一大批边缘性、综合性学科的产生，形成了复杂的、多层的学科体系。

2. 生物学革命

人类对生物大分子的研究早在19世纪30年代就开始了。到了20世纪40年代，这一研究已经取得了很多成果，其中突出的是美国细菌学家埃弗里等人1944年所做的工作，他们证明在肺炎双球菌中，把无外膜、无传染性菌株转变为有外膜、有传染性菌株的转化因子是DNA（脱氧核糖核酸），第一次用实验证明DNA是遗传的物质基础。进入20世纪50年代，终于开创了分子生物学这门新学科。其标志是美国生物学家沃森、英国生物学家克里克等人于1953年所做的工作，他们发现了DNA双螺旋结构，随后遗传密码先后得到破译。此后，经过许多科学家的讨论和十几位著名学者的实验研究，阐明了DNA长链上4种碱基的序列同蛋白质的20种氨基酸序列之间的对应关系，揭示了同每一个氨基酸相对应的都有一个由以上3种核酸组成的密码。到1969年，64个密码全部被破译。这就从分子水平上阐明了生物遗传规律。分子生物学的成就深化了人们对生命活动的机制和生命本质问题的认识。整个生物界，从微生物到人类，在遗传密码上呈现出惊人的统一性。于是，人们便把生物学叫作生命科学。很显然，分子生物学是对19世纪生物学理论的重大突破，是当代生物学发展的主流，它给人们带来了新颖的生命观。它的兴起，极大地震动了科学界，吸引了许多科学家从事这方面的工作。目前，分子生物学已渗透到生物学的各个领域，产生了分子遗传学、分子细胞学、分子病理学、分子药理学等新学科，并且导致了生物遗传工程的兴起，展示了人工合成生命的光辉前景。

分子生物学的进一步发展，不仅会使全部生物学进行根本改造，而且它在一定程度上会丰富和发展物理学、化学的研究内容，影响着医学以至当代技术发展的方向。越来越多的事实显示出它是当代自然科学的新的带头学科。因此，很多科学家把 1953 年以来分子生物学的重大成就称作“生物学的革命”，把它列为继 20 世纪物理学革命之后的又一次科学革命。

3. 系统科学的产生和发展

第二次世界大战之后，随着现代科学革命和技术革命的蓬勃兴起，几乎同时诞生了几门崭新的横断学科：系统论、信息论、控制论（简称“老三论”），它们从不同侧面揭示了客观物质世界的本质和运动规律。20 世纪下半叶，又出现了以系统的自组织（系统自发地从无序状态过渡到有序状态）为研究对象的耗散结构理论、突变论、协同学（简称“新三论”）等新的边缘学科，还形成了以应用为直接目的的系统工程，所有这些学科构成了以系统为研究对象的综合性学科群——系统科学。

从系统科学各个分支和流派的理论渊源来看，主要是通过如下三条途径产生和发展起来的。

第一是从研究生命系统客体的理论生物学中产生的一般系统论。19 世纪和 20 世纪初，在生物学领域内，尽管一些学者已开始把生命体视为一个整体和过程来研究，然而机械论的观点仍有很大影响。人们在探索生命现象时采取分析方法，把生物还原为物理和化学过程，取得了一些积极成果，但却是以失去整体全貌为代价的。针对这些情况，20 世纪 20 年代，一批生物学家和哲学家提出了机体概念，把生命有机体看作一个“有机系统”。1925 年，英国数理逻辑学家、哲学家怀特海提出用机体论来代替科学上的决定论，主张在完整机体这一概念的基础上来改造科学理论。还有一些生物学者则明确提出了系统论的基本原理。其中最突出的代表是美籍奥地利生物学家拜尔陶隆菲。从 20 世纪 20 年代到 40 年代，他先后发表《有机生物学》和《理论生物学》等一系列论著，指出了生物学研究中的机械论错误：一是把有机体分解为要素，然后把要素简单叠加起来说明机体属性的观点；二是把生命现象简单地比作机器的观点；三是认为有机体只是在受到刺激时做出被动反应的观点。他吸收了机体论的思想，提出用机体系统论的概念和方法来研究生物学，其基本想法是：从系统观点、动态观点、等级观点出发，把有机体描绘成由诸多要素、按严格等级层次组成的动态的开放系统，系统具有特殊的整体功能。1945 年，他发表《关于一般系统论》一文，第一次明确提出把一般系统论作为一门独立的新学科。可是由于第二次世界大战，这种思想几乎无人所知。从 20 世纪 40 年代末到 1971 年去世前，拜尔陶隆菲又系统地阐述了一般系统论的科学体系，其代表作是 1968 年出版的《一般系统论的基础、发展和应用》一书。系统论的思想和方法，近年来愈来愈受到人们的重视。

第二是从研究人工技术系统客体的技术科学中所产生的控制论、信息论和系统工程等。控制论思想也有漫长的孕育过程，但它正式诞生的标志是数学家威纳 1948 年出版的《控制论》一书。威纳在“二战”中参加了火炮自动控制的研究工作，他把火炮自动瞄准飞机的功能和人狩猎的行为作了类比，引入反馈概念，阐明了功能系统通过反馈进行调节和控制的基本思想。我国科学家钱学森于 1954 年在美国出版的《工程控制论》，对控制论的思想传播和实际应用起到重要的作用。系统科学的另一重要分支信息论，是美国数学家香农创立的。1948 年，他发表的《通讯的数学理论》，奠定了现代信息论的基础。他用数理统计方法研究在通信和控制系统中普遍存在的信息传递和处理问题，以提高系统传输信息的有效性和可靠性。香农及其合作者后来所著的《信息论》一书，对信息论思想作了广泛的发挥，导致它向各门学科渗透。“二战”中，由于军事的需要，运筹学得到广泛的应用和发展。战后，运筹学、计算机技术、自动控制技术和信息理论、电子技术、模型理论及模拟技术等密切联系和结合，并被应用到工程技术的设计、生产和管理中，从而促使一门以系统为研究对象，担负总体协调和优化使命，又具有高度综合性和跨界性特点的系统工程学科得以诞生，这对系统科学的发展起到很大的推动作用。

第三是从研究非生物界物理系统客体的物理学中所产生的非平衡理论，如耗散结构理论、协同学和突变论。它们是系统科学的新发展。从20世纪30年代到70年代，比利时化学家普里果金，经过长期研究，提出了非平衡态热力学，把远离平衡态的通过能量的耗散而保持稳定状态的有序结构叫作“耗散结构”，从而回答了开放系统从无序自动走向有序的问题。1968年由德国科学家哈肯提出另一系统理论“协同学”，在研究激光器发射机理的过程中，从统计学和动力学两方面揭示了一系列复杂多元物理系统乃至生物系统、经济系统中的协同现象的内在机制，适用于没有热交换过程的更为广泛的系统客体。1972年，法国著名数学家汤姆提出了“突变论”，第一次揭示了突变过程的奥秘，使人类对突发性事件的规律有了一定认识，从而有可能对它们进行预测和控制。突变理论虽是数学的分支学科，但明显带有横断学科的特点，它以稳定性理论为基础，重点研究事物的动态过程，根据一定的数学法则，得出运动变化函数图形的性质、运动变化的规律和特点。这一系统理论近几年进展迅速，应用广泛，愈来愈引起人们的重视。

系统科学由于着重从物质客体的系统结构、功能行为、信息过程等一般属性和关系上进行研究，撇开了研究对象质的特殊规定性，因而具有普适性的特点，日益在各个领域中得到推广和应用。它不仅是现代科学整体化的生动反映，而且是科学整体化的强大工具，同时对于丰富和发展辩证哲学有重要的意义。

二、第三次技术革命

第三次技术革命，就是今天人们常说的现代技术革命，其主要标志是原子能、电子计算机和空间技术等诸多高新技术的广泛应用。它开始于20世纪40年代，现在正以迅猛的速度向前发展着。

第三次技术革命的产生及迅速发展有着多方面的社会原因。第一，现代生产力的迅速发展以及人类现代文明发展的多方面需要是现代新技术产生的巨大动力。第二，现代自然科学发展的巨大成就为现代新技术的产生奠定了深厚的理论基础。第三，科学技术的社会化、综合化为第三次技术革命提供了成功保证。第四，战争及国际竞争的刺激，加速了第三次技术革命的进程。战争刺激了与国事有关的高新技术发展，而日益激烈的国际竞争使各国更加重视新技术的开发和技术创新。

20世纪以来，伴随着自然科学的最新成就，一大批新兴的高、精、尖技术在几十年的时间里不断涌现出来，汇成了新技术革命的滚滚洪流。

第三次技术革命，一方面产生了一些全新的技术领域，如核能、计算机、激光和空间技术等；另一方面，许多应用科学和传统技术领域，如能源、材料、生物、建筑、交通运输、军事、农学和医学等都有新的巨大发展，从而推动着整个社会的不断发展。

1. 电子技术和计算机技术

19 世纪末电子被发现后，20 世纪初就发明了晶体管、磁控管、显像管等电子元器件。1947 年美国贝尔实验室的肖克莱发明了晶体管，紧接着，1952 年英国人达默提出了集成电路的思想，1961 年第一片集成电路商品问世，70 年代便出现了大规模集成电路，电子元元件在广播电视等领域的应用日益普遍。

电子科学技术的发展对电子计算机的问世产生了巨大影响，电子计算机是 20 世纪最伟大的技术创造，它是现代科学技术的结晶。

1937 年，美国物理学家阿塔纳索夫最早开始考虑将电子技术引入计算机。1942 年，美国工程师莫奇利提出电子计算机方案，1945 年，他主持制成了世界上第一台“电子数值积分计算机”，简称 ENIAC。它用了 18000 多个电子管，乘法速度为每秒 400 次。接着美国数学家冯·诺伊曼对计算机作了重大改进，采用二进制和程序内存，在 1952 年设计研制成功 EDVAC，通称冯·诺伊曼机。EDVAC 能自动完成全部运算，它是目前一切电子计算机设计的基础。

如今电子计算机已经历了电子管、晶体管、集成电路、大规模集成电路四次换代更新。目前，它正在进入第五代，即用超大规模集成电路装备的巨型计算机。第五代计算机真正发明之后，将创造我们现在还难以预料的技术奇迹，它必将在社会生活的各个领域得到最广泛的应用。有人预言模仿人类大脑功能的神经计算机将是第六代产品。随着电子计算机技术的提高和应用的普及，世界范围内的计算机网络逐步建立起来，并极大地改变和正在改变着这个世界，使人们的工作、生活、学习、娱乐等几乎所有的一切活动都发生了革命性的变化。

计算机产业和信息产业可以说是当今国民经济和社会发展的支柱产业，计算机技术与通信技术、光纤技术、航天技术等的结合和应用，将推动人类进入信息文明时代。

2. 新能源和新材料技术

能源是人类社会发展的基础，原子核裂变的发现开辟了人类利用新能源的道路。原子能是原子核发生变化过程中释放出来的能量，它的发现和利用，是 20 世纪物理学革命的理论成果在工程技术中的应用。放射性和电子被发现以后，一大批科学家相继投身于原子物理学的研究领域中。1939 年，科学家发现用中子轰击铀能引发重核裂变和链式反应，从实验上证明了原子能利用的实际可能性。1942 年，美国建成了世界上第一座原子反应堆。原子能最初用于军事部门，20 世纪 50 年代后才开始和平利用。除核裂变外，还有氢核聚变，它在技术上的实现，至今只是用于军事上制造氢弹，用于生产的受控热核反应尚在研究中。原子能是人类过去所不知道的一种全新能源。它的发现和利用，是继蒸汽机、电力之后人类征服自然力的又一次伟大的动力革命。如果受控热核聚变技术能够突破，则人类将获取几乎永不枯竭的新能源。

除了原子能外，20 世纪人类对太阳能、地热能、风能、生物质能、海洋能、氢能，以及天然气水合物等新能源的研究也有较大进展。另外传统的不可再生能源的节能技术、清洁能源的开发技术也是新能源科技的研究对象。例如，目前正在研究“洁净煤技术”，包括先进的煤燃烧技术、煤的气化和液化等。

新材料技术也得到了长足发展。材料是人类社会文明大厦的基石，20 世纪以来，许多新型材料，如有机高分子材料、半导体材料、多功能材料、无机非金属材料、新型建筑材料和超导材料的大量出现，极大地推动了现代科技和社会生产的发展。仅 1976 年全世界已登记的材料品种就多达 25 万种，而新材料目前正以每年约 5% 的速度增长。高强度材料、纳米材料、复合材料正在日益发展，高智能和绿色技术正在材料科学技术领域得到越来越多关注。绿色材料也称为环境材料，指具有优良性能，又能与环境相协调，有利于保护环境的材料。智能材料则是能随周围环境的改变而改变其性能的一种材料，可以满足人类的特定要求，达到自诊断、自适应甚至自修复的目的，如高强度、高韧性和耐腐蚀的非晶态金属，镍钛合金等记忆合金，金属陶瓷、纤维等。

目前新材料研究的前沿是纳米材料。有人预言，纳米技术将引发一场新的工业革命，而且也许比历史上任何一次技术革命对社会经济、政治、国防等领域所产生的冲击更大。尤其是纳米技术与其他科学技术相结合，不仅产生许多新技术，而且可能影响整个人类社会的发展。

此外，有机功能高分子材料、低维材料、生物陶瓷材料、原位复合材料等也将有较快的发展。

在新世纪，材料科学技术将和信息技术、新能源技术、生物技术、海洋技术及航天技术进一步交叉融合，共同发展。

3. 海洋科学技术

海洋面积占地球表面积的 70% 以上。海洋资源极为丰富，如海洋石油占全球可采储量的 45%，海洋钻井也在迅速增加。从海水中提炼有用元素、勘探海底矿物、规划海洋牧场成为许多国家的宏伟蓝图。

1997 年世界海洋委员会在一份报告中把当前海洋科学技术发展面临的课题归结为：①促进科学文化进步，如揭示生命起源、宇宙起源、人类起源（海洋人类学）的研究；②探索和开发海洋财富，包括生物资源开发、油气资源开发、海洋运输、能源利用、空间利用和旅游、海洋环境净化容量等；③生命保障系统研究和保护，包括海洋与气候、生物多样性、健康和废物清除、防灾减灾等；④其他类，包括海洋管理、海洋经济学、伦理学、海岸科学、培养和教育。

海洋科学技术已成为一种综合的全球性大科学，包括全球海洋观测、海洋科学钻探、热液海洋过程及其生态系统、海洋生物多样性、海岸带综合管理学五个领域。

4. 空间技术

空间技术就是探索、开发和利用宇宙空间的技术，又称为太空技术和航天技术。空间技术的研究与开发始于 20 世纪 50 年代。空间技术有三个突出特点。其一，空间技术是高度综合的现代科学技术，它是许多科技最新成就的集成，其中包括喷气技术、电子技术、自动化技术、遥感技术、材料科学、计算科学、数学、物理、化学等。其二，空间技术是对国家现代化、社会进步具有宏观作用的科学技术。航天器飞行速度快、运行高度高，可快速地大范围覆盖地球表面。例如，通过卫星使电视网络覆盖全国及至全球；气象卫星可以进行全球天气预报，包括长期天气预报；侦察卫星可以及时发现世界各个地区的军事活动等。这许多都是常规手段无法做到的。其三，空间活动是高投入、高效益、高风险的事业。尽管风险很大，但是空间技术的发展对人类的贡献是巨大的，因此它必将持续发展。发展空间技术对于开发空间资源，以及提升一个国家在经济、军事以及整体科技实力方面都具有十分重要的意义。能进入太空的国家，将跨入航天大国的行列。

发展空间活动现在越来越受到世界各国和地区的高度重视，世界空间活动发展迅速，人类取得了巨大成就。继1957年苏联发射第一颗卫星之后，美国于1958年，法国于1965年，日本、中国于1970年先后发射了自己的第一颗人造卫星，引起世界轰动。世界上航天投资最多的是苏联和美国。至今发射的4000多个航天器中，苏联、美国占绝大多数。此外，欧联体、中国、日本、印度、加拿大等也都有一定的规模。

截至2003年年底，人类共发射各类卫星5000余颗，其中有600余颗通信卫星、导航卫星、对地观测卫星、科学卫星和技术试验卫星正在180多个国家和地区广泛使用。世界各国和地区已经研究了80多种运载火箭，可以适应不同轨道的发射任务。

人类已经开发出宇宙飞船、航天飞机两种载人飞行器，开发出空间实验室和空间站两种载人空间设施，至今人类共进行了240余次载人航天飞行，发射了120多颗深空探测器，对太阳系内各大行星进行了探测，人类已经踏上月球表面，宇航探测器已经多次踏上火星表面。

继1957年苏联、1966年美国之后，2003年中国成为世界上第三个可以将宇航员送入太空的国家。2003年10月，中国“神舟五号”载人宇宙飞船把首位中国宇航员杨利伟成功送入太空并安全返回。2005年10月，“神舟六号”又把费俊龙、聂海胜送入太空，绕地球进行了多天、多人、多项实验并成功返回，标志着中国在世界航天领域取得的巨大骄人成就，是中华民族的骄傲和胜利。

5. 生物技术

当前，在高新技术中，生物技术可以说是处于显著地位，生物技术的迅猛发展以及巨大的成就引起了世人的极大关注，被认为是有可能改变人类未来的最重大的新技术之一。目前，世界各国均投入巨额资金，我国的高新技术计划“863计划”，也把生物技术列为重点发展项目。

如今，生物技术已广泛应用于医药卫生、农林牧渔、食品能源及环境保护等领域，对于解决世界人口、资源、粮食、环境危机等有着举足轻重的地位。

生物技术的含义是：应用自然科学及工程学的原理，依靠微生物、动物、植物体作为反应器，将物料进行加工以提供产品来为社会服务的技术。它涉及众多学科，是一门综合性技术。它是建立在微生物学、分子生物学、生物化学、遗传学、免疫学、生理学及化工工程的基础之上。根据操作的对象及技术，生物技术一般又分为发酵工程、细胞工程、酶工程、基因工程、蛋白质工程；根据应用领域，生物技术又分为农业生物技术、医药生物技术、生物技术疫苗、生物技术诊断、家畜生物技术、海洋生物技术等。

同前两次技术革命相比，这次技术革命有许多新的特点。首先，技术革命和科学革命有机结合。现代技术革命是现代科学革命的直接产物。现代物理学革命为原子能、空间活动、电子计算机等新兴技术准备了理论基础，走在技术革命的前面；而技术革命的发展，又推动现代自然科学的巨大进步，使科学技术化。其次，以电子计算机为主要工具的现代控制技术的发展，在第三次技术革命中具有特别重要的作用。不论是空间、原子能等新技术部门，还是传统的技术部门以及现代化管理技术部门，其技术革命都以大量的信息传输和变换为纽带，而信息处理问题的实质是靠电子计算机来进行控制，所以控制在第三次技术革命中处于核心地位。最后，这次技术革命的本质是人类智力的解放，为人与他周围世界相互关系的变化创造着条件。前两次技术革命都是以机器代替人的体力劳动为目的，其结果是带来了社会生产力的大发展，引起了资本主义社会关系的深刻变化。这次技术革命由于电子计算机的出现和广泛应用，使生产过程的全面自动化变成现实，使社会生活各个方面发生革命性的变化，开辟了用机器代替人的部分脑力劳动的时代。

第五节　科学技术发展的模式

现代西方兴起许多科学主义思潮，如实证主义、马赫主义、逻辑实证主义、批判理性主义、历史主义等。根据对科学的看法与态度，这些哲学流派探讨了科学技术发展模式，形成了不同的看法。科学技术发展模式是关于科学技术发展的基本规律、基本趋势以及科学技术发展的动因和机制的形式化概括和描述。它不仅能合理地解释科学技术发展的历史过程，而且能从根本上揭示科学技术发展的规律。

一、带头学科更替和科学中心转移模式

不同的历史时期，各门学科的发展是不平衡的，总有某一门或一组学科能够率先、较好地对自然做出解释，走在其他学科的前面，这样的学科就是带头学科。带头学科的理论和方法是那个时期其他学科的解释性基础和方法论范例，它能对其他学科起推动作用。苏联学者凯德洛夫根据他对科学史的分析，提出了科学发展的带头学科更替模式。其要点如下：①从近代自然科学产生以来，带头学科依次是机械力学—化学、物理学、生物学—微观物理学—控制论、原子能科学、宇宙航行学；②带头学科总是一个和一组交替出现；③带头学科延续时间逐次递减，历史上各带头学科持续的时间依次是 200 年、100 年、50 年和 25 年；④带头学科总是处在该时代人类实践需要和科学发展的交叉点上。

凯德洛夫的基本思想在某种程度上反映了科学史的事实，但它只是一种经验性的说明，尚未做出充分的、合理的理论论证。凯德洛夫预测第 5 个带头学科是分子生物学，第 6 个带头学科是心理学。

日本学者汤浅光朝在 20 世纪 60 年代对 1501 ~ 1950 年的科技史材料进行了统计，确证了科学活动中心转移现象，提出了科学发展的科学中心转移模式。他认为，在世界范围内，各个国家由于政治、经济情况不同，致使科学发展是不平衡的。在一定的历史时期，某个国家的科学发展较快、成果较多，因而会成为世界的科学中心。按他的定义，一个国家的科学成果数占全世界总数的百分比超过 25% 时，就可以称该国处在科学的兴隆期，而处在科学兴隆期的国家就是科学活动的中心。从文艺复兴到现在，科学活动中心按这样的顺序在转移：意大利（1540 ~ 1610 年）—英国（1660 ~ 1730 年）—法国（1770 ~ 1830 年）—德国（1810 ~ 1920 年）—美国（1920 至今）。科学活动中心转移的平均周期是 80 年。

二、指数—逻辑增长模型

美国学者普赖斯对 18 世纪以来科学发展的各种参量（如科技期刊数、学术文摘数、科学家人数等）进行了统计分析，发现了科技期刊数、学术文摘数、科学家人数等增长的指数规律。这一规律可以表示为

$$Y = A\mathrm{e}^{kt}$$

式中，Y 为 t 年后某一学科的知识总量；A 为初始量，表示某一学科发展初始时的科学知识量；k 为年增长率；t 为时间。

普赖斯的统计表明，Y 的倍增周期为 10～20 年，每 50 年就增加一个数量级。普赖斯的理论能较好地说明近现代科学发展的事实。但为了能说明未来，尚须对这一理论进行修正和补充。

三、波佩尔证伪主义的科学发展模式

英国科学哲学家波佩尔把科学发展看作一个永无止境的、不断前进的过程，提出“证伪”原则（亦称批判理性主义）。他认为科学的发展是从大胆地怀疑开始，然后提出问题，再通过证伪和反驳，实现不断地革命的过程。所以，他的科学发展模式也可以叫作“不断革命”的模式。其模式可以表示为 P_1（问题 1）—TT（猜测性理论）—EE（除错）—P_2（问题 2）。这一模式表明，当面对新的问题时，可以通过提出猜测性的理论试探性地去解决问题，再进一步对猜测性的理论进行检验，检验不是通过证实，而是通过证伪力求找出理论的弱点，驳倒理论。如果理论没有被驳倒，则可成立，被接受；如果被证伪了，就又出现新的问题。这一过程循环反复，科学就不断进步。

波佩尔的证伪模式存在着一定的局限性。这一模式过于强调科学知识的飞跃、强调科学发展所包含的突变过程而否认科学知识的继承和累积，否认科学发展中包含的量变渐进的过程。波佩尔推崇演绎而否定归纳作用。他没有辩证地对待各种逻辑方法，没有看到证实与证伪之间存在的辩证关系，这就是他在哲学上陷入困境的原因之一。

四、库恩历史主义的科学发展模式

库恩（历史主义代表人物）的科学发展模式也可以叫作科学革命的发展模式。其表示为：前科学—常规科学（形成范式）—反常—危机—科学革命（新范式战胜旧范式）—新常规科学……。这一模式是库恩利用历史的方法，从动态的角度考察科学发展的机制和规律所提出的。在这里，库恩用“范式”来说明科学理论的发展。所谓范式是指科学家集团的共同信念、共同传统、共同理论框架以及理论模式、基本方法等。

“前科学”阶段是指科学发展中尚未形成“范式”的原始科学阶段，这一阶段从事同类学科研究的科学工作者对共同研究的问题基本观点很不一致，即没有形成该学科的范式。“常规”科学阶段是指形成了公认的“范式”，学科相对成熟、渐进发展的阶段。“反常”阶段是出现了与现有范式相矛盾的客观对象，是指科学家们发现了范式预期之外的新事物、新现象、新情况。当反常现象大量出现，成为常规科学无法解决的难题时，科学发展便进入了人们开始怀疑范式的“危机”阶段，这一阶段孕育着理论和范式的重大变革，孕育着科学革命。“科学革命”阶段是冲破旧理论创立新理论、新范式取代旧范式的质变、飞跃的过程。这个过程中，各种新理论大量涌现，新理论之间进行着激烈的争论，新理论与旧范式之间也进行着斗争，最终使科学发展进入“新常规科学”发展阶段。科学发展就是常规科学和科学革命不断交替、循环往复的过程。

库恩的科学发展模式也存在一定缺陷，如新旧范式具有不可比性、排斥其他模式、否认科学发展模式的多样性等，而且在范式的产生问题上，库恩片面夸大非理性因素（如直觉、灵感等）的作用。

五、拉卡托什"科学研究纲领"的科学发展模式

拉卡托什通过科学史研究，在波佩尔和库恩的基础上，创立了"科学研究纲领"模式，用来解释科学理论发展的规律。拉卡托佩把科学理论看作一种包括"硬核"和"保护带"在内的具有结构的整体。"硬核"由一些基本理论（对于假说来说是基本假设）组成，是不可变的，而保护带则由一些辅助性假设组成。若遇到反常情况，理论或假说则可通过修改或增加辅助性假设来"消化反常"，保护"硬核"。一个"研究纲领"若能经过这种调整获得成功、保护内核，就是进化的纲领；反之，则是退化的纲领，导致内核的破裂，理论被抛弃。他的科学发展模式可以表示为：科学研究纲领的进化阶段—科学研究纲领的退化阶段—新旧纲领替代阶段—新的研究纲领的进化阶段……。每个研究纲领的发展，都经过这几个阶段。

拉卡托什"科学研究纲领"的模式既吸收了库恩的合理观点以克服波佩尔的错误，又吸收了波佩尔的合理思想以克服库恩的片面性，体现了科学发展中量的进化和质变。同时，他把科学理论看作有内在结构的整体——由彼此联系的硬核、保护带等组成，有力地说明了科学理论具有坚韧性的历史事实。拉卡托什"科学研究纲领"模式的不足之处在于过分强调对"硬核"的保护，以免其受批判，而对科学发展中观察和实验所起的作用认识不足。

第六节　当代科学技术的发展趋势

20 世纪 50 年代以来，在自然科学新成果的指导下，核技术、微电子技术、计算机技术、激光技术、航天技术、生物技术等新技术取得了飞速发展。在新世纪之初，展望未来，现代科学与现代技术紧密相连，体现出新的特点和新的发展趋势。

一、高技术与大科学

1. 高技术及其特点

（1）高技术的概念

高技术一词起源于美国，目前学术界还在讨论之中，没有形成统一的定义。美国一些经济界的人士认为，凡是知识和技术在某类产品、产业中所占的比重大大高于材料和劳动成本，可称之为高技术产品或高技术产业。近年来，随着人们对高技术概念讨论和理解的加深，目前，一般认为高技术的含义是：在当代科学技术革命中涌现出的以基础科学的突破性进展、最新科学技术为基础，科学技术知识高度密集，对一个国家经济、军事和社会发展具有重大影响的科学技术群。

发展高技术是现代技术革命发展的明显趋势。现代高技术主要包括微电子技术、新材料技术、新能源技术、生物技术、海洋技术、空间技术六大领域。其中，作为现代高技术核心的是以微电子技术为主导的电子技术、新材料技术和生物技术，这三项技术被称为"高技术三家"。

（2）高技术的特点

现代高技术具有普通技术所没有的一系列新特点。

1）高投入性。高技术是集知识、人才、资金为一体的新兴技术群，在这三方面的投入

都明显高于普通技术。高技术的研究与开发不仅需要大量高、精、尖设备的投入，而且更需要高级人才的加盟，设备的引进、人才的留养都需要较高的资金投入。此外，高技术产品更新勤、换代快，为了抢占市场，也需要一次性快速、大量地投入。

2）高创新性。高创新性是高技术的灵魂。高技术是在广泛利用现代科学技术成果的基础上产生的，它标志着技术本身的水平是高的、新的、先进的、前沿的、尖端的，所以高技术研究与开发的难度较普通技术大得多。它需要不断创新，没有创造性高技术就不可能存在。而创造性来自于科学工作者的智力，智力因素是高技术得以存在的根本，可以说高技术的发展首先依赖于智力，其次是资金。

3）高战略性。当今世界，高技术的发展对一个国家经济、军事、政治力量的增强有着十分重要的影响，它已经成为衡量一个国家综合国力的重要标志之一。在激烈的国际竞争中，谁能掌握高技术发展的趋势，谁就会掌握竞争的主动权，也就可能在世界的竞争中获胜。

4）高收益性。高收益性就是指高技术能产生普通技术不可比拟的高附加值，成为产生高社会效益与经济效益的倍增器。高技术的应用对产品结构的改善、产品性能的提高、传统产业的改造以及新产业部门的开辟都有十分重要的作用。这些作用能显著地提高社会生产力和劳动生产率，从而给社会带来很高的社会效益和经济效益。

5）高渗透性。高技术除了能实现自身产业化以外，还能向传统产业渗透，促进传统产品不断更新换代，向高性能、高质量、高竞争方向发展，使传统产业获得新生。高技术的渗透性是广泛而又全面的，它能触及商业、交通、国防、医疗卫生、文化教育、组织管理、社会服务以及家庭生活等各个方面，对产业结构、就业结构、社会结构、生活方式、思维方式、思想观念等产生深远的影响。

6）高风险性。创新是高技术的灵魂，而创新的总体特征就是不确定性，所以高技术的研究与开发具有高风险性。普通技术一般都比较成熟，由创新而增加的技术含量不会太大，不确定性不会太强，因此风险性较小。相对而言，高技术一般都比较新，而且不十分成熟，因而具有很多难以预料的不确定因素。由于高技术的市场竞争也十分激烈，时间效益特性突出，只有适时地向市场投放最新产品才能获得最佳效益，否则便意味着失败。

7）高加速性。信息革命促进了科技产品的交汇，也空前激化了商品市场的竞争，使技术更新的速度大大加快。近些年来，科技成果从创造到应用的周期已大大缩短。据统计，18 世纪这一周期平均为 80 年以上，19 世纪缩短为 50 年，20 世纪中叶则进一步缩短为 10 年，而现在则为 1 ~ 3 年。

8）高竞争性。高技术市场竞争十分激烈，而且主要是国际竞争，其原料供应和市场竞争是国际性的。只有经受严酷的国际竞争的考验、挑选，才能产生真正的高技术。而且，高技术的产品目标、技术指标及性能价格比，也必须到国际市场上去较量。

2. 大科学及其特点

大科学是相对于小科学而言的，小科学是指近代科学史上传统的以自然为研究对象，以认识自然、增长人类的知识为主要目的，以个人自由研究为主要方式的科学。而大科学是指由国家资助的，规模巨大、拥有先进的实验技术装备的，并对社会、生产、经济、生活、政治等起着前所未有作用的现代科学。它最早是由美国物理学家温伯格提出来的，之后美国科学学家普赖斯又做了明确的论述。1961 年，温伯格在《科学》杂志上发表文章说，当代科学已经发生了极大的变化，这些变化使科学从“小科学”变成了“大科学”。

1963 年，普赖斯在名著《小科学，大科学》一书中进一步指出："由于当今科学大大超过了以往的水平，我们显然已经进入了一个新的时代，那是清除了一切陈腐却保留着基本传统的时代。不仅现代科学硬件如此光辉不朽，堪与埃及金字塔和欧洲中世纪大教堂相媲美，且用于科学事业人力物力的国家支出也骤然使科学成为国民经济的主要环节。现代科学的大规模性，面貌一新且强有力使人们以'大科学'一词来美誉之。"

的确，20 世纪以来，现代科学以全新面目呈现在人们面前，其研究规模、发展速度、社会效应、管理规划系统等都是前所未有的。大科学的出现反映了科学发展的规模化和整体化趋势，是科学、技术与军事紧密结合的趋势，以及科学、技术与经济、社会协同发展的趋势。

大科学具有如下几个显著的特点。

1）大科学是科学社会化和社会科学化的产物，大科学时代的科学研究已经成为一种高度社会化的活动。它研究的课题大而复杂，常常涉及一个或几个地区、国家，甚至全球，致使其规模已发展到国家规模、国际规模。这样大规模的研究，所需经费上亿，甚至几十亿，参加人员上万，甚至几十万。1961 年，美国组织实施了大规模的"阿波罗登月计划"，历时 11 年，耗资 300 亿美元，参加研制的前后有 200 多家公司和 120 所大学，共约 400 万人。这次工程显示了现代科学技术工程的浩大规模和社会化协作的特点，宣告了大科学时代的来临。

2）大科学是系统化、整体化的科学，是科学整体化和技术群体化发展的必然结果。现代科学的整体化是指门类繁多的各门科学相互影响、相互渗透，日益紧密地联系在一起，其中每门科学的发展越来越依赖于其他学科乃至整个科学的发展。其具体表现为：①边缘学科在原有学科之间不断涌现，填补学科之间的空白，加强学科之间的联系；②横断学科和综合学科的出现，在原有的纵向学科之间建立了横向的联系，结束了自然科学过去零散分割的状态，形成一个门类繁多、层次分明、结构复杂、有机综合的大系统；③自然科学、技术科学、社会科学、人文科学、交叉科学、横断科学、综合科学等各种科学汇流和综合，以统一的方式把相关科学组织起来加以科学管理。技术群体化是指现代各种技术间出现了极强的群体性，各种技术相互促进，协调发展，具有较高的协调综合性，技术发展常有技术突破，而技术突破都是相关的一群技术的突破。

3）大科学突破了传统思想的局限，体现出科学技术管理现代化。在大科学时代，科学技术的进步越来越依赖于科学的管理，而小科学时代的管理思想、方法和手段等将不能适应大科学时代科学技术飞速发展的需求。因此，必须改变传统管理的思想观念，使之向现代化的管理观念转变，实现管理的现代化。

20 世纪以来，世界上许多国家科技、经济飞速发展的事实已经表明，现代化的管理对于一个国家科技、经济的进步至关重要，如美国在 20 世纪成为世界头号科技、经济大国，日本在 20 世纪 70 年代后跃升为世界经济发达国家前列，都应归功于现代化的科学管理。可以说现代化的科学管理是大科学时代的客观要求。

二、当代科学技术发展的基本特点和趋势

1. 综合化

科学技术发展的综合化表现在两个方面：一方面，它表现为不同的学科领域、技术部

门之间横向交汇贯通，相互交叉渗透，产生新学科、新技术；另一方面，它表现为各种已知的科学原理、各种成熟的技术按照各种方式重新组合。但是，现代科学技术发展的综合化趋势绝不是学科的简单拼凑，而是符合逻辑的综合。恩格斯指出："第一，思维既把相互联系的要素联合为一个统一体，同样也把意识的对象分解为它们的要素。没有分析就没有综合。第二，思维，如果它不做蠢事的话，只能把这样一种意识的要素综合为一个统一体，在这种意识的要素或它们的现实原型中，这个统一体以前就已经存在了。"❶

2. 加速化

科学发展的加速化主要是指科学发展的速度和科学理论物化的速度呈现出不断加快的趋势。恩格斯在 1844 年的《政治经济学批判大纲》一书中曾经对此做出过很好的说明："科学的发展同前一代人遗留下来的知识成比例。"20 世纪 40 年代，人们对科学的加速发展有了进一步的认识。现代美国科学史家、科学学家普赖斯在他的著作《巴比伦以来的科学》一书中，以科学杂志和学术论文的数量增长作为衡量知识增长的重要指标，揭示出科学按指数增长的规律。据他统计，世界藏书量约 15 年增加一倍，学术论文 10 ~ 15 年增加一倍，科学家的人数自牛顿以来约 12 年增加一倍。现代美国学者詹姆斯・马丁推测：人类科学知识在 19 世纪如果每 50 年增加一倍的话，则 20 世纪中叶为每 10 年增加一倍，20 世纪 70 年代后则为每 5 年增加一倍，90 年代后则是每 3 年增加一倍。此外，科学技术发展的加速化还表现在科学技术成果从发现、发明到推广应用的周期以近似于指数的形式在缩短。19 世纪末到 20 世纪初这一周期平均为 20 年，"二战" 前平均为 16 年，"二战" 后则为 9 年，近些年这一周期更是大大缩短。以上这些数字鲜明地表示出当代科学技术正以惊人的速度加速发展。

3. 数学化

数学是一切科学的工具和得力助手。任何一门科学的发展，都必须运用数学这件重要工具，才有可能精确、深入地描绘客观事物的状态和变化规律。可以说数学化程度不断增长是自然科学水平不断提高、理论日臻完善的重要标志。当代科学技术之所以能够全面数学化，主要依赖于电子计算机技术和系统科学的迅速发展。许多过去不便于数学化的自然科学和技术。现在已经能够通过系统科学的模型方法形成各种数学模型，并依靠计算机顺利地走上了数学化的道路。如今，不仅科学技术的各个部门日益与数学相结合，而且社会科学和思维科学等各个领域也越来越普遍地进入到计量化的研究阶段。

4. 社会化

科学技术的社会化主要表现为以下 3 个方面。

1）科研活动的社会化。当代的科学技术研究已经从较分散的个人活动转变为社会化的集体活动。20 世纪以来，由于研究工作不断复杂化，研究课题日趋综合化，科技研究的规模、组织形式在日益壮大，致使任何一项重要的科研工作都不可能依靠个人的力量独立完成，都必须依靠具有一定规模、多专业的社会群体、组织的共同协作来实现。当代科学技术研究的组织规模已经从企业规模发展到国家规模，甚至国际规模。

2）科研条件的社会化。当代科学研究的实验装备日益庞大和昂贵，科学研究需要社会投入大量的人力、物力和资金，并且要求建立起与当代科学技术发展相配套的完善的教育

❶ 马克思恩格斯选集第 3 卷［M］. 北京：人民出版社，1972：82.

体系，为科学研究培养大量的人才。20 世纪 50 年代建立的欧洲核研究中心，1957～1958 年由 66 个国家组织的“国际地球物理年”考察活动，1979～1981 年由 1500 多名学者、分布于全世界的 40 家天文台对太阳活动的观测和预报等，则是国际规模科学研究活动的典型。

3）科学、技术、生产日趋一体化。在整个近代，虽然物质生产力的发展日益迅速以及与其相联系的科学技术在物质生产过程中的应用日益广泛，但科学和技术、科学和生产在很大程度上仍然是脱节的。但是 20 世纪以来，科学与技术已经成为社会生产力发展的决定性因素，成为第一生产力。随着系统科学的发展和电子计算机的广泛应用，科学、技术与生产的关系越来越紧密，以至形成一体化的发展趋势。科学与技术相互依赖、相互促进、紧密结合，导致了科学技术化、技术科学化。这种结果，使科学与技术之间逐渐失去了明显的界限，它们的关系逐渐消融，这种一体化的表现形式不是过去那种“生产→技术→科学”或“科学→技术→生产”的单向链条，而是“生产⟸⟹科学⟸⟹技术”的双向、可逆的链式结构。例如，在物理学史上，先有量子理论，而后运用量子力学研究固体中电子运动过程，建立了半导体能带模型理论，使半导体技术和电子技术蓬勃发展起来，并促进了电子计算机的发展；运用光量子理论研制出激光技术，建立了激光产业。这些都突出体现了生产、技术、科学三者的真正的辩证结合和有机联系。

以上只是粗略、简要地将科学技术的特点和发展趋势作了介绍。科学技术的未来发展趋势是难以准确预测和把握的，因为它始终处在动态的变化之中。

第二篇

科学描述的世界

自然界是人类赖以生存的基础和环境，同时，自然界也是人类改造和变革的产物。自然界是客观存在的，但是，人们对自然界的认识却是随着知识的不断丰富，尤其是自然科学知识的发展而加深的。古代人的自然观与我们今天的自然观肯定是截然不同的，未来的自然观同今天的自然观也是大相径庭的。因此，我们这里所谈论的自然界是现代科学认识到的和描述的自然界。

第三章 自然界的存在

自然界，从最广义的角度上来讲，就是我们这个宇宙的总和。它泛指星系、恒星、行星诸星体及其上存在的一切物质。人及人类社会也是广义自然界的一部分。从狭义的角度来讲，自然界就是指与人类社会相区别的物质世界。

论述自然界的存在必须明确回答两个问题：一是存在着的“是什么”，二是“如何存在”。自然界的物质性主要回答第一个问题，自然界的系统性主要回答第二个问题。本章试图从本体论角度，用系统的观点，结合现代科学成果对自然界的存在做出较为确切的描述。

第一节 自然界的物质形态

一、自然界的物质性

自然界的物质统一性思想是马克思主义的基本观点，也是自古希腊以来漫长的人类知识发展所得出的历史结论。恩格斯曾经指出：“世界的真正统一是在于它的物质性”。[1]恩格斯在做出这个结论的同时又指出：“而这种物质性不是魔术师的三两句话所能证明的，而是由哲学和自然科学的长期的和持续的发展来证明的”。[2]

在历史发展的不同时期，由于科学和哲学水平的不同，对物质概念的唯物主义理解也是不完全一样的。

古代朴素唯物主义，凭借直观和猜测，往往把物质归结为一种或几种具体的物质形态，如归结为水（泰勒斯）、归结为火（赫拉克利特），归结为水、火、土、气（亚里士多德）等。古代唯物主义的最高代表是中国的元气说和希腊留基伯、德谟克利特的原子论。元气说认为，一切有形的物体都是由元气生成的，元气是构成世界万物的本原。原子论认为世界万物都是由不可分割的原子和虚空构成的。他们的共同特征在于，对客观世界溯本求源，说明世界的物质性，坚持了唯物主义的正确方向。但是，这种观点在当时只能是一种缺乏实证科学根据的猜测，同时它把世界万物仅仅归结为某种具体的物质形态，这就把问题简单化了。

到了近代，化学元素的发现使人们对物质构成有了新的认识，通过实验证实，一切物体和分子都是由原子组成的。据此近代机械唯物主义哲学则把物质归结为各种化学元素的原子，认为原子是组成万物的最基本的原始粒子。例如，伽桑狄正是立足于这个观点，给物质下了一个本体论的定义。他说：“物质是按一定次序结合的不可分不可灭的原子的总和”。这个定义在克服古代朴素唯物主义的“原子论”的猜测性方面是个进步。但是机械

---

[1][2] 马克思恩格斯全集第3卷［M］．北京：人民出版社，1972：465.

唯物主义物质观存在着缺点。第一，它把世界万物归结为物质某一层次的某种简单的物质粒子，即原子组成上的不同，从而否认了原子的可分割性，否认物质层次的不可穷尽性。第二，它不理解特殊和一般、个性和共性的辩证关系，把某种特殊的具体的物质形态误认为物质的一般形态，把原子的个性错误地看成是物质的共性。第三，它没有，在当时也不可能，从物质和精神两个最根本的对立范畴中，概括出无限多样的物质形态中最普遍的共性——离开人的意识而独立存在的客观实在性，这种形而上学机械论的物质观在科学发展的过程中，必然被后来的辩证唯物主义的物质观所代替。

20 世纪初，列宁在吸取了 19 世纪末物理学的新成果（电子、X 射线、放射性等发现）、科学分析并总结了 20 世纪初所发生的物理学革命的基础上，为哲学的物质概念下了一个科学的定义："物质是标志客观实在的哲学范畴，这个客观实在是人通过感觉感知的，它不依赖于我们的感觉而存在，为我们的感觉所复写、摄影、反映。"❶

该定义深刻地揭示了自然界的物质性，即客观实在性是物质的普遍本质和唯一特性，而这种客观实在性具有两方面的内容。

第一，物质是独立于人的意识而存在的，物质作为世界的本原，同意识相比，它只能有"唯一"的特性，就是客观实在性。这种观点既是哲学唯物主义的基石，也是自然科学的基础。爱因斯坦说过："相信有一个离开知觉主体而独立的外在世界，是一切自然科学的基础"。❷

第二，物质可以被感知，在原则上是可以被人认识的，物质的可知性适用于所有的物质形态——已发现的和未发现的，有力地批判了不可知论。在列宁看来，那种把关于物质的某种构造的理论和认识论的范畴混淆起来，把关于物质的新类型（如电子）的新特性问题和认识论的老问题，即关于我们知识的源泉和客观真理的存在等问题混淆起来，是完全不能容许的。"相信世界在本质上能够是有秩序的和可认识的这一信念，是一切科学工作的基础。"

当然，列宁的物质定义并不意味着人们对物质的唯物主义理解的终极。在这里，我们应该注意几个问题。

第一，我们必须明确，世界的真正统一性在于它的物质性，而这种物质性是由哲学和自然科学长期和持续研究的成果来证明的。整个世界，从巨大的星体到微小的基本粒子，从无机物到有机物，从简单的单细胞生物到复杂的人类机体，所有这些客观存在着的事物，都是物质的，都是物质的具体形态，都是物质性的具体体现。每个物质具体形态都有其特殊的属性和结构，它们之间都以一定的条件相互作用、相互依存、相互制约。可见，世界的统一是物质的无限多样性的统一。

第二，人们对物质唯物的理解是个不断深化的历史过程，并不存在一个终极的物质概念。随着科学的发展，人们对自然界的物质性的认识必然深化，不会停留在一个水平上，我们没有理由假设或认定现在的物质概念是终极的。物质是科学研究的根本对象，只要科学研究在进行着、发展着，就必然会产生对物质概念的新理解。这样也会导致唯物主义发展形式的改变。正如恩格斯所指出的："随着自然科学领域中每一个划时代的发现，唯物主

---

❶ 列宁选集第 2 卷［M］. 北京：人民出版社，1972：128.

❷ 爱因斯坦文集第 1 卷［M］. 北京：商务印书馆，1976：292.

义必然要改变自己的形式。”❶

二、自然界物质形态的多样性和统一性

1. 自然界物质形态的多样性

自然界中具体的物质形态是千姿百态、无限多样的。从基本粒子到天体、从单细胞生物到人，都是不同的物质形态。各种具体的物质形态之间都各有自己的特点，又存在着质和量的差异。我们可以通过各种分类方法对它们进行考察。

根据能否自我新陈代谢、能否遗传变异，可以把自然界中各种各样的物质形态划分为非生命世界和生命世界两大类。

无数非生命的物质形态构成了庞大的复杂系统，在宇观领域内，有亿万万的物质形态——天体所构成的天体系统，这是人们至今能观测到的最大的宇宙范围，我们称它为总星系，大约有150亿光年。这个总星系本身又是由各种天体和天体系统组成的，如类星体、超星系团、星系团、星系、恒星集团、恒星和太阳系等。仅就恒星来说，按其演化过程的阶段性，又可分为红外星、主序星、脉动星、中子星、白矮星、黑洞等不同物质形态。太阳系本身又是由太阳和八大行星以及弥散于太阳系范围的各类小星体所组成的。从宏观角度看，我们生活于其上的行星——地球本身又可分成大气圈、水圈、岩石圈、地幔、地核等若干圈层，而在这一领域内又存在着各种有机物和无机物。就目前所知，仅无机化合物就有一百多万种。在微观领域，目前已经发现的元素有117种，各种元素的原子由原子核与电子构成，原子核又由质子和中子构成，质子、中子、电子等这类粒子又统称为基本粒子，这是自然界最简单的物质形态。目前实验上已经发现的基本粒子有400多种。这些粒子由于质量大小、寿命、自旋或作用方式等不同又可分成两类四个家族：轻子类（包括光子族、轻子族）和重子类（包括介子族、重子族）。

在生命世界里，众多的物质形态更是五彩缤纷、形态万千。从种类看，微生物、植物、动物构成了庞大而复杂的生物系统。目前，人们已经发现的动物有150多万种、植物有30多万种，各种微生物8万~9万种。有人统计，人们尚未发现的生物可能比已经发现的还要多10倍。另外，生物中物质形态结构各具特色，有单细胞、多细胞；植物有苔藓类、藻类、蕨类、绿色开花植物等；动物有原生动物、腔肠动物、节肢动物、软体动物、脊椎动物等。人也是自然物质的一种形态，是高级的物质形态，能够认识和改造自然界。人还创造出新的物质形态，即种类繁多的人工自然。

根据物质形态在某些基本特性方面的差异性和共性，可以把自然界中所有的物质形态归结为实物和场这两种基本的物质形态。所谓实物是指以间断形式存在的物质形态，如原子、分子、凝聚态物体、天体等；场则指以连续形式存在的物质形态，包括电磁场、介子场、引力场和中微子场等，是实物之间相互作用的一种物质形态。场与实物相比有许多不同的特点。例如，实物和实物粒子有静止质量，场和场量子则没有静止质量，只有运动质量；实物有一定的体积，有不可入性，几个实物只能并列、间断地存在，而场则可连续地弥漫于空间，几个场可以叠加，等等。尽管人们无法直接观察到场，但是各种场都有其可以被感知的实在性，如引力场会引起光线弯曲，磁场变化可以产生电流，电场能引起磁针

---

❶ 马克思恩格斯全集第21卷［M］. 北京：人民出版社，1965：320.

的偏转，介子场与基本粒子间有相互作用等。可见，场也具有不依赖于人的感觉而存在的客观实在性，也是一种基本物质形态。

根据物质的聚集状态，还可把自然界的物质形态划分为固态、液态、气态、等离子态和超密态5种聚集状态。它们的结构和性质各有特殊性。如地球上的固态物质密度最高的约为$20g/cm^3$，而超密态天体中子星的密度高达每立方厘米几千吨甚至上亿吨。此外，自然界中还存在第六态——真空场，一种没有实物粒子（如电子、质子、中子等）的总能量处于最低状态的场。还有人主张存在第七态——反物质态。其根据是所有基本粒子都有相应的反粒子，那么由"正"粒子（如质子、中子等）构成的物质叫"正"物质，由"反"粒子（如反质子、反中子等）构成的物质叫"反"物质。不管物质的这些聚集状态多么不同，它们都是存在于人的意识之外的客观实在。

自然界物质形态的多样性告诉我们，在认识自然时，首先要把"物质的各种实在形式"作为研究的事实出发点，确认各种事物的多样性、复杂性、特殊性，不能把只适用于某一定物质形态的理论或概念生搬硬套到其他的物质形态上。

2. 自然界物质形态的统一性

"自然界物质形态的统一性"和"世界的物质统一性"这两个提法虽有密切的联系，但含义又有所不同。一方面，世界的物质统一性是物质形态统一性的基本点和前提；另一方面，自然界物质形态的统一性，还在于各种特殊的物质形态之间有着密切的相互联系和其他方面的共同点。

首先，宇宙万物在化学元素上具有统一性。自19世纪中期以来，人们通过光谱分析证明宇宙物质，无论是行星（包括地球）、恒星，还是彗星、星际气体云，都是由几十种或几种在地球上均可找到的化学元素所组成的。除光谱分析方法以外，人们还借助宇宙航行器登上少数天体，取回样品，通过化学分析方法证明自然界物质在化学组成上的统一性。例如，1967年，美国"阿波罗号"宇宙飞船登上月球取回许多岩石和尘土样品，1976年宇宙探测器在火星表面着陆取回的土壤样品，经过化学分析均证明与地球上物质的化学成分是相同的，都含有P、S、Cl、Na、Mg、Ca、Fe等元素。此外，无机物与生命物质在化学成分上也有着同一性，组成生命的物质基础——原生质的各种元素，没有一种是只为生命物质所特有而无机界所没有的。

其次，宇宙万物在微观层次上具有统一性。现代科学关于物质结构的研究表明，整个自然界中的所有物质都是由各种基本粒子所构成的。人们对物质形态统一性的论证已深入到基本粒子的层次，而且在基本粒子之间也有着相互转化。各种粒子都可以经过衰变、碰撞或湮灭而转化为其他粒子。

最后，质量守恒定律和能量守恒与转化定律也是自然界物质形态统一性的一个有力的证据。质量守恒定律和能量守恒定律证明，热现象、燃烧现象、电现象和生命现象都是统一的物质运动的不同形态，而物质和运动既不能创生，也不能消亡，只能从一种物质形态和运动状态转化为质量和能量相等的另一种物质形态和运动状态。没有任何一种物质和运动形态可以由"非物质"或虚无中产生，也没有任何一种物质和运动形态可以转化为虚无。此外，动量守恒定律、角动量守恒定律、电荷守恒定律、宇称守恒定律、重子数守恒定律、轻子数守恒定律等，也从不同侧面、不同程度证明了自然界的物质统一性。

另外，自然界物质的统一性还表现在各种物质形态间的相互转化。场与实物尽管是两种不同的基本物质形态，它们之间也存在着统一性。一方面，场与实物之间相互联系，不可分割，有实物存在就有实物之间相互作用的场，任何场都是某种实物之间的相互作用；另一方面，场与实物之间在一定条件下可以相互转化，如电子和正电子相遇时可湮灭而转化为光子，即转化为电磁场；在核子场中光子的能量足够大时，光子也可以转化为正、负电子对。

可见，在物质形态上，自然界既体现出多样性，又有着统一性。自然界的物质统一性是多样性的统一。

第二节　自然物质的系统存在

20 世纪以来，人们的科学思维方式逐渐严谨精细而注意整体。“这就是说，要构成拥有它们自己的性质和关系集成的集合体，按照同整体联系在一起的事实和事件来思考。而用这种集成的关系集合体来看世界就形成了系统观点。”用系统论的观点看自然，这就是对待存在的自然界的现代思维方式。

一、自然物质系统

自然界是以物质形态存在的，如何看待这种存在的自然界，在不同的科学背景或历史条件下有着不同的思维方式。

古代的自然哲学自发地带有朴素的辩证法，已强调对自然界的整体性和统一性的认识，如古希腊哲人曾提出“万物皆源于水”等命题，试图通过找到万物的始基来整体地把握世界。但由于科学水平的限制，主要以思辨的形式对自然的存在加以猜测，缺乏对自然界各个细节的认识能力，所以这种对整体性和统一性的认识终究是不完备的。到了近代，自然科学有了长足的长进，对材料进行整理、分析、加工的水平远远高于古代，但同时却削弱了整体性、综合性的特点，缺乏辩证的思维。19 世纪下半叶，自然科学在天文学、生物学、物理学、化学等各个领域都呈现出繁荣的景象，恩格斯概括和总结了当时自然科学的重大成就，指出：“我们现在不仅能够指出自然界中各个领域内的过程之间的联系，而且总的说来也能够指出各个领域之间的联系了，这样，我们就能够依靠经验自然科学本身所提供的以近乎系统的形式描绘出一幅自然界联系的清晰图画”❶“整个自然界形成一个体系，即各种物质相互联系的总体”。❷

现代自然科学，特别是 20 世纪中叶各门自然科学和系统科学的发展，日益揭示出自然界发展的整体性，人们的科学思维方式正在转向注重整体。拉兹洛曾说：“要构成拥有它们自己的性质和关系继承的集合体，按照同整体联系在一起的事实和事件来思考。而用这种集成的关系集合体来看世界就形成了系统观点。”

那么什么是系统呢？一般系统论的创始人拜尔陶隆菲把系统定义为“处于一定的相互关系中并与环境发生关系的各组成部分（要素）的总体（集）”。或者说，系统是由相互作用和相互以来的若干组成部分合成的具有特定功能的有机整体，而这个系统本身又是它所从属的一个更大系统的组成部分。❸

---

❶ 马克思恩格斯选集第 4 卷［M］. 北京：人民出版社，1972：241－242.

❷ 马克思恩格斯选集第 3 卷［M］. 北京：人民出版社，1972：492.

❸ 中国社会科学院情报研究所. 科学学译文集［M］. 北京：科学出版社，1980：315.

整个自然界中的各种物质客体，从微观粒子到宇宙天体，从生物大分子到整个生物圈，无不以系统的形式存在着，都是各种物质系统。所谓自然物质系统就是指由相互联系、相互作用和相互制约的各个要素（各个部分）按一定的规律组成的，具有特殊功能的有机整体。无论是无机自然物和有机自然物，还是人的生命肉体，都是以这种系统方式存在的自然物体。

二、系统方式的基本特点

从自然观的角度看，可以认为系统是一种联系方式，在这种方式中，若干有特定属性的要素经特定关系构成具有特定功能的整体。或者说，系统是以各要素的属性为基础经由特定关系形成的属性不可分割的整体。对系统概念的这种理解，包括如下要点。

1. 系统是由若干要素组成的，并对要素具有约束作用

要素是构成系统的组分或组元。单一要素不是系统，必须有两个以上的要素才可能构成系统。系统是由要素组成的有机整体，没有要素，也就不会有物质系统；而物质系统则是物质要素的存在方式，没有物质系统，也就没有物质要素。物质系统对组成它的各个要素具有决定、支配、约束的作用。黑格尔对此作了精辟而通俗的论述。他说："个别物体虽各自独立地客观存在，而同时却都统摄于同一系统。太阳系统就是这种方式的客观存在。太阳、彗星、月球和行星一方面表现为互相差异的独立自在的天体，另一方面它们只有根据它们在诸天体的整个系统中所占有的地位，才成为它们之所以为它们。它们的特殊运动方式以及它们的物理性质都取决于它们对这整个系统的关系。这种密切联系就形成了它们的内在的统一，就是这种统一使个别存在的天体互相关联而结合在一起。"

2. 系统要素之间的相互作用决定系统的结构

结构是指系统内部各个组成要素之间相对稳定的联系方式、组织秩序及其时空关系的内在表现形式。而系统的结构反映系统中要素之间的联系方式、组织秩序及其时空表现形式。从存在形式看，系统结构可以表示成：空间结构，如晶体的点阵结构、DNA 及 RNA 分子的双螺旋结构、建筑物的空间布局等；时间结构，如电谐振和脉冲、动物心脏的节律、生物钟、化学振荡等；时空结构，如树木的年轮、元素的衰变、时空有序的耗散结构等。各种不同的系统结构得以形成的主要杠杆是系统中的相互作用关系。如 DNA 分子的双螺旋结构由其中的共价键和氢键这样的相互作用关系所决定；化学反应中时空有序的耗散结构由自催化之类的非线性相互作用所决定。所以，系统内部各要素之间的相互作用关系决定了系统的结构特征。

3. 系统内部结构使它成为一个有特定功能的整体

任何一个现实的系统，总是具有一定的内部结构的，也具有一定的外部功能。所谓的功能是指系统在内部关系和外部关系中所表现出来的特性和能力。功能当然也是一种属性，但它不是要素的属性，也不是某个部分的属性，而是系统整体才有的属性。例如，消化既不是消化道细胞的属性，也不是胃的属性，而是生命机体的属性，只有在胃液和肝、胰腺的分泌物参加下，在胃壁和肠壁的收缩和小肠吸收被分解食物成分的过程中，消化过程才能真正实现。功能之所以为整体所具有，是因为功能需以结构为载体，需在系统各要素的功能耦合中突现出来。在这个意义上说，功能是由结构决定的。一个系统内部各要素组成的结构合理，就会出现应有的功能，如"三个臭皮匠顶个诸葛亮"；反之，一个系统如果形

成了消极的结构关系，便会抑制系统的应有功能，即俗语所说的“一个和尚挑水喝，二个和尚抬水喝，三个和尚没水喝”，其道理也在于此。

4. 功能是在与外部环境的相互作用中表现出来的，系统总是存在于一定的环境之中

凡是与系统的组成元素发生相互作用而不属于系统的事物，均属于系统的环境。要素、结构、功能和环境，都是完备地规定一个系统所必需的。这几种规定之间存在如下基本关系：系统的功能依赖于其要素、结构和环境。要素性质的变化、结构构型的变化、环境条件的变化，都会影响系统的功能表现，甚至导致系统的质变。因此，单有关于要素的认识，或者单有关于结构或环境的认识，都不足以逻辑地推出系统的功能。

显然，系统方式是事物之间普遍联系的一种方式。但并非所有联系都可以称为系统，只有那些有物质、能量、信息交换且造成新属性突现的联系，才能构成系统。在没有发现对象之间制约性关系的情况下，在没有发现新属性出现的情况下，抽象地谈论系统是于事无补的。从实质上说，系统概念的要义并不是一般地强调联系，而是强调那种具有新质突现的联系。

既然如此，系统方式在自然界里还有普遍性吗？当代有影响的哲学家邦奇明确回答过这个问题。他指出：“所有具体事物不是一个系统就是某一个系统的组成部分。”❶ 举例来说，电子或光子之类的简单事物目前还难以被看成一个系统，但它们总参与到原子、原子核或亚原子核运动过程中，成为微观物理系统的一个构成部分，因而要对它们的属性有确切的理解，也不能完全抛开系统方式。

三、自然物质系统的类型

用系统观点看自然界，所有自然物都自成系统或处于系统之中。对同一自然系统可以从不同角度进行分析，从而划归不同的类型。

从系统与环境之间的关系进行划分，根据系统与外界环境之间是否有物质、能量和信息的交换把系统划分为孤立系统、封闭系统和开放系统。如果系统与环境之间无物质、能量和信息的交换，则称这类系统为孤立系统；如果系统与环境之间只有能量交换，而无物质交换，则称这类系统为封闭系统；如果系统与环境之间既有能量、信息的交换，又有物质的交换，则称这类系统为开放系统。在这三类系统中，开放系统具有更大的普遍性。

从人与物质系统的关系进行分类，可以将自然界中的物质系统区分为人工系统、天然系统和复合系统。人工系统指人工制造的各种物质系统，如机器、建筑物、铁路、轮船、车辆、飞机、火箭等；天然系统则指人类尚未改变其自然状况和演化进程的物质系统。在现实世界中，还存在着大量既包括天然系统又包括人工系统的物质系统——复合系统，如农田水利工程等。

从系统所处的状态分类，可以把物质系统区分为平衡态系统、近平衡态系统和远离平衡态系统。在平衡态系统中，系统内部各部分的相互作用处于均衡状态（如温度处处相等、压力处处相同、电磁属性处处相同、化学势处处相同等）；在近平衡态的系统中，内部各部分的相互作用表现为线性相互作用；在远离平衡态的系统中，内部各部分的相互作用差异显著，从而表现出非线性相互作用。从系统所处状态进行分析研究，对于探讨系统的演化

❶ 邦奇．系统世界观［J］．自然科学哲学问题，1986（4）：46.

问题具有重要意义。

从人对系统的认识程度进行分类，可以把物质系统区分为黑系统、白系统和灰系统。黑系统指人们对其要素与结构还一无所知的系统；白系统指人们已清楚地知道了其要素与结构的系统；灰系统则指人们对于其要素和结构只有部分认识，尚未全面了解的系统。这三类系统在认识中又分别被称为“黑箱”“白箱”“灰箱”。人们对自然物质系统的认识过程，就是努力使黑系统向白系统转化的过程。

这里只列出了几种较为常见的分类方法，还存在着多种其他的分类方法，如按系统内进行的实际过程分类，可将物质系统区分为物理系统、化学系统和生命系统；按尺度、规模和空间范围划分还可以把自然物质系统区分为宇观、宏观、微观系统等。各门自然科学和技术科学都会根据自己的需要而将系统分为相应的类型，但是，无论从哪个角度划分，都需要从自然观的角度进行分析。

第三节　自然界的结构层次

自然界中的一切事物都是以系统方式存在着，由于组成系统的诸要素的种种差异（包括结合方式上的差异），使得系统组织在地位与作用、结构与功能上表现出等级秩序性，形成了具有质的差异的系统等级，这种等级差异性就是物质系统的层次性。换言之，层次性反映了客观存在着的自然界的等级结构，即若干要素经相干性关系构成的系统，再通过新的相干性关系而构成新系统的逐级构成的结构关系。层次性是系统的一个重要特征。

一、自然界物质的层次结构

自然界是一个可以分为许多物质层次的大系统，我们可以按照空间尺度或质量的不同而分为不同的层次。恩格斯在《自然辩证法》一书中，就根据当时的科学认识指出：“物质是按质量的相对大小分成一系列较大的、容易分清的组，使每一组的各个组成部分互相间在质量方面都具有确定的、有限的比值，……可见的恒星系、太阳系、地球上的物体、分子和原子，最后是以太粒子，都各自形成这样的一组。”当然，划分物质层次并不仅限于质量和空间尺度这两个指标。在不同的条件、不同的场合下有不同的划分标准，然而对于非生命世界来说，这两个指标具有特别重要的意义。

下面，我们就目前所认识到的非生命世界和生命世界的物质层次结构做简要的划分。

1. 非生命世界的物质层次

自然界的物质从大到小可以分为总星系、星系团、星系、星团、恒星、行星、地球、分子、原子、原子核、基本粒子、夸克等若干个层次（见表 3－1）。

表 3－1　物质各层次的质量范围和尺度范围

层　次	质量范围/g	尺度范围/cm
总星系	2×10^{55}	$(1.5\sim2)\times10^{28}$
星系	$10^{36}\sim10^{45}$	$10^{20}\sim10^{23}$
恒星	$10^{32}\sim10^{35}$	$10^{8}\sim10^{14}$
行星	$10^{24}\sim10^{30}$	$10^{8}\sim10^{10}$

续表

层　次	质量范围/g	尺度范围/cm
地上物体	$10^{-15} \sim 10^{24}$	$10^{-5} \sim 10^{7}$
分子	$10^{-22} \sim 10^{-15}$	$10^{-8} \sim 10^{-6}$
原子	$10^{-23} \sim 10^{-21}$	$10^{-8} \sim 10^{-7}$
原子核	$10^{-23} \sim 10^{-21}$	$10^{-13} \sim 10^{-12}$
基本粒子	$0 \sim 10^{-23}$	10^{-13}

总星系就是我们现在所观察到的宇宙，即恩格斯所说的“我们的宇宙”或“我们所面对着的自然界”。总星系是由星系组成的，目前探测到的星系大约有1000亿个。星系是由恒星构成的，星系的质量大约为太阳的1000亿倍。恒星是宇宙中最引人注目的天体，它自身是发光发热的。太阳就是一颗恒星。地球和月亮是我们最熟悉的行星和卫星。行星是围绕恒星运行的天体，其质量和尺度要比恒星低一个层次。卫星是围绕行星运行的天体，比起行星来又低一个层次。

从宏观物体往下便深入到微观领域。微观领域里的最高层次是分子。恩格斯曾说，分子与物体的关系，“正如数学上的微分和它的变数一样。”❶ 分子由原子组成。20世纪的物理学革命，尤其是原子结构模型建立以来，彻底打破了原子不可分观念。根据原子结构模型，原子由原子核和电子组成。原子核是原子的核心，原子的质量几乎全部集电在原子核上，但原子核的体积却比原子小得多，尚不及原子的万分之一。电子属于基本粒子的层次。基本粒子是目前已知的尺度和质量最小的物质层次。在目前已发现的400多种基本粒子中，规范粒子有4种，轻子有6种，其余绝大多数是强子。目前，科学家们已经对强子的内部结构进行了初步的探索，发现“基本粒子”也不基本，它的内部是有结构的，是由目前已知的最低物质层次——夸克所构成的。

2. 生命世界的物质层次

生命系统按其组成又可分为生物大分子、细胞、组织、器官、系统、个体、群落、生物圈等层次。

蛋白质和核酸等生物大分子是生命的物质基础，是生物中最低的一个结构层次。蛋白质由20种氨基酸组成。具有双螺旋结构模型的核酸分子决定着生物的遗传特征。生物大分子按特定次序组成细胞器，进而发展成原核细胞和真核细胞。细胞是生命的基本结构单元、功能单元和繁殖单元。因此，细胞是生命的基本活动单位。细胞进一步分化为组织，组织是行使某种特定功能的细胞联合。组织组合成器官，如心脏、肝脏、胃等。有特定联合的器官又形成了系统，如高等生物体中的消化系统、排泄系统等。在系统的基础上形成了生物个体，生物个体包括系统、组织、器官、细胞等低层次的组成。在某一特定的空间区城内的同种生物形成了种群。不同的种群又形成了群落。生物群落及其周围的生存环境又形成了生态系统。

❶ 恩格斯. 自然辩证法［M］. 北京：人民出版社，1971：246.

二、层次结构的辩证性质

1. 层次结构的多样性和统一性

自然界物质结构具有许多层次，不同层次有质的区别，有自己特殊的矛盾和特殊的运动规律，这反映了物质层次的多样性。同时，物质的不同层次之间存在着相互联系，并在一定条件下相互转化，具有矛盾的共性，具有某些共同的规律，这又反映了它们之间的统一性。

（1）自然界物质层次的首先表现在多样性

不同的物质层次的结合能不同，因而结构结合的紧密程度不同。结合能指物质粒子结合成为一个系统所放出的能量，如果要将这一个系统分解，就要供给它相应的能量。一般来说，物质层次越低，尺度越小，其结合能越大，就越不容易分割。例如，氢分子的结合能为476eV，而氢的同位素氘的原子核的结合能就高达2.23MeV，相差近百万倍。因此，我们将氢分子分解为氢原子比较容易，用普通的化学燃烧方法就可以实现，而要将氘核分解成为一个中子和一个质子，需要外加能量大于2.25MeV，这就只能在加速器中才能实现了。人类长期把原子当作不可分的粒子，就是因为当时物理学所能达到的能量范围低于原子的结合能的缘故。人类对物质层次认识的突破，主要是靠获得更高的能量来实现的。在物理学中，每当达到一个新的能量尺度时，就会认识一些新的物质层次，开辟新的研究领域。结合能不同，体现了物质不同层次的质的差异，结合能的不同值可以看作是物质层次从量变到质变的关节点。

在不同层次中，物质运动变化的规律也不尽相同：在宇观领域服从广义相对论的引力场方程；在宏观领域，服从牛顿力学运动定律和万有引力定律；而在微观领域，则是量子力学的规律在起作用。当然，随着物质层次的变化，这些定律也可以相互过渡。

自然界存在着四种不同的基本相互作用，它们在各个物质层次中均普遍存在。但在不同的物质层次中，往往某一种相互作用占优势。例如，决定太阳系和银河系结构的是引力相互作用；决定原子结构的是电磁相互作用；决定原子核结构的是强相互作用；在质子、中子等基本粒子衰变的过程中，弱相互作用才显示出来。不同的相互作用在物质的不同层次中地位不同，这也说明了物质层次的多样性。

总之，位于不同层次上的物质不仅存在着量的差别，而且存在着质的特殊性，表现出不同的相互作用和相互运动规律，每一层次都有其矛盾的特殊性。矛盾的特殊性决定了物质层次的多样性。

（2）自然物质层次不仅是多样的，而且是统一的

首先，不同物质层次之间存在着隶属关系，高层次包含低层次，有低层次的统一基础，低层次则从属于高层次。例如，物质是由原子、分子构成的；银河系由大量像太阳这样的恒星组成；千姿百态的动植物都由细胞构成。如果把高层次看作大系统，则低层次就是系统的要素。高层次和低层次的关系则呈现出系统和要素的关系。

其次，从动态角度看，较低的层次可以发展出较高的层次，高层次也可以还原为低层次。根据现有的宇宙发展和演化的大爆炸学说，在宇宙的极早期阶段，宇宙中的主要物质成分是基本粒子。随着宇宙演化过程的持续，中子开始失去自由存在的条件，开始和质子生成重氢、氦等元素，以后氢原子又逐步演化出各种复杂的化学元素。化学元素进一步形

成各种化合物分子。分子再聚集成各种物质或形成生物大分子，向生命的方向演化。同样，高层次也可以还原为低层次。各层次之间相互联系且相互转化，从另一个角度上说明了自然物质的层次统一性。

自然界不同的物质层次都是统一物质的不同的具体存在形式。不同层次之间有矛盾的共性，也应当遵循共同的规律。但是各个不同的物质层次，又有其特殊性的本质，遵循特殊的规律。

2. *层次结构的连续性和间断性*

物质层次结构之间是连续的还是间断的？物质是可分的还是不可分的？物质的层次是有限的还是无限的？这些既古老又常新的问题，在哲学和自然科学中都曾经引起激烈的争论。

恩格斯对物质的连续性和间断性的对立做了深刻的分析，指出“连续的物质和非连续的物质之间的矛盾。”[1] 间断性是指物质系统结构的分立性和跳跃性以及物质系统自身的有限规定性，连续性是指物质系统结构的毗连性、持续性以及物质自身的无限转化能力。在一定条件下，物质的可分性又有一个限度。例如，生物由器官组成，但是从生物体有机体内分割出来的器官已经不再是原来意义上的器官了，割下来的手就失去了它的独立存在。因此，恩格斯指出“哺乳动物是不可分的”。既然哺乳动物是不可分的，“个体，这个概念也就溶解在完全相对的东西”之中。[2] 因此，自然界每一层次的物质，既有它可分的相对独立性，又有它不可分的整体统一性，它们是间断性和连续性的辩证统一。

首先，恩格斯论述了物质结构层次具有无限性，是无限可分的思想，批驳了原子是不可再分的“宇宙的最后之砖”的观点。他指出：“作为物质能独立存在的最小部分的分子……是在分割的无穷系列中的一个‘关节点’，它并不结束这个系列，而是规定质的差别。从前被描写成可分性的极限的原子，现在只不过是一种关系”。这就是说，物质层次是一个无穷的系列，不同层次有质的不同，分子，原子等只是量变到质变的关节点。因此他强调原子绝不能被看作是最小的实物粒子。他并进一步提出建立一种本质上不同于旧原子论的新原子论，这种新原子论应当既反映物质结构的间断性，又能反映其连续性。他说：“新的原子论和所有已往的原子论的区别，在于它不主张（撇开蠢材不说）物质只是非连续的，而主张各个不同阶段的各个非连续的部分（以太原子、化学原子、物体、天体）是各种不同的关节点，这些关节点决定一般物质的各种不同的质的存在形式”。[3]

其次，应反对物质抽象的可分性，认为在一定条件下，可分性有一定限度，在不同学科和不同对象中，可分性的表现形式不同。关于生物的可分性，黑格尔曾经说过：“割下来的手就失去了它的独立的存在，就不像原来长在身体上时那样，……只有作为有机体的一部分，手才获得它的地位”。恩格斯很赞赏黑格尔认为只有尸体中才有部分的观点，指出“哺乳动物是不可分的”。而某些低等动物，如蚯蚓、绦虫，则具有一定程度上的可分性。把一条蚯蚓切断，可以变成两条；一条绦虫，可以按体节分成许多条小绦虫。所以恩格斯说：“个体，这个概念也变成了完全相对的东西”。他以绦虫为例，说明“细胞和体节，在

---

[1] 恩格斯. 自然辩证法［M］. 北京：人民出版社，1971：247.
[2] 恩格斯. 自然辩证法［M］. 北京：人民出版社，1971：247.
[3] 恩格斯. 自然辩证法［M］. 北京：人民出版社，1971：248.

某种意义下是个体”。❶ 整个自然界的各个物质层次都是特定的物质形态的质和量的统一的界限，都有其特定的规律性。超出了这个界限，就要发生质的变化。“一尺之棰，日取其半，万世不竭”，这固然表明了物质无限可分的思想，但也是不确切的。一尺之棰分到一定程度就不再是“棰”了，而成了“块”“粒”或纤维素了。作为“棰”这种具体的物质形态，并非都永远地被分割下去。如前所述、物质的无限可分性是一个哲学范畴，是物质结构的不可穷尽性。它和单纯的机械分割又不是一回事。❷

在化学中，恩格斯一方面指出，在一定的范围内，每一个物体都是可分的。同时他又指出，可分性是有一定界限的，超出了这个界限，物体便再不能起化学作用了。这就揭示了在化学范围内物质也是可分性和不可分性的统一。关于物理学，他也说，应该承认有某种——对物理学的观察来说——最小的粒子，也就是说，用当时的物理学方法，可分性有一定的限度。总之，“纯粹的量的分割是有一个极限的，到了这个极限它就转化为质的差别”。这就批评了那种机械的不断分割的观点。

列宁也曾多次说到物质的连续性和间断性、可分性和不可分性的问题。1908 年，他在《唯物主义和经验批判主义》一书中就指出：“电子和原子一样，也是不可穷尽的；自然界是无限的，而且它无限地存在着。”后来，他在《哲学笔记》中摘录了黑格尔论述有限和无限的统一的论点，并加批注道：“应用于原子和电子的关系。总之就是物质的深远的无限性……”他还指出，“运动是（时间和空间的）不间断性与（时间和空间的）间断性的统一”。

现代自然科学的发展为揭示物质结构层次中的连续性和间断性的矛盾提供了更多的新的材料。现代物理学革命是从发现能量辐射的量子性开始的。1900 年，普朗克量子假说的提出，说明了过去认为是连续的电磁辐射具有量子性，即间断性。1905 年爱因斯坦用量子论的观点研究光的本性，提出了光的量子说，解决了光的波动说和微粒说的长期争论，说明光即电磁波，既有粒子性，又有波动性，既具有连续性的一面，又具有间断性的一面。1924 年，德布洛伊指出，既然过去认为只有连续性的光具有粒子性，那么，只具有粒子性的实物是否也应该具有波动性，即连续性呢？他在光的量子理论的启迪下，提出了物质波的理论，认为实物也有波动性，有连续的一面。不久，电子衍射实验证实了他的预见，从而把实物和电磁场统一起来，揭示出二者都是连续性和间断性的统一。1926 ~ 1927 年建立的量子力学，更为全面深刻地揭示波粒二象性是微观世界的基本矛盾，为物质结构层次中连续和间断的统一提供了有力的证据。

第四节　自然界的运动形式

自然界是物质的，而物质世界是在永恒地运动着的。各种具体形态的物质的具体形式的运动构成了自然界的总体运动。各种具体的运动形式有生有灭，但就整个自然界来看，运动和物质一样是不灭的。恩格斯指出：“运动，就它一般的意义来说，就它被理解为存在的方式、物质的固有属性来说，包括宇宙中发生的一切变化和过程，从单纯的位置变动起直到思维。”

---

❶ 恩格斯．自然辩证法［M］．北京：人民出版社，1971：250.

❷ 恩格斯．自然辩证法［M］．北京：人民出版社，1971：251.

一、运动形式的多样性

运动是物质的固有属性和存在方式，自然界的物质是多种多样的，因而物质的运动形式也是多种多样的。恩格斯曾根据当时的科学发展的水平，把自然界的各种具体的运动形式分为四类：机械运动、物理运动、化学运动和生命运动。这种区分所体现的原则是运动形式与运动的物质承担者、运动的规律性相一致。这个分类原则有其合理性，它与科学中业已成为惯例的运动分类方法是一致的。但是，由于现代自然科学的飞速发展、新兴科学的大量出现，人们又发现了许多新的物质运动形式，及新的物质运动的承担者。比如，目前已经知道，化学运动的物质承担者就不限于原子，还可以有分子、离子、原子团、自由基……根据目前科学发展的状况，在进行运动形式分类时，不拘泥于以单个物质实体作为运动的承担者，而把物质系统作为运动的承担者，以便把系统方式和运动形式统一考察。系统方式和层次结构都是物质之间相互联系的形式。这些相互联系的物理内容则是物质、能量、信息的交换。若干要素之所以能结合成系统，若干系统之所以能结合成更大的系统从而形成层次结构，均在于它们之间通过物质、能量、信息的交换而发生了相互作用，既然有物质、能量、信息的交换，那么交换双方必然发生或大或小的变化，这就是运动。因此，相互作用从结果上看是某种关系的确立，从过程上看则是某种运动的发生。系统方式与运动方式不过是同一相互作用的不同表现而已。如果这样，将可以区分出如下基本运动形式。

微观物理运动，包括强子和轻子的生成和湮灭，光子的交换、吸收和辐射，原子核的衰变、聚变和裂变等具体形式。其物质承担者是分子层次以下的物质系统。这些系统大都表现出比较明显的波粒二象性特点。虽然它们的具体运动规律并不相同，但都与量子物理所揭示的规律相一致。一般说来，微观运动的尺度在 10^{-8}cm 以下，计算时要考虑普朗克常数 h。

宏观物理运动，包括分子的布朗运动和热、光、声、电磁等具体形式。其物质承担者是分子体系和属于宏观层次的各物质系统。这些系统表现出明显的粒子性、间断性特点（虽然不是完全没有波动性的连续性）。它们的具体规律相差颇多，但都属于经典物理学的研究范围，可以用经典物理学的概念加以刻画。宏观物理运动是在微观物理运动的基础上产生的。没有电子的转移和光子的发射，就不会有电、磁、光等过程。但是，宏观物理运动并非微观物理运动的简单放大，而是随同微观物质系统的递进相干同时出现的，从而有新的规律性。一般宏观物体尺度要大于 10^{-7}cm，计算时应考虑万有引力常数 G。

宇观物理运动，包括星系团、总星系的形成和演化、收缩和膨胀、吸引和排斥等多种形式。其物质承担者是星系团层次以上的各物质系统，这些系统的相对论效应比较明显。它们的具体规律甚不相同，但都与广义相对论、星系动力学所揭示的规律相一致。宇观物理运动是在微观物理运动和宏观物理运动的基础上产生的。但是，宇观物理运动是随同低层物质系统结合为宇观系统才出现的。一般计算宇观运动规律时，要考虑光速 c。

化学运动，包括化合、分解、氧化、还原等多种具体形式。其物质承担者是原子分子体系。在这些体系中原子和分子中的外层电子发生着转移或共用，表现为化学键的形成和断裂。其共同规律由化学和量子化学揭示。化学运动是在微观物理运动和某些宏观物理运动的基础上产生的，但不归结为物理运动，当化学反应停止的时候，化学运动转变为物理运动。

生命运动，包括同化、异化、遗传、变异、刺激感应、高等动物的感知觉过程和思维过程等具体形式。其物质承担者是各种生命系统。生命系统都具有自我更新、自我复制、自我调节的特点。它们的共同规律由各门生物学揭示。生命运动形式是在微观物理运动、宏观物理运动和化学运动的基础上出现的，其特异性来自低层系统间的递进相干关系。在生命运动的基础上出现的社会运动是更高级的运动形式，其物质承担者是各种社会系统。

对运动形式的上述区分无疑是粗略的，然而它却体现出如下观念：运动形式的多样性是与物质系统的多样性相一致的，是与自然界层次结构的复杂性相一致的。随着新物质系统和新物质层次的出现，新运动形式也会涌现出来。因此，对系统联系和层次结构的认识与对运动形式的认识往往相辅相成。

二、运动形式的统一性

自然界中有无限多样的运动形式，而各种运动形式并非孤立存在，它们相互联系、相互转化，具有内在统一性。

1. 各种运动形式之间是相互联系的

自然界中任何具体的物质运动都是相互联系着的，不存在任何绝对孤立的、与其他物质运动完全无关的运动。主要表现为，在同一物质层次上，各种物质运动的不同过程相互交织、相互影响、相互制约。在不同物质层次之间，低层次系统的运动形式与高层次系统的运动形式之间可以经过递进相干或递阶分解而相互转化。

自然界的物质是有层次的，物质的运动在不同层次上有着不同的特点，在每一层次的物质运动中又都包含着大量的具体运动过程。它们不是孤立存在着，而是紧密联系着的。这种紧密的联系在同一层次上表现为横向作用的联系。例如，地球上生物圈的运动是一个包含着各种生命过程的有机的整体，不同生物种群的运动交织在一起，构成了相互联系的生物群落，其中某一因素的变化都可能引起该群落一系列的变化。而所谓生态平衡，是各个种群和周围环境相互制约的结果，是各种生命运动过程和无机自然界的运动过程相互交织在总体上的表现。而平衡的破坏，将导致种群与周围的环境相互联系的重大变化，并导致新的联系方式的出现。

物质运动的联系在不同层次上则表现为纵向作用的联系，即不同层次的运动形式相互包含。例如，宏观物体的运动包含着微观粒子的运动，同时它们自身又包含在宇宙天体的更大范围的运动中。生物体的运动依赖于生命的微观过程，同时生物体的运动又从属于种群的运动，即它作为一个因素、一个组成部分包含在更高层次的运动形式中。总之，不论是同一层次的不同系统的运动形式，还是不同层次的运动形式之间，联系是普遍存在的。

2. 各种运动形式之间是相互转化的

运动形式之间是相互转化的，而这种相互转化是有条件的。除相应物理参数（如温度、压力、密度、化学势等）必须达到某些阈值之外，新组织形式（或相互作用结构）的出现或解体也是主要条件之一。在这方面，艾根提出的超循环理论富有启发性。他从生命前演化的角度区分了反应网络的三个等级：反应循环、催化循环和催化超循环。反应循环是这样一种相互关联的反应，其中某一步的产物正好是先前其一步的反应物。例如在太阳中氢聚变为氦的碳—氮循环中碳原子既是反应物又是生成物。整个反应循环所构成的有序活动结构相当于一种催化剂。在反应循环中，如果存在着一种能对反应循环本身进行催化作用的中间产物，那么，这种循环就称为催化循环。DNA 分子的半保留复制就是如此，其中的一支单链起着模板作用，把反应底物按特定要求“塑造”成为另一支互补的单链。整个催化循环所构成的有序活动结构相当于一个自复制单元。若干自复制单元如果再耦合成新的循环，那么超循环这种组织形式就出现了。艾根明确指出：“催化超循环是通过循环关系连接多个自催化和自我复制单元构成的系统”。若干核酸分子和蛋白质分子所构成的循环就是如此。可以看出，反应循环虽不改变最后生成物的性能，但却改变了反应的速度，这对于许多化学反应都是重要的。通常不易发生的化学反应在反应循环建立之后就可以进行。在这个意义上可以认为，反应循环的组织形式提供了物理运动向化学运动转化的一个条件。拉兹洛认为：“在相对简单的化学系统中，自催化反应近乎占据支配地位，而在表征生命现象特点的比较复杂的过程中，就出现了完整的交叉催化循环，为生命有机体结构编码的一系列核酸的稳定性就是建立在催化循环基础之主的；在更高的组织层次上，它们还是我们星球生物圈内所有生命形式持续存在的基础。”❶

❶ 拉兹洛. 进化［M］. 北京：社会科学文献出版社，1988：40.

第四章　自然界的演化

我们面对的自然界不仅存在着，而且产生着和消逝着。哲学自然观所要研究的问题是：自然界作为一个物质系统，其演化的普遍规律、一般机制和根本原因是什么。一百多年前，马克思主义的创始人根据当时自然科学所提供的材料，如实地揭示了自然界辩证发展的本质。20 世纪自然科学的发展，特别是自组织理论的兴起，不仅使自然界演化发展的图景更加清晰，而且为理解演化的一般规律和机制提供了新的理论根据，使人们有可能进一步丰富和发展辩证唯物主义的演化学说。

第一节　自然界的演化历史

一、宇宙的起源与演化

关于宇宙起源的假说很多，其中以大爆炸理论最具有影响力。最早提出大爆炸宇宙学说基本思想的是比利时天文学家勒梅特。1927 年，勒梅特根据爱因斯坦的广义相对论提出了一个宇宙膨胀的演化模型，这个模型认为宇宙中的“全部物质起源于某一个单个原子的蜕变”，这个原子叫“原初原子”，其密度很大、温度极高、很不稳定。它像一个超放射物的巨核一样，由于剧烈的放射性衰变过程，“原初原子”便发生猛烈爆炸，向四面八方扩散它的物质，逐渐形成各种天然元素。勒梅特还认为，“原初原子”在原始爆炸阶段以后，由于核心部分的物质高度密集，使得万有引力超过宇宙斥力，宇宙中物质的膨胀便迅速减慢。过了一个时期之后，便达到万有引力与宇宙斥力的准平衡阶段，这时候宇宙中物质的平均密度为现在的一千倍左右，有利于宇宙物质的聚集，星系、恒星和行星正是在这个缓慢膨胀的阶段里逐渐形成的。经过一段平衡时期之后，宇宙斥力超过万有引力，膨胀又重新加速进行，并且从这时起一直膨胀到现在。1948 年，美国物理学家加莫夫修正并发展了勒梅特的宇宙膨胀论，他把宇宙的起源和化学元素的起源联系起来，运用基本粒子物理学知识，提出了大爆炸宇宙论。这个理论认为宇宙起源于一个高温高密状态下的“原始火球”。在“原始火球”里，物质以基本粒子形态出现，在基本粒子的相互作用下，“原始火球”发生了大爆炸，并且向四面八方均匀地膨胀着。后来，苏联天体物理学家泽利多维奇、英国的霍伊尔与泰勒以及美国的皮布尔斯又在 1964 年左右，分别独立地研究了这个问题，逐渐形成了大爆炸宇宙学派。

关于宇宙的演化，大爆炸宇宙论认为，随着宇宙的不断膨胀，辐射温度从热到冷、物质密度从密到稀地演化着，物质成分也随着变化。并且该理论将化学元素的形成和演化同宇宙的演化联系起来，这样就把宇宙间各种物质形态的形成和发展统一在宇宙膨胀这个总的背景之下。由此出发，可以将宇宙的演化过程大致分为以下几个阶段。

1. 基本粒子形成阶段

本阶段又叫宇宙的极早期阶段。人类观测范围内的宇宙产生于约150亿年前的一次“大爆炸”。最初瞬间，宇宙的温度极高、密度极大，宇宙按指数规律急剧“暴胀”，在约10^{-32}s内增大约10^{50}倍，并产生了夸克、轻子（中微子、电子等）、质子之类最基础的基本粒子。随着宇宙膨胀，温度继续下降，当宇宙时为10^{-6}s时，宇宙中最活跃的是进行强相互作用的基本粒子，被称为强子时代。当宇宙时为10^{-2}s时，宇宙的温度下降到大约10^{11}K，物质密度下降到10^{11}g/cm^3，宇宙的物质成分以电子、中微子、τ子、μ介子等轻子为主，被称为轻子时代。这个阶段的主要特征是轻子的分解和正反粒子的湮灭，如中子衰变成质子，放出电子和中微子，电子和正电子相遇湮灭变成两个光子。由于在这个过程中以上两个反应是不断进行的，因而产生了大量的光子和中微子，以至当温度降到1010K时，相对于实物粒子来讲，辐射（光子）占优势，于是宇宙进入下一个阶段。

2. 元素核合成的辐射阶段

本阶段为元素起源阶段。这一阶段是指大爆炸后宇宙演化的时间从1s~3min的情况。在大爆炸发生后1s时，宇宙中物质的密度降到10^7g/cm^3，宇宙处于以辐射为主的阶段。在以辐射为主阶段的后期，实物（我们把光子称为辐射，其他粒子，如质子、中子、电子等都称为实物或实物粒子）也发生了很大的变化。当温度降到10^9K时，这时宇宙演化时间约为3min，中子开始失去自由存在的条件，开始与质子合成重氢（氘）、氦等核素，于是就形成了几种不同的化学元素。因为原子核是由核子（质子和中子）合成的，所以这个阶段又叫核合成（即形成元素）的阶段。核合成结束时，氦的含量按质量计算占25%~30%，氘占1%，其余大部分都是氢。

在元素核合成的辐射阶段，随着空间的不断膨胀，实物密度下降得比辐射密度慢。到了某一时刻，当实物密度占优势时，宇宙将从辐射阶段转入实物阶段。

3. 实物阶段

大约在大爆炸以后一万年，温度为几千至一万开时，实物密度大于辐射密度，辐射退居次要地位，宇宙进入了以实物为主的阶段。这个阶段的时间最长，宇宙演化所经历的约二百亿年的时间主要属于这个阶段，迄今我们仍生活在这个阶段里。辐射减退后，宇宙中主要是气状物质。由于实物不再受辐射的影响，当发生某种非均匀扰动时，有些气体逐渐凝聚成气云，形成原始星系，再形成星系团，然后再从星系团中分化出星系。当宇宙时为50亿年时，开始形成第一代恒星。

目前被多数人接受的关于恒星演化的学说是“弥漫说”。弥漫说认为恒星起源于低密度的星际弥漫物质。由于星际物质的密度不均匀，各部分的湍动速度也不均匀，密度较大处成为吸引中心，这里的物质聚集成星云。星云既存在外部物质向中心降落的自吸引，也同时存在气体分子的热运动所产生的气体压力。星云由于质量巨大，自吸引胜过气体压力，导致星云收缩。收缩过程中由于各部分的运动速度不一样，庞大的星云就会碎裂成很多小云，每块小云形成一个恒星。恒星演化首先经历星云引力收缩阶段。引力收缩使位能转化为热能。热能积累导致热核反应，产生向外辐射压力。辐射压力终于在某一时刻与引力达到动态均衡，使恒星进入相对稳定的主星序阶段。经过漫长的主星序阶段，热核反应逐步导致氦核形成。氦核聚变使恒星表面急剧膨胀，由此开始红巨星阶段。在氦核聚变不能再维持稳定时，恒星依质量不同可能会脉动胀缩，最后发生恒星爆发，其剩余部分成为稳定的高密星（黑洞、中子星、白矮星等）。最新研究认为，黑洞可通过量子隧道效应“蒸发”为白洞，并爆发为星际物质，开始新一轮演化。在宇宙演化的特殊阶段和特定条件下，在宇宙的一隅出现了太阳系。

以上就是大爆炸宇宙论、暴胀宇宙论、弥漫说和星云说所描绘的宇宙及天体演化的大致图景。尽管其中含有假设和推测，也有一些空白，但是却得到了许多观测事实的支持。目前，支持大爆炸宇宙假说的重要观测事实有以下三点。

1. 河外星系的谱线红移

在宇宙学的观测中，能够对大爆炸宇宙论提供重要支持的观测之一便是星系的谱线红移。早在 1910 ~ 1920 年，美国的斯里弗就已经发现许多星云的光谱有红移。根据多普勒效应，谱线红移是由于物体的运动所造成的。红移则意味着星云正向着远离我们的方向运动。随着进一步的观测，人们发现，天空中各个方向上的星云都有红移，说明各个方向上的星云都在远离我们而去。1929 年，美国天文学家哈勃宣布，星系的红移量和它们的距离成正比，这个结果被称为哈勃定律。河外星系的红移现象说明了所有河外天体都在向外运动，宇宙是不断膨胀的。

2. 氦丰度

在宇宙中存在的天然化学元素有 90 多种，但它们的含量极不均等。观测发现，宇宙中普遍存在氦，其丰度约为 30%，如银河系氦丰度为 29%、小麦云氦丰度为 25%、大麦云氦丰度为 29% 等。宇宙中如此高的氦含量是如何形成的？为什么在不同的天体中会具有相同的氦丰度？氦丰度问题长期得不到解释。而大爆炸宇宙论却能够对这一问题给予很好的说明。根据大爆炸宇宙论，宇宙中所有的天体原本是一家，宇宙在 3min 到几十分钟的时间所发生的氦元素的含量是 30% 左右。氦的核电荷数是 2，属惰性元素，十分稳定。所以这些元素能够保留至今。因此，根据大爆炸宇宙学，我们今天所观测到的不同天体均有 30% 左右的氦这一事实，正是 100 多亿年前的大爆炸所留下的痕迹。

3. 3K 微波背景辐射

依据氦丰度和宇宙膨胀的速度，可以计算出宇宙早期的温度，由此可以推知现在的辐射温度。阿尔弗和赫尔曼预言，现今的宇宙背景辐射的温度应为 5K 左右。1964 年，美国贝尔实验室的彭齐亚斯和威耳孙在实验室中发现并测定了宇宙背景辐射，证实了来自宇宙背景辐射的温度大约为 3K，并且有相当好的各向同性，与大爆炸的预言有着相当好的符合。

除了以上三个重要观测事实外，还有一些事实在一定程度上都是大爆炸宇宙论的证据。但是大爆炸宇宙论也有自己的困难和问题，迄今为止，它仍然是一种假说。

二、地球的起源与演化

地球是处于主星序阶段的太阳系中的行星，已有约 46 亿年演化史。地球的起源与演化是在太阳系形成的过程中产生的，大致经过以下几个阶段。

地球内部圈层的形成和演化。地球“冷”起源说认为，原始地球在形成初期温度是比较低的，后来由于压缩效应、冲击效应和放射性衰变，使原始地球的温度上升，物理化学作用使物质形态相互转化。当地球内部温度超过铁的熔点时，构成地球的物质开始熔融、分化，在吸引和排斥的相互作用下，铁、镍等重元素组成的物质开始下沉，逐渐形成地核，而较轻的物质硅酸盐等上浮形成了地幔。地幔进一步分化，更轻的物质从地幔中上浮到地表，形成原始地壳。

地球外部圈层的形成和演化。当地球内部重力分异时，大量气体放出地面，在地球引力作用下，附着在地球周围，形成了原始大气圈，其主要成分是 CO_2、CO、CH_4、NH_3 和水蒸气。由于太阳紫外线对水的光解作用，原始大气中产生了氧气。在氧化作用下，原始大气圈逐渐变成了以氧和氮为主要成分的现代大气圈。由于温度下降，大气中的水蒸气逐渐凝结为水，降至地面而形成原始水圈。由于地壳变动和水量增加，形成了江、河、湖、海。在地球演化的特定阶段上，出现了生物，之后又形成了生物圈。

地壳运动。根据板块构造学说，整个地壳被划分为若干个大的板块，板块不受海底地壳或大陆地壳的限制，驮在地幔软流圈上，随着软流圈的热对流发生移动。因此，不仅大陆在飘移，海底也在飘移，整个地壳都由于板块的移动而进行着大规模的水平运动。海底地壳既不断从大洋脊处生成，也不断在海沟处消亡，每一处海底地壳都经历生与死的过程。除此之外，还存在着水平运动支配下的垂直运动。板块的边界有三种，即分离型、平错型、汇聚型。在汇聚型板块边缘，两个板块相互挤压，不仅会发生频繁的地震和火山爆发，也会导致强烈的造山运动。正因为地壳板块的运动，才造就了诸如阿尔卑斯—喜马拉雅造山带、阿尔泰—唐古拉褶皱山系、东非大裂谷等丰富多彩的地表和地貌。

三、生命的起源与生物进化

一般认为，生命是地球演化的杰作，产生于30多亿年前。地球产生之初，荒野遍布，火山爆发频繁，地球变化十分激烈。生命正是不断地经历了巨大的变化，由地球自身的化学元素演化并发展而来。生命起源的化学过程大体经历了三个大的阶段。

1. 从无机小分子到有机小分子

有机物的形成需要一定的物质材料和必不可少的能源。形成有机物的原料来自于地球的原始大气；能源包括到达地球表面的紫外线、雷击闪电、火山喷发、陨石碰撞和宇宙射线等。原始大气中主要成分是二氧化碳、甲烷、氮、水蒸气、硫化氢和氨等。此外，在强烈的紫外线照射下，有少量的水蒸气被分解为氧和氢。氧很快与地面的物质结合成氧化物。原始大气中的众多物质，在地球上丰富多彩的能源的作用下，逐渐形成了氨基酸、糖、嘌呤、嘧啶、核苷酸等有机物。有关这一过程演化的可能性，已经得到了实验的支持。1955年，美国学者米勒在实验室中模拟了原始大气条件下的有机分子的形成过程。当原始大气中生成有机分子时，地球已开始不断降温。当温度下降至水的沸点时，大气中的水蒸气凝结成密度很大的蒸汽云，化做倾盆大雨自天而降。大气中有机物也被雨水冲至地球表面，积聚在原始海洋中。此时，原始海洋的温度尚高，它为生命起源的下一个阶段提供了适宜的舞台。

2. 从有机小分子到生物大分子

氨基酸分子形成之后，大量氨基酸分子便开始积聚。两个氨基酸分子碰到一起，一个氨基酸分子的氨基可以和另一个氨基酸分子的羟基脱去一个水分子而形成肽键。上百甚至更多的氨基酸分子就是通过肽键而连接成蛋白质的。根据生化原理，氨基酸连接成蛋白质或核苷酸连接成核酸的脱水反应需要一定的能量，这一时期，原始地球上的热地区十分普遍，那里有许多火山，放射性物质放出的热能也相当大，它们可以为这一过程提供足够的能量。

3. 从生物大分子到原始生命

单独的蛋白质和核酸还不是生命，只有当蛋白质和核酸结合成蛋白体的时候，原始生命方才出现。苏联学者奥巴林提出了团聚体学说。他通过观察发现，蛋白质和核酸在水溶液中可以聚合成颗粒状的团聚体。这种团聚体会表现出一定的原始生命现象。据此，奥巴林提出，团聚体是生命的最初形态，团聚体的形成过程可能就是原始生命的生成过程。有了团聚体，原始生命体系便以此为基础，走上了进化发展的道路。

原始生命出现后，又经历了从无细胞到细胞、从原核细胞到真核细胞、从单细胞到多细胞的演化，并进而分化为动物和植物。此后，植物沿着菌藻植物—苔藓和蕨类植物—裸子植物—被子植物的方向进化，动物沿着无脊椎动物—有脊椎动物的方向进化，展现为生物发展的谱系树。生物形态越高，进化越快，终于在第三纪的末期，出现了人类的祖先——森林古猿。

第二节　自然界演化的不可逆性

一、可逆与不可逆

可逆与不可逆是刻画自然物质系统演化过程的一对范畴。所谓可逆，是指一个物质系统经过某一演化过程，从某种初始状态达到另一状态，如果存在着另一过程，使该系统与外界环境完全回到原来的初始状态，则原来的过程称为可逆过程，或称该过程可逆。反之，如果不存在使系统与环境完全复原的过程，原来的过程就是不可逆过程或称该过程不可逆。在自然物质系统的演化过程中，可逆性总是相对的和有条件的，不可逆性则是绝对的和无条件的。也可以说，可逆本身就意味着时间流逝没有实质的物理意义，意味着演化并不存在，不可逆才使演化成为可能。

在现实的自然物质系统中，不存在严格的可逆过程。热传导、质量扩散、功能转化、化学反应、物种进化都是不可逆的，即使经典物理学描述的可逆过程，如果考虑实际存在的摩擦和阻力等因素，也同样是不可逆的。一般说来，任何事物的运动变化终究是在时间的历史中发生的，都要与环境发生相互作用，产生不同程度的影响，留下历史的痕迹。因此，严格地说，任何过程都是不可逆的。

只有忽略了某些变化，或假定某些变化与基本过程无关的情况下，才能得到与理想的可逆过程相近的过程。例如，在经典力学中，如果忽略摩擦造成的热损失；在热力学中，如果将分子看作完全弹性、无体积的质点；在化学中，如果不考虑化学反应对环境的影响，都可以得到理想化的可逆过程。这样把不可逆过程假定为可逆过程，非常有利于定量化研究，有利于更深刻地揭示过程的本质。

虽然理想的可逆过程只存在于人们的观念之中，实际过程严格地说都是不可逆过程，但是，对不可逆过程的认识却离不开对理想的可逆过程的研究。如果卡诺不以理想的可逆过程为基础研究热力循环，就不可能得到对系统不可逆性做出定量表述的热力学第二定律。因而，可逆性与不可逆性都是相对于对方而言，都在对方中得到说明和对照，得到量度与描述。这体现了可逆性与不可逆性这对范畴作为矛盾的两个方面的相互依存关系。正是在这个意义上，普里果金指出："我们必须承认一个多元的世界，在这个世界中，可逆过程与不可逆过程并存着。”

在深入研究热力学第二定律的过程中，人们注意到，尽管孤立体系的宏观过程具有不可逆性，但是构成体系的微观质点又服从经典力学的运动规律，又是可逆的。于是，人们不得不面对这一矛盾：可逆过程的叠加是不可逆的。这一被称为“可逆悖论”的矛盾，目前还没有完全从科学上解释清楚。“可逆悖论”表明，可逆性与不可逆性的矛盾不仅存在于人们的认识过程中，而且存在于现实的物理过程中。

二、时间箭头的不可逆性

对可逆性问题的研究，使人们从演化的角度对时间箭头的意义有了新的思考。一个按牛顿力学运行的理想抛物体，如时间倒流，抛物体会从落点回到抛射起点。在时间倒流的图景中，轨迹和速度的变化仍符合牛顿力学。物质扩散过程则不同，时间倒流会使扩散的物质回收，这不符合扩散定律。可见，不同的理论关于时间箭头有不同的理解。

牛顿力学、相对论力学、量子力学等理论所表述的自然过程，物质的状态在时间的流逝中无先后次序，这些学科被称为“关于存在的物理学”。这些学科的基本定律的数学表达式，对时间坐标的反演具有对称性，即若将时间参量改变正负符号后代入定律表达式，表达式的形式不变。在存在的物理学中，一切过程都是可逆的，时光流逝没有历史意义，物质系统实质上没有历史，其运动变化没有时间指向性。

在物质扩散、传热学、热力学、生物进化论和自组织理论等学科所表述的自然过程中，时间逆向流逝的过程不能实现，自然定律对时间的反演不对称，自然物质系统的状态在时间的流逝中有了先后次序。这些学科被称为“关于过程的物理学”。关于过程的科学所描述的自然物质系统在时间的流逝中演化，并有了自己的历史。过去、现在和将来的自然物质系统所具有的状态不可混为一谈。

正如可逆性只是一种理想化状态一样，关于存在的物理学所建立的在时间上没有先后次序的运动图景，也只是表达了一种理想化的、有条件的、局部的状态。在自然物质系统演化的漫长过程中，总的发展趋势是不可逆的。宇宙大爆炸后出现的时间箭头，使自然物质系统的状态变化与时间流逝永远不可分割地结合起来。

三、不可逆在演化中的作用

不可逆过程所导致的时间对称破缺是一件很有意义的事情。它意味着在有不可逆过程存在的情况下，演化才是可能的，质的多样性才是可能的。

但是，在发现和研究不可逆性之初，不可逆过程总是和热力学的平衡态联系着。在上述物理和化学系统中，不可逆过程总是起着破坏有序结构、使有序趋向无序的消极作用。比如，在一个存在着温度差异较为有序的热力学系统中会出现热传导现象，不可逆过程却消除原来系统中的温度差异，最后使系统达到无序的平衡态，不再有宏观的热运动；在气体扩散现象中，不可逆过程会消除原来较为有序的不均匀的气体密度，使其趋向均匀分布，最后达到无序的平衡态，停止扩散运动；一个有电位差的系统，必然有电流通过，不可逆过程却消除了电位差，最后使得电位处处相同而没有电流，等等。不可逆过程的这种消极作用，在物理学上是由波尔茨曼引入的概率观点来解释的。按这种解释，平衡无序态是概率最大的状态，不论从何种状态出发，小概率状态总要走向最可几分布状态。而一旦达到这个状态，系统就会“忘却”它的一切初始的不对称性，仅在这个对称性最大的状态附近涨落。这意味着，不可逆过程所导致的演化并不是向更有序方向的进化，而只是向越来越无序的方向退化。

但是，向最可几分布状态演化的解释也存在着理论上和实践上的困难。从理论上说，概率解释是以微观质点（如分子）的可逆性为基础的，即组成整个体系的微观粒子的运动服从力学规律，能够回复到初态。而这种微观可逆过程的叠加为什么会导致宏观不可逆性？这个问题至今仍是科学家们研究的课题。从实践上说，生命的出现和生物的进化就是高度不可几事件，很难用概率解释加以说明，近几十年来发现的贝纳尔花样、化学振荡、激光等也都是高度不可几事件，它们出现的概率极低，并不服从解释。这就提出了对不可逆性的作用进行重新认识的问题。

按目前的理解，不可逆过程如果发生在近平衡态附近，那么，它的作用的确导致有序结构的破坏。但是，不可逆过程如果发生在远离平衡的非线性非平衡区，再加上其他条件，那么，它就是有重要建设性作用的。比如，在一个金属的盘子里放进一些液体，然后在盘子底下加热。液层中出现的温度梯度将使液体内部发生热传导这种不可逆过程。当液体层上下的温差小于某个特定值时，热通过传导的方式在液体中通过，没有整体的宏观运动，这是一种近平衡的状态。当上下温差超过某个特定的临界值时，系统进入远离平衡态的状态，此时，原来静止的液体会突然出现许多规则的六角形对流的格子，液体从六角形的中心向上流出，而从六角形的各边流下，液体空间的对称性被打破，整齐的有序结构产生出来。这就是著名的贝纳尔花样。这种花样虽然出现在实验室里，但却提供了由不可逆过程而导致自组织现象的一种类型。有人认为，地球上会有热空气从地球表面流向外层空间，而较冷的外层空间又从地球大气的顶层吸收热量，当大气的低层向上升起而高层又向下降落时，就形成了循环的涡流，只要达到一定阈值，贝纳尔花样就会出现。目前已研究得比较清楚的激光、化学振荡都是如此，它们都是在不可逆过程中所出现的更加有序的结构。不可逆过程之所以具有建设性作用，是因为它是一些重要的相干过程的基础。像正反馈之类的相干效应就是在不可逆过程中表现出来的。例如在激光现象中，一个光子打到活性原子上，不仅不被吸收，反而激发出一个新的同样的光子，这种受激辐射就是在不可逆过程中完成的，而受激辐射正是产生激光的重要机制。

由此可知，不可逆过程既可以导致有序结构的破坏，也可以导致更加有序结构的产生，因此，与不可逆过程相联系的时间箭头既可以指向退化的方向，也可以指向进化的方向。如果说经典热力学主要研究了不可逆过程的消极作用的话，那么，非平衡自组织理论则更加重视不可逆过程的建设性作用。普里果金说，他之所以把自己的理论定名为耗散结构，“为的是强调在这样的情况中，一方面是结构和有序，另一方面是耗散或消费，这二者之间有着看上去是悖论的密切联系。”

第三节　自然界演化中的自组织

一、自组织理论及其哲学意义

从20世纪70年代起，自组织过程的研究在广泛的自然科学领域中展开，形成了包括众多学科门类的丰富多彩的自组织理论，其中比较有代表性的有耗散结构理论、协同学、混沌理论、超循环理论、突变论、生命系统论和资源物理学等。这些理论尽管研究的具体对象和依据的理论背景各不相同，但是，所研究的主要课题却是相同的，这就是在自然物质系统演化过程中普遍存在的无序状态和有序状态相互转化的机制和条件问题，也就是系统自组织的条件和机制问题。

自组织理论的核心概念是“自组织”，亦即自行、自我组织起来的过程。具体说来就是，任何系统的结构与功能的形成总有一个过程。若系统特定结构和功能的形成不是按照某种指令来实现的，而是由于系统内部各要素彼此之间具有协同、相干或自发的默契行为，那么，这种形成特定结构与功能的过程就叫作自组织。自组织是在特定的条件下，在事物自身的运动变化规律的支配下实现的。在自然界中，自组织现象并不陌生，如物种进化、大气环流形成、激光的产生等系统结构转化或相变过程都是自组织现象。自组织是自然物质系统演化过程中的普遍现象，每一具体形态的物质系统的形成，都可以认为是自组织过程。

最早发展起来的自组织理论是比利时化学家普里果金于 1969 年提出的耗散结构理论。他独具慧眼，选择了在当时令大多数同行和权威都厌恶、应予以排除的干扰现象——不可逆性的热力学作为研究对象。普里果金和他所领导的布鲁塞尔学派通过对实验室里制造的（贝纳尔元胞、别洛乌索夫 - 扎博京斯基反应等）和自然界中存在的（雪花、木星红斑、大气循环涡流、海底温泉与生物进化等）各种耗散结构的实验和理论研究，建立了稳定性分析、系统分叉分析、极限环理论和涨落分析等理论分析方法。经过 20 多年的奋斗，提出了耗散结构理论，即一个远离平衡态的开放系统，通过不断地与环境进行物质、能量的交换，当环境变化使系统内部某个或某些参量的变化达到某一临界值时，系统原有的无序状态就会失去稳定性，内部的某些涨落由于复杂的非线性作用会被放大，使系统发生突变，由无序或低序状态自组织地形成具有时间上、空间上或功能结构上的有序或高序状态。而所谓的“耗散结构”就是指这种在远离平衡条件下所形成的新的有序结构。

与耗散结构理论几乎同时诞生的另一自组织理论，被它的创始人艾根称之为超循环理论。超循环理论的提出是对核酸与蛋白质的相互作用关系和对生物学中多样性与统一性的关系深入思考的结果。核酸与蛋白质的相互作用构成了互为因果的封闭圈的作用链，这样才有不断丰富的循环正反馈的信息与能量耦合。艾根进一步认为，在生命起源和发展中的化学进化阶段和生物学进化阶段之间，有一个分子自组织过程。这个分子自组织之所以采取超循环的组织形式，是因为它既要产生、保持和积累信息，又要能选择、复制和进化；既要形成统一的细胞组织，又要发展出生物多样性。而只有循环与超循环才能够最有效地达到上述要求。超循环组织和一般的自组织一样，起源于随机过程，然而只要条件具备，它又是不可避免的。

协同学是以激光理论研究而闻名的德国物理学家哈肯在激光研究基础上而创立的。1977 年，哈肯的著作《协同学导论》正式出版，这标志着协同学的理论框架的建立。协同学综合地考察了自组织发展内的各种内部因素的作用，发现了系统内部大量子系统的竞争、合作产生的协同效应，以及由此带来的序参量支配过程，是系统自组织的动力。哈肯将系统动力学与随机理论相结合，创立了分析系统相变的序参量分析、支配原则和快变量绝热消去法等理论和方法。他发现，有序结构是由子系统的协同作用建立和保持的，这种有序结构又反过来促进和保持子系统的协同作用；宏观客体变量数目常常很多，但在新结构出现的临界点附近，起关键作用的只有少数几个，这少数几个被称作序参量的变量对于有序结构的产生及结构的变化起决定性的作用；在相变临界点附近，系统处于高度不稳定状态，任何微小的涨落都可能会被放大，使系统走向新的结构和相应的状态。

自组织理论不仅研究系统从无序到有序的转化机制，而且研究有序状态走向无序状态的条件和方式。在这一方面，混沌理论取得了不少重要成果。混沌状态通常指具有确定演化规律却无法预测演化结果的系统。混沌态的动力学方程对初始条件或边界条件极敏感，微小扰动会导致定性不同的结果。它是一种因系统内在随机性导致的非平衡无序状态。混沌状态最简单的例子是所谓三体问题，即一个小质量物体在两个等质量大物体所在平面垂线上运动的问题。这种运动由牛顿力学可知其运动规律，但由于系统对微小扰动极敏感，无法实际预测运动轨迹。混沌现象是普遍存在的。在天体物理学、化学、地学、生物学、工程建筑、电子学、材料科学、气象学和医学所研究的领域中，都可以发现混沌现象。经过多年研究，人们确定了倍周期分岔、频率耦合、阵发混沌等有序系统通过非平衡过程进入混沌的道路；发现了费根鲍姆常数、标度变换因子等普适常数；创立了奇异吸引子、分形和分维等理论和方法。这些成就深刻地揭示了有序与无序、确定性和随机性的关系。混沌理论说明，系统的演化行为与系统的演化历史密切相关，系统演化的经历总会给系统留下痕迹。混沌理论所展示的系统不断趋向更大复杂性和更高组织层次性的过程，对物质系统演化的模式提供了有价值的说明。

20 世纪 70 年代以来，围绕自组织问题进行研究所建立的理论和方法，对于丰富和发展辩证的自然观具有重大理论意义。可以说自组织理论的研究成果是唯物主义和辩证法的“天然盟友”。在自组织理论产生以前，关于自然物质系统辩证发展的学说虽然已经有不少的科学事实作为依据，但是，关于自然界的起源与物质多样性的发展始终是一个悬而未决的问题。这不能不说是辩证自然观在理论上的一个薄弱环节。应用自组织理论，可以将从无机界转化为有机界、从无生命世界转化为有生命世界、从自然界转化到人类社会，描绘出一个合乎规律的自我演化过程。因此，自组织不仅是一个有着重大实际意义和理论意义的科学概念，也是一个具有普遍意义的关于自然物质系统演化发展的哲学范畴。辩证唯物主义相信，宇宙、天体、地球、生命的起源与演化不是造物主安排，而是自然物质系统自身矛盾运动的结果。这也就是说，宇宙、天体、地球和生命起源和演化过程是在特定条件下，自然物质系统按照自身发展规律所进行的自组织过程。自然物质系统的演化，是不断地打破平衡、建立平衡的过程，是有序与无序之间的转化过程，是进化与退化的辩证统一过程，是系统从一种结构到另一种结构的自组织演化过程。

二、自组织演化理论的几对基本范畴

1. 有序与无序

有序与无序是描述自然物质系统之间和系统内部各要素之间关系的范畴。有序是指系统内部的要素和系统之间有规则的联系或转化，以及系统运动转化的有规则性；无序是指系统内部诸要素或系统之间无规则的组合，以及系统运动转化的无规则性。系统的无序和有序如果按空间和时间进行划分，有空间序、时间序和时空序，它们都标志着事物结构的规则性和顺序性。有序系统按照一定规则排列组合、运动转化，一般宏观上可辨认、可度量、可预测；无序系统往往难以识别、区分和预测。有序和无序也是刻画系统进化和退化程度的重要概念。自然物质系统的演化，也是有序化程度的转变，是一种秩序向另一种秩序的变更。

在自然物质系统中，没有绝对的有序或无序，有序或无序都是相对的和互相渗透的。热力学第三定律告诉我们，绝对零度是达不到的，也就是说，绝对的有序不可能实现。空间结构极有秩序的晶体，用X射线进行衍射分析，也会发现位错和畸变；激光的方向虽然有序，但也有其他方向的散射光。反之，无规则运动的分子也有其自身的规则性和秩序，并在宏观上有可度量的一面。

在结构复杂的系统中，有序与无序的相互渗透，表现出种种复杂的关系。混沌理论告诉我们，系统倍周期分岔会使有序程度不断提高，对称性不断降低；当有序程度增加到最高程度时，系统反而呈现出一种新无序状态，即混沌态。混沌态的系统既有内在随机性、对未来进程的不可预测性、奇异吸引子、局域不稳定性等无序的方面，也有无穷嵌套的自相似结构、普适常数等有序的方面。所以混沌态被称为“有序与无序的结合点”。自然物质系统在演化进程中的任何状态，都处于不同秩序的阶梯上，表现为有序与无序以不同程度和方式的辩证统一。

有序和无序又是可以互相转化的。弥漫无序的星云又可转化为有序的太阳系，无序的自然光可转变成有序的激光，无序的大气可转变成有规则的雪花，冰加热熔化后会失去原来分子结构的有序性。自组织理论从各种不同领域和对象中所开展的研究已经揭示出这种异化的条件、机制和规律，为我们理解演化的本质提供了依据。

2. 平衡与非平衡

平衡和非平衡是标志系统矛盾运动状态的范畴。平衡是指矛盾双方势均力敌，处于相对静止的状态，即对立双方暂时的相对的统一。非平衡是矛盾双方力量对比有一定差异，因而处于显著变动的状态。平衡相对于非平衡而言，是暂时的和相对的。在自然物质系统中，平衡和非平衡有着多样性的表现。在天体、地球、生物的演化过程中，可以随处看到平衡与非平衡的矛盾运动。恩格斯说：“平衡和运动是分不开的，在天体的运动中是平衡中的运动和运动中的平衡。”[1] 一切平衡都以绝对的运动为前提条件，热力学平衡、化学平衡、生态平衡都是运动的结果。平衡并不是没有运动和变化，只是这些变化表现为不足以改变系统状态的涨落。传统科学常把研究重点放在物质系统的平衡态上，把非平衡问题也转化为平衡问题，以利于定量分析。但是，这对于理解自组织演化过程是很不够的。20世纪以来科学的发展，特别是自组织理论的发展，使人们的认识从平衡态进入到近平衡态，又进一步深入到远离平衡态。自组织理论的发展，揭示了非平衡态的种种特性以及平衡态与非平衡态的辩证关系，为我们理解自然物质系统演化的原因、条件和机制提供了自然科学依据。

布鲁塞尔学派通过局域平衡假设沟通了平衡与非平衡的研究方法，也展示了平衡与非平衡的相互渗透、相互依赖的辩证关系。布鲁塞尔学派还把平衡和非平衡同有序和无序、稳定和不稳定的范畴联系了起来。他们发现，一个热力学系统在平衡态和近平衡态是稳定的，不可能产生新的有序结构。只有在远离平衡态的某一关节点上，才可能由稳定到不稳定，发生质变，形成新的稳定的有序结构。物质系统可通过与外界的能量和物质交换，从平衡态转化为近平衡态，并进一步转化为远离平衡态，并在特定条件下形成有序结构。这

---

[1] 恩格斯. 自然辩证法［M］. 北京：人民出版社，1971：224.

就是平衡与非平衡的相互转化。

3. 对称与非对称

对称是指事物或运动以一定的中介进行某变换时所保持的不变性或同一性；非对称与对称相反，是指事物或运动以一定的中介变换时出现的变化性或差异性。由于同一和差异都不是绝对的，对称与非对称也是相比较而言、互相包含、互相渗透、互相转化的。每一具体的物质系统都包含着对称与非对称的两个方面（如大部分动物外观的对称和内脏的非对称）。对称对非对称的多样性表现，构成了自然物质系统丰富多彩的图景。

对称与非对称现象在自然界普遍存在，并且对于系统的进化，有序结构的形成有重要的意义。一个混沌世界，没有空间的左右前后上下的差别，也没有时间上过去和未来的区分，是完全对称的。按照大爆炸宇宙论，在宇宙的极早期，宇宙的对称性极高，只有一种统一的相互作用。由于宇宙温度降低，在大约十亿分之一秒内，相继发生了三次真空相变，每一次的相变区分出一种新的相互作用，对称性发生一次破缺，终于形成了今天的物理学上所认识的四种基本相互作用。这四种极不对称的相互作用的存在，是宇宙向着复杂结构演化的基本原因之一。从弥漫的星际物质演化到星系、恒星、卫星、生命以至人类社会，经历了无数次对称性自发地不断丧失的过程。按照现代科学所提供的证据，正是地球上的原始大气打破了温度的对称性，才为生命的产生创造了条件。在对称性不断破缺的过程中，系统的组织层次不断提高，复杂性不断增加，自主性和活力不断增强。

4. 进化与退化

进化和退化是标志自然物质系统变化趋势的范畴。进化是标志自然物质系统由简单到复杂、由无序到有序、由低序到高序的发展趋势；退化是标志自然物质系统由复杂到简单、由有序到无序、由高序到低序的发展趋势。进化和退化都是普遍发生的过程，但都不具有唯一的普遍性。自然物质系统的演化中既有宇宙大爆炸、星系与恒星的形成、生物的进化等大量的进化过程，亦有核能辐射、热量和物质扩散等同样大量的退化过程。进化与退化都是物质系统的自我运动和自我否定，是外部条件与内在规律相互作用所导致的组织化程度的变更，是自组织过程。进化与退化，不仅并存于演化过程中，而且具有统一性，二者相互包含、相互制约、相互转化。

进化与退化的互相包含是指在同一系统的同一演化过程中，往往存在着进化与退化的两个方面。水生动物到两栖动物再到爬行动物的演化，是一个以进化为主的过程，但动物水中生存能力却一步步退化了；在从猿到人进化过程中，尾骨、盲肠等器官却退化了。纯粹的进化或退化在自然状态下是极罕见的，这是因为，系统新的高级功能的出现往往会造成低级功能的活动区间的缩小。

自组织理论表明，进化与退化互相制约。一个系统的进化总是以其他系统或系统的外部环境的退化为条件。系统有序程度的提高，必须引入负熵流，而负熵流的引入是要付代价的，即要有相应的正熵流出现，使环境的某些部分走向无序。反之，某些系统走向无序也可能导致某些远离平衡态的开放系统走向有序，实现进化。

进化与退化在一定的条件下互相转化。自然物质系统不会沿着一个方向无限发展，只会在进化与退化的交替中演化。已有大量事实说明，在不违反热力学第二定律的前提下，系统在一定的条件下可以从无序走向有序；有序的系统也可能或进入无序的平衡态，或由于某些控制参量的变化而走向非平衡的无序的混沌状态。

三、自然界演化的自组织过程

自组织是指一个物质系统在无内外指令的情况下，自发地从无序向有序发展的过程。凡是能自发产生时空有序结构的物质系统就是自组织系统。恒星、星系、生物的形成和演化都是自组织的作用：恒星是原始星云在自引力作用下收缩而形成的；星系是在宇宙暴涨期自发生成宇宙弦后由于密度涨落和自引力作用使原始星系云团收缩、分裂、再收缩而生成的；生物则是由于自身进化的功能（包括分子进化和自然选择），以及在与周围环境进行能量、物质交换（如新陈代谢）的作用下由低级向高级（更有序）发展的。事实上，自然界一切演化着的物质系统都是自组织系统，是自组织使演化着物质系统具有稳定的结构，自然界的演化服从自组织规律。那么一个物质系统满足哪些基本条件才能自发地从无序向有序发展，实现进化而出现自组织现象呢？

第一，这个物质系统必须是开放系统，即系统与周围环境有物质或能量的交换。原因在于系统与外界之间有无熵的交换以及熵流的方向，是决定系统能否实现进化的关键。熵是度量一个系统混乱程度的物理量，熵变化往往能衡量一个系统走向混乱还是走向有序。

当系统处于孤立条件下，系统与外界环境没有任何物质、能量交换，因而没有熵的交换。按照孤立系统的热力学第二定律即熵增原理，孤立系统内部只有熵增，所以系统必然走向无序，走向退化。而当系统处于开放条件下，系统不断与外界环境交换物质和能量，不断引入熵，这时，系统的熵值则由内部产生的熵增 diS 和从外界引入的熵流 deS 两部分组成，即 $dS = deS + diS$。这里，diS 为系统内部的熵增，只能是 $diS \geqslant 0$；deS 为熵流，可以为正、可以为负，也可以为零。但是，要想使系统实现进化，就必须使系统从外界环境中引入的负熵的绝对值大于系统内部的熵增，从而使系统的熵逐步减小，即 $dS < 0$。由此可见，开放性是系统产生自组织现象的必要条件。

第二，这个物质系统必须处在远离平衡态的区域。在热平衡态或近平衡态，都不会出现有序结构。只有在远离热平衡的系统，才可能从杂乱无序的初态，跃迁到新的有序状态。例如，在贝纳尔对流实验中，只有当上、下温差超过某个临界值，流体内部处于强烈的非平衡态时，宏观的对流“元胞”结构才会自发产生。在普通光转变为激光过程时也是如此，微弱的泵浦能量（即近平衡态）不足以使原子间形成协作，只有当光泵能量强到使系统发生原子布局的反转（即远离平衡态）时，激光才能发生。所以普里果金强调，“非平衡是有序之源”。这里指的“非平衡”即热力学上的非平衡态。

第三，系统内部各要素之间存在非线性相互作用。非线性相互作用是相对于线性相互作用而言的。所谓线性相互作用，在数学上，就是可以把其动力系统的作用项表达为一阶微分方程。简单地讲就是，作用的总和，仅等于每一项作用相加的代数和，具有叠加性，每一份作用具有独立性。非线性相互作用则表现为作用的总和不等于每一项作用相加的代数和。线性作用是“$1+1=2$”，而非线性作用则为“$1+1>2$”或“$1+1<2$”。这种非线性相互作用使系统内各要素间产生相干效应与协调动作，使系统不仅有量的增加，更会有质的突变，从而使系统从杂乱无章变为井然有序。例如，杂乱的发光原子线性叠加以后，仍然杂乱地发出自然光，而不可能从无序的自然光向有序的激光转变。只有发光原子产生非线性的相干效应，才可能形成相位、频率均一致的激光。

第四，物质系统中存在正反馈作用。正反馈是相对于负反馈而言的，负反馈往往使系统的变化衰减，而正反馈则会使系统的变化被放大和加剧，从而推动系统的质变，加速系统自复制自组织的过程，使要素的微观协同产生出宏观秩序。例如，化学中的自催化和超循环就是这样，通过正反馈机制的推波助澜而从无序很快达到有序。

第五，随机涨落是自组织实现的触发机制。一个物理的、化学的或生物学的系统由许多要素构成，我们测量到的温度、压力、浓度、熵等宏观量实际上是一种统计平均值。而系统内部的具体要素并不严格地处于平均状态，而是有或多或少、或大或小的偏离，这就是涨落。涨落是偶然的、杂乱的、随机的。小的涨落会被衰减，而在临界点附近，涨落则可能被放大形成巨涨落，从而会推动系统发生质变，跃迁到新的分支上去，形成有序结构。

第四节　自然界演化的规律性

一、矛盾是自然界运动与演化的根本动力

宇宙的大爆炸，是由于某种矛盾的不平衡性，发生了对称性的破缺。大爆炸揭开了自然物质系统演化历史的帷幕，此后自然物质系统便开始了充满矛盾运动的演化历史。在物质系统演化过程中，任何物质系统在其演化的每一阶段上，系统和环境、整体和部分、吸引和排斥、进化和退化、可逆和不可逆、有序和无序、平衡和非平衡、对称和非对称、连续和间断、渐变和突变等矛盾始终在对立统一的关系中，互相依存、渗透和转化。在自然物质系统演化发展的不同阶段上，又有各自特殊的矛盾。在宇宙形成的过程中，除了吸引和排斥这一基本矛盾外，还有物质与反物质、温度与密度、高能光子与较轻的基本粒子之间的矛盾等；在生命进化的过程中，有物种与环境、同化和异化、遗传与变异、个体与群体的矛盾等。这种自始至终的矛盾运动，是推动自然物质系统演化发展的根本动力。

在自组织理论看来，在复杂的系统中，矛盾的对立并不限于两点之间的作用。它可以是多层次、多极之间互相作用的复杂网络，表现为多元化多极化的对立群。

演化过程常常存在多种矛盾，不同的矛盾对于演化发展的作用是不同的。其中主要矛盾的力量对比决定了系统的状态，主要矛盾双方的力量对比发生转变是系统的每一次非平衡相变的根本原因。协同学中的序参量，描述了主要矛盾对立双方力量对比的状况。根据支配原则，当任何系统的状态可以用多个变量描述时，总有少数几个随时间变化比较慢、并决定系统状态变化的慢变量。慢变量决定了系统的状态，也表达了系统的有序结构，因而也被称为序参量。序参量对快变量即次要矛盾有明显的支配作用。当系统处于高度不稳定状态中，系统主要矛盾的运动表现为序参量的变化。序参量的变化情况，主宰了系统演化的方向。

二、渐变与突变是自然界演化发展的基本方式

渐变是一种缓慢变化的过程，突变是渐变过程的中断，是质的飞跃。渐变与突变都普遍存在于自然界的演化过程中。渐变与突变是量变与质变在自然演化过程中的表现。一般地说，渐变相当于量变，突变相当于质变。宇宙的演化是渐变与突变的统一。辩证唯物主义自然观不是仅仅把宇宙的演化简单地归结为渐变与突变的交替过程，而是要分析突变与渐变的辩证关系。

在渐变阶段，系统位于稳定的结构分支上，外部的约束是线性的，内部的涨落总体上

是微弱的，这种涨落要受到系统总体稳定性的抑制，此时，决定论的规律通常是有效的。也就是说在渐变阶段，由于系统能够保持它自身的稳定作用，系统的结构和动态机制、系统演化的结果是可以预期的。渐变是系统演化的量的积累时期，系统从平衡到非平衡的变化是缓慢的，这种缓慢的变化是由系统外部的非线性约束造成的。

当渐变过程中量的积累足够大时，即系统处于在远离平衡态时，系统失去了稳定性，其内部的涨落不再服从大数定律的分布，分支点附近的巨涨落会导致新质的产生。突变的发生要求量变达到一定的程度和条件，只有在远离平衡态存在着非线性互相作用的条件下，突变才会发生。自组织理论还对突变的机制进行了探讨。在分叉点附近，系统面临多种选择，最终的实际选择具有很大的随机性。因此，渐变和突变在这里表现为平衡和非平衡、稳定和不稳定、决定性和随机性、线性和非线性的统一。

三、自然界运动转化的守恒定律

在自然物质系统演化的历史中，普遍存在着各种运动形式之间的转化。宇宙、天体、地球、生命的起源和演化的过程，也是运动形式不断地从低级向高级、从简单向复杂转化的过程。这种运动形式的转化不仅普遍存在，而且遵循着运动转化的守恒定律。运动转化守恒定律是自然物质系统演化发展的普遍规律。自然物质系统的转化是守恒中的转化，其守恒也是转化中的守恒。运动转化的守恒包括量的守恒和质的守恒两个方面。恩格斯曾针对历史上许多科学家仅仅从量的方向去理解运动转化的守恒性，特别强调指出："运动的不灭不能仅仅从数量上去把握，而且还必须从质量上去理解。"也就是说，应当从量和质两方面来把握运动转化的守恒定律。

所谓运动转化在量上的守恒性，是指任何一种运动形式转化为另一种运动形式时，前后的运动量是守恒的，即各种物质的能量形式不管怎样变化，总能量是始终不变的。能量守恒定律、质量守恒定律和质能关系共同说明，无论是在极缓慢的星云早期收缩中还是在极剧烈的宇宙大爆炸中，无论是在极简单的机械运动还是在极复杂的生命演化过程中，无论物质系统是在进化还是退化，是在从无序到有序还是从有序到无序的过程中，运动在量上是始终保持不变的。

所谓运动转化在质上的守恒性，是指自然物质系统的任何一种运动形式都不会在演化过程中永远丢失。物质系统从一种运动形式转变为另一种运动形式的能力是无限的。恩格斯说："任何运动形式都证明自己能够而且不得不转变为其他任何运动形式""这种转化是运动着的物质本来所具有的，从而转化的条件也必然要被物质再生产出来"。自组织理论认为，自然物质系统的演化是一个自发过程。演化条件的实现、系统内部各要素的协同作用，不需要借助任何神的力量或外在的指令。也就是说，自然物质系统演化的条件和系统要素的协同作用都是自然物质系统所固有的属性。在永恒的进化和退化的交替进行中，任何一个具体的运动形式都不是永恒的，总会向其他的运动形式转化而去。但是，在某一过程中丧失的运动形式，一定会在其他某个时刻或某个地点，当其产生的条件被再生产出来时再次出现。

四、自然界演化发展的周期性

周期性是自然物质系统在运动、发展中表现出的一种属性，它使事物沿时间轴变化经过一定的时间（周期）以后，向其原来的出发点复归。这种复归不是简单的恢复，而是在总的趋势上呈上升的特征，即辩证法所理解的否定之否定的过程。

自然物质系统演化的周期性是普遍存在的。化学中的周期律、生物学中的各种生物钟、核物理中的核素图、天体演化中聚集态的稀疏与密集的振荡交替、地球演化史中周期性的冰川时代等，都揭示了自然物质系统周期性的客观性与普遍性。自然物质系统演化的周期性不是简单的重复。从肯定到否定再到否定之否定，自然物质系统不断地螺旋式地向上延伸。在这个过程中，进化的内容不断地发生着有更新的回归。从有序无序的角度看，当进化表现为“无序—有序—混沌”时，特别典型地体现了否定之否定原理。有序是对无序的否定，混沌是对有序的否定之否定。这是一种包含着有序的无序或包含着无序的有序。在表面混乱的混沌区，可以找到内在的有序的“窗口”。从可逆与不可逆、进化与退化的关系来看，自然物质系统周期性循环不仅仅是矛盾双方的力量对比此消彼长的轮换，每一次循环都会产生新的矛盾，并在历史中留下了不同的印记。

自然物质系统的周期性循环究竟有没有尽头，这是循环的无限性问题。一百多年前，恩格斯描述了一幅整个自然界无限循环发展的总图景，做出了太阳系会灭亡并再生的预言。今天，天文学和宇宙学发展已经远远跨出了当时的科学水平给恩格斯提供的时空视野。恩格斯的关于宇宙大循环的预言已经在更大的时空范围内（总星系）得到了相当有力的支持（量子隧道理论、弗里德曼宇宙模型等）。应当指出的是，自然物质系统的周期性循环的无限性问题，实际上是一个科学上不可能“彻底”解决的问题。因为，让实证科学给出无限遥远未来的预言，这种要求本身就是不合理的。这个问题本身已经具有“终极关怀”的特点。解决这个问题，必须借助哲学思维的帮助。恩格斯对宇宙前景的预言是对已知的科学成果在哲学层次上高度概括的结果。他判断宇宙无限循环发展的依据不仅来自科学所提供的事实和理论，更是来自辩证法的一般原则。他强调，要从质的不灭性来理解运动和物质的守恒性。他相信，“物质在它的一切变化中永远是同一的，它的任何一个属性都永远不会丧失。”正是由于运动转化的质的守恒性和同一性，使自然物质系统一定是在永恒的流动和循环中运动着。今天，这一思想依然是理解自然界作为一个物质系统的无限循环的理论依据。

自组织理论指出，在自然物质系统演化的进程中，由于系统内部和外部复杂的原因，在进化或退化的道路上，总是存在着多种的可能性和分枝。从宇宙大爆炸到生命出现的整个无机界演化的系列，与生物进化的进化树相似，在不断分化中产生出各种不同的层次和类型。分枝点总是预示着并非一种可能的发展道路。在未来的演化道路上，新的分枝还会层出不穷，不会表现为单一的线性的因果关系。

根据进化与退化的辩证关系，综合热力学、进化论、非平衡系统自组织理论等多方面的自然科学成果，可以相信：充满了矛盾的自然物质系统不可能单调地走向无序，也不可能单调地走向有序；不可能单调地走向简单化，也不可能单调地走向复杂化。在自然物质系统未来的演化中，物质世界中的任何一个属性永远也不会丧失，丰富多样的物质形态会同时并存，在不可穷尽的演化系列中，在多层次和多类型的进化和退化的螺旋中，在必然性与偶然性的相互制约中，各种物质形态会在无限的时间中永不停息地循环更替。

第五章　自然界中的人类

人是自然物质系统长期演化发展的产物。人作为思维着的精神主体，是自然物质在地球上开出的最高花朵。人属于自然界，人的发展是自然界自身发展的一部分，人类史是自然史的延伸，也是它的最高阶段。自从人类产生以后，人就以自己的社会化行为去改造自然，为自己创造生存和发展的环境。这样，在自然物质系统进化的链条上，就出现了自然与人互动和相互发展的新阶段。

第一节　人类的起源和发展

一、人是生物进化的产物

人是从动物界中分化出来的。恩格斯说，“从最初的动物中，主要由于进一步的分化而发展出无数的纲、目、科、属、种的动物，最后发展出神经系统获得最充分发展的那种形态，即脊椎动物的形态，而最后在这些脊椎动物中，又发展出这样一种脊椎动物，在它身上自然界达到了自我意识——这就是人。”❶ 生物科学在比较解剖、胚胎发育、生理、生化和古生物化石等许多方面积累起来的大量事实材料，提供了关于人类起源于动物的确凿证据。现代分子生物学通过各种现代猿和现代人的蛋白质相似性的研究，表明人和猿是在较晚的时候（距今不过400万至500万年）才开始分化。

从古猿转变到人经历了一个漫长的发展过程。在距今7000万年前，哺乳动物中有一支食虫类上树谋生，经过长期的树栖生活，逐渐分化出一种原始灵长类生物。随后，在这类动物中进化出高等猿猴，到距今二三千万年前，终于分化出一支有可能向人的方向进化的以树栖生活为主的高级灵长类动物——森林古猿。

在新生代第三纪中新世末期或更晚一些（约距今2500万年），地球上发生了一次全球性的地质构造运动，东非出现了大裂谷，亚、欧两洲南部的喜马拉雅山和阿尔斯山等大山系平地崛起。地理环境的变化引起了气候的变化，大山挡住了从太平洋和印度洋上吹来的暖湿气流，气温开始持续下降，气候变得干燥起来。由于地壳运动和气候的变化，使森林所覆盖的面积大量减少，某些种类古猿被迫脱离森林，由树上生活转移到地面上生活。

古猿到了地面以后，原有的在树上生活的优势变成了在地面上生活的劣势。古猿在从树栖到陆栖的转变过程中进行了长期的生存斗争。为了扩大食物来源，抵御敌害，古猿的体态结构和生活习性必须朝着适应地面生活的方向变化。经过漫长岁月的积累，古猿强化了直立的体态，由后肢单独承担起支撑身体行走的功能，从而能腾出前肢寻觅、猎捕食物，

---

❶ 恩格斯. 自然辩证法［M］. 北京：人民出版社，1971：18.

与野兽作战，使用天然工具（如石头和树枝），手和脚的分化初步形成。直立的体态使得视野开阔，可以捕捉到更多的关于周围环境的信息，并使脊柱有可能支撑更大容量的大脑，食物也从素食为主转变为杂食（肉植兼食），这种转变导致动物蛋白的大量摄入，促进了大脑的发展，这又为意识的萌芽创造了条件。

为了扩大捕食的能力和形成一支抗击敌害的力量，战胜各种自然灾害，古猿们自然而然地成群结队活动。群体方式的劳动和生存需要交流信息，这又导致了语言的产生与进化。身体直立、手的进化、脑容量的增加、语言的产生又共同促进了思维能力的出现。至此，从古猿向人类过渡的身体基础、社会化基础和心理学基础都已具备，从而使自然界的进化达到了由古猿向人类过渡这样关键的一步。

二、劳动促使人的提升

虽然人是自然界生物进化所产生的最高存在物，但人的产生并不能单纯归结为生物进化的结果。许多事实说明，人类产生、形成和发展的根本机制在于劳动。恩格斯说，“在某种意义上必须说，劳动创造了人本身”。[1] 是劳动使人从动物界提升出来，使人具有了人的特殊本质和特殊的能动性。

劳动创造了人的生理特性。由于劳动，在制造生产工具的实践中实现了手足分工，使手和脚的功能分化，各司其职，正式确定了直立行走的体态。直立行走不仅使人视野开阔，可以接受无比丰富的自然信息；直立行走也使人的喉咙得到了解放，为人类的有声语言创造了生理前提。同时，直立姿态又使脊柱支撑的大脑容量增加，由于接受自然界的信息量在劳动中不断增加，导致大脑里沟回增多，从而为意识的萌芽和思维的发展创造了条件。

劳动也创造了人的心理特质。劳动作为改造自然的实践活动，它的每一进展都扩大了人的眼界，使人发现了自然对象的前所未知的崭新性质，人的意识内容空前丰富起来。同时，劳动从一开始就是社会性的。劳动中的协作造成了人与人之间的密切的交往关系，信息的交流成为完成劳动任务的基本保证。这时，正如恩格斯所说：“正在形成中的人，已经到了彼此间有些什么不得不说的地步了。”[2]于是，语言就产生了。在这样的基础上，人的感觉能力和思维能力都大大发展起来。通过抽象，人类开始用概念把握世界，人类的逻辑思维能力沿着个别—特殊——般的道路，不断提高。这使人跳出了感觉的现象范围，有能力去认识客观对象的规律和本质，而正因为有了理性认识，人的感觉反过来则变得更加敏锐。因为，正如毛泽东所说：“感觉到了的东西，我们不能立刻理解它，只有理解了的东西方更深刻地感觉它。”[3]

在劳动实践的基础上产生了语言与思维，人类才有了一个稳定的内心世界，才把自己和对象世界区分开来。动物沉没在自然界中，只有人才从自然界中超拔出来，有了主体意识或自我意识。人面对自然界，与自然形成对象性关系，表现出人类特有的主观能动性。人类的动能性主要体现在人具有选择和创造的能力。人的选择能力体现在人对客观对象能进行多维度的分析，并根据自己的目的和需要去趋利避害，人对环境的选择不是出于本能，而是出于自己对事物的认识。动物尽管也有本能的适应行为，但却是在长期进化中形成无

---

[1] 马克思恩格斯全集第20卷［M］. 北京：人民出版社，1979：505.

[2] 恩格斯. 自然辩证法［M］. 北京：人民出版社，1984：298.

[3] 毛泽东. 实践论［G］//毛泽东选集第1卷. 北京：人民出版社，1991：286.

意识的机能，而人却可以根据对环境变化的认识随时改变自己的选择，制订新的行为模式。人的创造能力体现在人能够根据对象固有的规律，从自己的目的出发，去对自然对象进行改造，使之变形或重组，从而创造出自然界本来没有的人造物。尽管动物从本能出发也能对自然物做出某种改变，但它们的这种行为完全是无意识的。人则不同，人在对自然对象进行改造之前，已经先在观念中对它“改造”过了，也就是说，已经预先构造了自己行为的方案、计划，然后才去实施。这就是人类特有的创造活动的本质。所以，马克思说：“但是，最蹩脚的建筑师从一开始就比最灵巧的蜜蜂高明的地方，是他在用蜂蜡建筑蜂房以前，已经在自己的头脑中把它建成了。劳动过程结束时得到的结果，在这个过程开始时就已经在劳动者的表象中存在着，即已经观念地存在着。”❶

所以，人与动物不同，人不像动物那样，把一切对象纳入自己的生命之流中，简单地利用自己的存在而引起自然对象的改变，从而仅仅消极地利用自然界。人则有目的地按照自己对自然的认识去改造、建构自然界，使它服务于自己的目的。这也是人同其他动物的最后的本质的区别。

三、人的新进化

作为生物进化的最高级阶段，人类产生以后，生物进化的链条并没有中断。在人和自然的对象性关系中，对象双方的相互作用一方面不断改变着自然界的面貌，另一方面也使人类发生着新的进化。这种新进化与一般意义上的生物进化有着明显的本质区别。一般意义上的生物进化主要体现为通过形体结构方面的改进，以适应环境而求生存发展，人的新进化则不仅有体内进化，而且还有体外进化。

人的体内进化既包括人的形体结构的进化，也包括人的认知能力的进化。

人的形体结构的进化是人的生物性方面的进化，主要指人的形体结构在新的生存条件下的进一步完善。从人类诞生到现代人，其间经历了漫长的发展历史。我们可以把这漫长的历史过程大体分为 4 个阶段：早期猿人阶段（生存于距今 300 万年到 150 万年前）；晚期猿人阶段（生存于距今 150 万年到 30 万年前）；早期智人（古人）阶段（生存于距今 30 万年前到 5 万年前）；晚期智人（新人）阶段（生存于距今 5 万年到现代，主要指史前人类）。科学研究表明，在不同的历史阶段，人的体质、形态、脑的结构和容量等都有着不同的特点，有着演化发展的过程。即使是在现代，人类的体内进化仍在继续着。

人的认知能力的进化，主要是人类理性思维的进化。一方面，人类思维的能力在不断提高，这包括形象思维能力和抽象思维能力、分析能力和综合能力、描述能力和推论能力、发现能力和评价能力等；另一方面，人类思维的形式也在不断发展，人类把握客观世界的范畴、判断和推理模式也在不断丰富。恩格斯曾以判断的历史进步过程为例，说明人类逻辑思维形式的进步。最初产生的是个别判断，比如“摩擦是热的一个源泉”；然后产生的是特殊判断，如“一切机械运动都能通过摩擦转化为热”；最后产生的才是一般判断，如“在对每一情况来说是特定的条件下，任何一种运动形式都能够而且也必然直接或间接地转变为其他任何运动形式”。

人的体外进化是指人认识世界和改造世界的客观手段的进化。一方面是精神手段的进

---

❶ 马克思恩格斯全集第 23 卷［M］. 北京：人民出版社，1972：202.

化，另一方面则是物质手段的进化。人的精神手段的进化主要是文化和科学技术的进步，而其基础则是知识的进步。“知识就是力量”。由于各门科学的发展，人类逐步揭开了大自然各个领域的奥秘，并且逐步掌握了各种方法和技艺，这就为人类改造自然提供了基本前提。人的物质手段的进化是指人类借助于制造和发展各种各样的工具以弥补人体结构方面的不足，使人体各方面功能不断拓展的情况。体外进化首先表现为由于一些生产工具、加工工具和交通工具的发展而使人的手和脚的功能在体外得到延长和发展；其次表现为借助于各种观测设备而使人类的感觉器官在体外的延长，如显微镜、望远镜、雷达、质谱仪、穆兹堡尔效应仪、有线和无线的电信设备等；最后，还表现为人脑在体外的延长上，例如，电子计算机虽然不是人脑，但却放大和部分代替了人脑的功能，它已经在许多方面代替或减轻了人脑的工作。

第二节　人与自然的关系

自从产生了人类，自然界中随之出现了一种前所未有的新型关系——人和自然的关系。这是一种以人的实践活动作为连接纽带的对象性关系，这种关系既影响着人类的发展，也影响着自然界的演化。正确认识人与自然的关系，深入研究人工自然的演化过程，实现人与自然的协调发展，是我们的唯一选择。

一、人与自然界的关系

1. 人与自然的对象性关系

所谓人与自然的关系，就是人类依赖自然界求得自身的存在和发展，同时又以自身的实践能动地变革自然界所形成的一种对象性的关系。人类作为一种社会性的存在，一旦从自然界中分化出来，就成为认识和改造自然的一种特殊力量。与一般动物消极适应自然的活动不同，人类认识和改造自然的活动往往是主动索取的主体性活动，有意识、有目的的人类成为这对关系中的主体，而人的认识和实践所指的对象则成为客体。这种对象性关系是一种相互作用、相互依赖、相互制约的关系。具体表现为以下两个方面。

一方面，人必须依赖自然界而生存。人是自然的人，是一种自然存在物。人的一切，从肉体到意识、从物质生活到精神生活，无不依赖于自然界，无不是在和自然界的相互作用中才得以持续下来。人类的生命机体依赖于自然界的物质而构成。人要维持自己的生存、成长、生育后代，要进行各种体力和脑力劳动，就必须不断地从大自然的生物界汲取营养。人类要进行物质财富的生产，更离不开大自然的物质、能量和信息。即使人类创造的精神文明，其原材料也是由自然界来提供的。马克思说：“人靠自然界生活。这就是说，自然界是人为了不致死亡而必须与之不断交互的人的身体。所谓人的肉体生活和精神生活同自然界相联系，也就等于说自然界同自身相联系，因为人是自然界的一部分。”[1]

另一方面，作为人的对象的那部分自然界也由于人的存在和活动而改变着其面貌。自从人类出现以后，作为人的现实对象的自然界就不再是一个外在于人的孤立存在，而是作为人的感性对象，作为人的实践活动的结果而存在着，这部分自然界不仅按自身的趋势演

---

[1] 马克思恩格斯全集第42卷［M］．北京：人民出版社，1979：95.

化，而且也按人的活动指向演化。人所生活的自然界，不仅从人类出现时起就是打上人类活动“烙印”的自然界，而且在一定意义上成为人类活动的“作品”。在人类社会的早期阶段，人通过实践介入到自然界的演化过程，例如养殖牲畜导致一些物种定向改变、种植造成土壤、水分的变化等。到了近代，人的这种介入力量在急剧增长，例如，大规模的森林砍伐和海洋污染改变了生态环境，人工合成的新化合物改变着原来的地球化学循环等，这一切都是自然演化中不曾出现过的现象。正如马克思所说：“在人类历史中，即在人类社会的产生过程中形成的自然界是人的现实的自然界；因此，通过工业——尽管以异化的形式——形成的自然界，是真正的、人类学的自然界。”❶

2. **实践是人和自然界对象性关系的纽带**

事实上，在其他自然物之间，也同样可以存在相互依赖和相互作用的关系。将人与自然的对象性关系与其他自然物之间的关系区分开的特殊之处，在于人和自然界之间主要是一种实践关系，即作为主体的人通过实践而有目的地、能动地探索和改造作为客体的自然界。人和自然的对象性关系是由实践作为中介而建立起来的。这是因为：首先，人是由劳动创造的，劳动是人的第一个实践，正是这一实践使得人从自然界分化出来而成为与自然界互为对象的自然存在物；其次，人只有通过实践，才能够了解自然界的现象，探索自然界的性质和规律，认清人和自然界的关系；最后，人只有通过实践，才能够改造自然界，以满足人类日益增长的生存和发展的需要。所以，人和自然的关系问题本质上是一个实践的问题。

实践是人的能动性和受动性的辩证统一。

一方面，实践是人具有能动性的一个基本标志。人作为有意识和有意志的自然存在物，通过自己的实践活动，按照自己的主观愿望不断地改变着自然界的本来面貌。“正是在改造对象世界中，人才真正地证明自己是类存在物。这种生产是人的能动的类生活。通过这种生产，自然界才表现为他的作品和他的现实。”❷ 这种具有能动性的实践活动是人区别于其他一切自然存在物的主要特点。

另一方面，人又具有受动性。由于作为主体的人的生命、意识、活动都起因于作为客体的自然界，所以人的认识、活动必然要受到自然界的制约，这就是人的受动性。自然界有其固有的客观规律性，在改造自然界的实践活动中，人只能在正确认识这些规律的基础上合理地规定和协调自己的实践活动，而不能以纯粹自我规定的活动来实现自己的主观愿望，不能对人所具有的能动性滥加发挥。

二、天然自然、人化自然和人工自然

人和人类社会是自然界长期演化发展的产物，而人类产生以后，作为自然界大系统中的特殊组成部分，反过来又推动了自然界的进化。本来的自然界，作为一个先于人类并纯粹外在于人类的世界，是天然自然。但随着人类认识与改造自然这种特殊活动的进展，使得自然界越来越多地打上了人类活动的烙印，并使天然的自然界进化产生出人工自然。

天然自然可分为两个层次：①人类尚未认识到的那部分自然界，既包括在空间上人类

❶ 马克思恩格斯全集第42卷［M］. 北京：人民出版社，1979：95.

❷ 马克思恩格斯全集第42卷［M］. 北京：人民出版社，1979：167.

目前尚未观测到的总星系之外的那个无限广袤的宇宙和基本粒子以下的未知的微观领域，也包括宏观世界中尚未被人类所了解的自然事物、自然过程和尚未探明的规律与特征；②人类观测所及，但尚未受到人类实践手段影响的那部分自然界，包括从总星系到基本粒子这个范围内人类已经认识或者已经开始认识的东西（也有人把这部分自然界称为“人化自然”），这部分天然自然随着人类科学技术的发展特别是人类信息科技的进步而逐步拓展。

人化自然是人类观测所及从而能感知其信息的那部分自然界，它包括从总星系到基本粒子这个范围内（$2\times10^{28}\sim1\times10^{-16}$cm）所有人类已经认识或者已开始认识到的自然物、自然现象和自然过程。因此，人化自然可以看成是人和自然构成的一个通信系统。人化自然以天然自然为基础，它随着人类信息手段的逐步完善而逐步拓展，其拓展过程由自然科学史所表征。人化自然是有限的，任何时代人们观测所及的自然范围总是部分的和有限的，它始终是同时代自然科学的极限。恩格斯曾说：“我们的自然科学的极限，直到今天仍然是我们的宇宙，而在我们的宇宙以外的无限多的宇宙，是我们认识自然界时所用不着的。”❶这里所指的“我们的宇宙”就是人化自然。天然自然是无限的，正因为它的无限性，才为人化自然的拓展提供了无限的可能性。

人工自然指人类实践手段所及并被人类实践所变革了的那部分自然界，是天然自然发展的继续。人工自然可分为三个层次：①人工控制的自然，即通过人工控制的手段，把野生动物、植物或天然地貌保护起来，使之维持天然状态（如国家设立的各种自然保护区）；②人工培育的自然，在这个层次中人类对天然自然作了某种形态上的改造（如果园中栽培的果树、畜圈中喂养的牲畜、天然河道被疏浚成可以行船的水路等）；③人造自然物，即人类利用自然界的材料所创造的人工自然物（如各种新型材料、新工具、人工建筑乃至可以模拟思维功能的人工智能机等），人造自然物虽然都“是由天然物料加工制作而成的，但已具有了天然自然所没有的结构和功能”。❷

人类在改造自然的实践活动中创造了人工自然。人工自然与天然自然既有着紧密联系，又有着相互区别。一方面，人工自然是从天然自然中分化出来的，又与天然自然构成显示自然界的总体。没有自然界，“没有感性的外部世界，工人就什么也不能创造。它是工人用来实现自己的劳动，在其中展开劳动，由其中生产出来和借以生产出自己的产品的材料。”❸所以，天然自然是人工自然的物质基础。另一方面，与天然自然相比，人工自然又有本质的区别，有其自身的特点。人工自然是人与天然自然之间起中间联系作用的环节。人与自然交往的根本方式是劳动，而劳动就是人借助一定的物质工具认识、改造和利用自然的过程。这里的物质工具就是人工自然中最重要的组成部分。随着人类劳动脱离最初的动物本能的形式以后，劳动工具逐渐取代了人的肉体器官而进入劳动过程，成为有一定目的的劳动与劳动对象间的中介，延长了的人的活动器官。通过劳动工具，人类改造着天然自然，创造着对象世界，使自然界不断人化；同时，通过人工自然，可以不断丰富主体，提高人类自身的认识水平和实践能力，使主体不断客体化。借助于人工自然，人类不仅创造了巨大的物质文明和精神文明，同时也可能带来出乎意料的多种负效应。人工自然作为中介，又是协调人与自然关系的根本手段，不仅治理、消除各种负效应需要人工自然为其提供物

---

❶ 马克思恩格斯全集第42卷［M］．北京：人民出版社，1979：167.

❷ 柳树滋．大自然观［M］．北京：人民出版社，1993：212.

❸ 马克思恩格斯全集第42卷［M］．北京：人民出版社，1979：92.

质手段，而且借助于人工自然，人类与自然之间既斗争又和谐的矛盾发展过程本身，就是具体的、历史的人与自然协调发展的环节。

三、人工自然的扩大与自然界的平衡

人工自然作为人类实践活动的产物，作为人类生存的必要基础，其产生与发展不仅取决于人类的需要，也和科学技术的发展水平密切相关。现代科学技术突飞猛进地发展，恩格斯说过，“科学的发展同前一代人遗留下来的知识量成比例，因此在最普通的情况下，科学也是按几何级数发展的。”❶ 科学技术作为人类利用自然、改造自然、创造人工自然的有力武器，使人工自然也按几何级数发展。人工自然每扩大一步，都意味着人的活动介入了自然界的一个新领域，也意味着这个领域中原有的稳定状态受到干扰甚至被改变。

自然界本身是一个平衡系统，它的平衡主要不是热力学意义上的平衡态，而多是自然界本身形成的非平衡的稳定状态。这种状态是由系统内部的相互作用所决定的。不论由于什么原因造成的涨落，如果被放大到使系统失稳的临界点上，那么，系统的自然平衡就会受到破坏，从而使系统进入新的演化历程。对人类社会生活关系最直接的生态环境系统就是如此。人所赖以生存和发展的直接环境由许多生态系统构成。所谓生态系统，是指由生物群落及其地理环境相互作用所构成的功能系统。这种系统又可分解成四个基本组成部分：①无机环境（如空气、水、矿物质、土壤，还有阳光和气候，等等）；②生物的生产者（如绿色植物或能进行自养生活的低等菌类等）；③生物的消费者（如草食动物和肉食动物等）；④生物的分解者（如微生物）。它们共同发挥作用并形成一个整体。生态系统是开放系统，它吸收太阳能并经由光合作用而转化为有机物，同时又通过蒸发、呼吸、微生物分解等多种渠道向外界输出物质和能量。生态系统是非平衡系统，其中的生物与生物之间、生物及其无机环境之间有着源源不断的物质、能量、信息流，如众所周知的碳循环、氧循环就是明显的例证。生态系统中存在着复杂的反馈机制，这种机制可以使系统稳定在一定的状态下。例如，捕食者增加—被捕食者减少—捕食者食物来源减少—捕食者减少，就能自动调节捕食者与被捕食者的比例，使系统稳定在一定状态上，这被称为自然平衡。但是，如果系统中出现了某种涨落，而这种涨落又被放大之后，原有的调节机制就不再能维持其自然平衡的稳定状态了。例如，新进入生态系统的物种如果在与原有物种的竞争中占了优势，那么，先前的自然平衡就会被打破，而重建新的平衡，这就表现为生态系统的演化。

可以看出，像生态平衡这样的自然平衡实质上是远离平衡条件下的稳态，这种稳态随时都受着各种涨落的干扰。当涨落被放大到失稳的临界点上时，自然平衡被打破是不可避免的。在人工自然中，人的活动正是一种不可忽视的引起和放大涨落的力量，它所引起的自然平衡的改变有时远远超过自然原因所引起的自然平衡的改变。在科学技术发展之初，人类对外界的干扰能力很小，自然界本身的自我调节机制足以克服这种干扰。然而，随着科学技术的发展，人工自然的急剧增多，有时，它对自然的干扰会超过自然的自我调节能力，危害甚重。众所周知，阿斯旺大坝所引起的纳赛尔湖渗漏和蒸发、尼罗河下游土地贫瘠化、尼罗河三角洲产鱼量减少等后果，远非一般自然原因所能比拟的。

无论自然原因或人为原因所引起的自然平衡的改变，对自然界来说都是“中性”的，

---

❶ 马克思恩格斯全集第1卷［M］. 北京：人民出版社，1956：621.

都不过是演化过程中的一种有根据的转变。但是对人类来说，这种转变却不是“中性”的，它可能有益于也可能有害于人类的生存和发展。因此就存在着对这种转变如何评价的问题。在这里，价值观念起着十分重要的作用。

价值是主体判断自身实践活动结果的一种内在尺度，按照实践所引起的自然界的变化对人的需要的满足程度，以及对人类生存和发展所起的作用，可以区分出价值的大小和正负。显然，价值评价是以人为主体的一种功利性评价，其着眼点不在于被评价事物自身的真值，而在于它对人类的利害关系。用这种价值尺度来衡量人工自然扩大所带来的自然平衡的改变，可以将这种改变区别为两类。一类是带来积极后果的改变，如荒漠变绿洲、荒原变良田、荒山变果园、荒滩变城市等。正是这类改变推动了人类文明的进步和人类社会的发展，也提高了人类自身的素质。引起这类改变的实践就具有正价值。另一类是带来消极后果的改变，例如，大量垦伐森林所导致的水土流失、土壤沙化，围湖造田所造成的气候失调，建造水域会诱发地震、破坏生态，发展工业所引起的烟雾、酸雨、环境污染等。这些改变尽管不是人们原来想追求的，但却现实地危及了人类的生存和发展，引起这类改变的实践至少包含着负价值的因素。

所以，人工自然扩大所引起的自然平衡的改变往往具有两重性，即往往是利弊交织的。因而需要区分以下四种情况：既有利于社会经济发展（有经济利益），又使环境更有利于人类生存（简称为环境利益）的变化；有经济利益而无环境利益的变化；无经济利益而有环境利益的变化；既无经济利益又无环境利益的变化。从价值指向来说，人们追求的无疑是第一种变化，但第二、第三种变化甚至第四种变化是很难完全避免的。这就是说，人对自然界的改造和人工自然的扩大所造成的结果既不是全部有益的，也不是利弊参半的，而是有时利大于弊，有时弊大于利，有时现利大于现弊，但从长远看远弊又大于远利。因此，问题并不在于人类改造自然的活动以及人工自然的扩大是否会引起自然平衡的改变，而在于这种改变是否有利于人的生存和发展。毫无疑问，人类改造自然的一切活动及其扩大人工自然的全部努力，就其直接目的而言，都是为了给自己的生存和发展创造更好的条件和环境；但是这种活动和努力所导致的实践后果，特别是其远期的、间接的后果，却可能与人的原始目的迥异，甚至相反。所以，解决问题的出路也不在于“回到自然中去”，消极地维持自然平衡，而在于尽量充分地估计到自己实践活动的后果，尽量充分地估计到由于这种实践活动所导致的自然平衡的改变对于人类的生存和发展究竟会带来一些什么样的影响，从而做出趋利避害的最佳选择。

第三节　人与自然的协调发展

一、人与自然协调发展问题的提出

人类通过实践改造自然的一切活动及扩大人工自然的全部努力，就其直接目的而言，都是为了给自己的生存与发展创造更好的条件和环境。但是人类实践活动所导致的后果，特别是其远期的或间接的后果，却往往达不到人的初始目的，甚至适得其反。原因何在？

人类想要达到自身的发展，必须是以与自然和谐共生为前提的。所谓人与自然的协调发展，是指人与自然关系发展的一种理想状态，即自然界的演化与人类社会的发展达到同步的状态。自然界的演化必然有利于人类社会的发展，而人类社会的发展也同时带动自然界向有利于人类社会进一步发展的方向演化，整个人与自然关系达到一种相互促进的良性循环。

就自然界而言，在演化的过程中其本身存在着再生产能力和自我调节的能力，并时刻都在努力的吸收、净化、转换人类对环境所造成的各种影响。在人类生产水平、科学技术水平很低的条件下，人类对环境造成的破坏性影响还是有限的，在自然界再生能力和自我调节的作用下不会酿成明显的恶果，不致出现全球性的生态环境的改变，所以远古时代人和自然之间处于一种原始的和谐之中。但是随着人类生产的发展，特别进入 20 世纪以后，现代科学技术的发展，使人类对自然的干涉能力得到空前的提高，在全球经济总量大幅度提高的同时，自然界所面临的问题也达到了空前的尖锐程度。现代人类对自然平衡的干预已超过了自然界的再生能力和自我调节能力，使不同水平上的自然平衡都濒临自我修复的极限，引出了一系列的“全球问题”，如人口问题、资源问题、环境问题、自然灾害问题等。

第一，人口问题。人口问题是各类问题中的首要问题。人类所面临的一系列问题，归根结底都是由于人口的快速增长导致对物质、能量需求的急剧膨胀，而又尚未找到满足需求的有效途径所造成的。从世界人口总量增长速度来看，世界人口是按几何级数增长的，而且倍增周期在缩短。据估计，地球人口在原始社会时期，约 3 万年才翻一番，在 1 万年前只有 10 万人；埃及法老建金字塔时，全世界只有几百万人；公元 5 世纪凯撒大帝横扫欧洲时，约有 1 亿人，此时，大概每千年增长一倍；1687 年牛顿将其著作《自然哲学的数学原理》公诸于世时，全世界约有 2. 5 亿人；1786 年约有 5 亿人；1840 年约有 10 亿人，此时约 60 年翻一番。此后就是人口爆炸，目前全世界人口约 33 年翻一番，从 1950 年的 25 亿到 1987 年的 50 亿，用了 37 年，1999 年全世界人口突破 60 亿大关。人口增长速度过快产生了一系列深远的影响，如粮食供给不足、就业问题严重、人民生活贫困化、妨碍人力资本形成、产生持久的环境压力等。人口增长过快产生的一系列经济、社会、环境的影响在各国之间是不相同的。在那些经济发展水平低下、自然资源严重不足、农业人口占多数的国家，人口与经济、资源、环境的矛盾十分尖锐。人口的过快增长已成为威胁人与自然之间平衡、威胁人们生存的一个严重的全球性问题。

第二，环境污染问题也日趋严重。环境是与人类密切相关的、影响人类生活和生产活动的各种自然力量（物资和能量）或作用的总和。它一方面为人类生存与发展提供终极物质来源，另一方面又承受着人类活动产生的废弃物和各种作用结果。从历史长河看，自然环境一直在不断变化和自我演化着。工业革命以后，现代经济增长成为人类发展的历史主题，同时也成为现代环境变迁的主要因素。人口的增长、生产的发展、资源的消费，同时伴随产生了环境的严重恶化：温室效应加剧，海平面上升，土壤过分流失与土地沙漠化扩展；森林资源日益减少；臭氧层遭破坏；生物物种加速灭绝，动植物资源急剧减少；淡水供给不足，水资源严重污染成为发展的制约因素；空气污染，有害废弃物危害着人类健康和安全……这些环境问题已扩展成区域性、国际性甚至全球性问题。世界自然基金会公布的报告表明，1999 年度全球环境指数整体下降，1970 ~ 1995 年，全球共下降了 30%。这意味着在短短 25 年时间，人类拥有的自然资源骤减了三成，消耗数量相当于过去一个世纪的总和。

第三，不可再生自然资源的短缺问题。自然资源是自然界中能为人所利用的物质和能量的总称，是人类生活资料和生产资料的来源，是人类社会和经济发展的物质基础，也是构成人类生存环境的基本要素。自然资源在传统上可以分为可再生和不可再生两类。前者具有可再生、可循环、可更新的特点；后者为不可再生、不可循环、不可更新资源。值得指出的是，任何资源只要利用率超过循环再生能力便都变成不可再生的资源了。由于人工自然的急剧扩大造成的生产速度按指数规律的增长，产生了对资源要求的逐年上升，使资源短缺以至面临日益枯竭的现象也成为全世界面临的共同问题。例如，据世界能源会议的调查统计，以目前世界能源消费与储量前景来说，已探明的石油储量将在2020年前采尽，中东地区常规储量可采至2060年；天然气全部储量也将在2020年采尽，加上附加储量也将在2060年耗尽；铀储量也将在2030年前采尽。

第四，水土流失严重，荒漠化威胁着人类。世界范围内植被遭到破坏，水土流失严重，流失量已达到每年254亿吨，其中印度为47亿吨、中国约43亿吨、俄罗斯为25亿吨、美国为17亿吨，仅这四国土壤流失量已达到132亿吨，超过世界总量的1/2。现在全球大约29%的陆地发生沙漠化现象，其中6%属于严重沙漠化地区。全世界每年有600万公顷具有生产力的土地变成沙漠，因沙漠化和土壤退化而丧失生产力的土地每年有2000万公顷，并且有3000万平方千米的土地处于沙漠化过程中。沙漠化直接威胁到9亿人口的生存，每年丧失农牧业产品的价值高达260亿美元。因此，联合国的报告指出："沙漠化正在威胁着世界。"

第五，水源污染严重，淡水供给不足。20世纪以来，人类用水量急剧增加。与1900年相比，目前全世界用水量几乎增加了10倍。各国专家普遍认为，未来的10年内，淡水不足将成为经济发展和农业生产的制约因素。目前，全球淡水不足的地区达到60%。世界淡水资源的分布是极不均匀的。世界人均淡水约为8300m^3，中国人均淡水仅有2600m^3，仅占世界人均水平的31.3%。实际上，由于气候的自然变迁和天气变化，使每年的径流量有将近2/3以洪水形式迅速流失，只有1/3比较稳定，成为长年饮用和灌溉的可靠来源，也是目前可再生淡水资源的极限。与此同时，水污染规模不断扩大。水质污染主要来自生活污水、工业废水和土地利用的径流，如灌溉和化肥与农药使用，对水质已产生严重的影响。正因为如此，专家们呼吁，水源危机正在迫近，这可能成为比20世纪70年代以来所出现的能源危机更严重、更可怕的危机之一，应当引起人们的高度重视。

第六，森林资源日益减少。由于过度采伐和开垦，世界上的森林几乎每年减少约1%，热带雨林地区每年减少1130万公顷的森林。据世界观察研究所布朗教授估计，照此速度发展下去，到21世纪初热带雨林将减少10%～15%。在世界上许多地区，砍伐森林所损失的不仅是树木和这些树木为无数物种所提供的生长环境，而且当森林被伐之后，树木下面的土壤质地变差，土壤红土化或遭侵蚀。

第七，生物多样性的丧失。生物多样性的丧失表现为一大批野生动植物的破坏和消失。美国鱼类和野生动物管理局每年都公布一张濒临灭绝的野生动植物表。该组织宣称，他们的表格越编越大，已有900多种野生动植物列于该表之中。伦敦环境保护组织"地球之友"指出，20世纪80年代地球上每天至少有一种生物灭绝，到90年代已增加到每小时消失一种。这样，到21世纪初将有100万种生物在地球上消失。这种灭绝速度是自然状态的1000倍。保守地估计，到2050年，将有25%的物种陷入绝境，6万种植物将要濒临灭绝，物种灭绝的总数将达到186万种。生物物种消失的主要原因是由于世界人口的剧增和森林资源不合理的开发和破坏所致。科学家们预言，如果热带雨林从地球上消失，将有80%的植物和400万种生物物种随之消失。此外，湿地锐减，草原退化，商品狩猎，粗放耕作，大气、水源和土壤污染等都造成对野生动植物的威胁和摧残。

第八，自然灾害频繁。自然灾害是人与自然矛盾的一种表现形式，具有自然和社会两重属性，是人类过去、现在和将来所面对的最严峻的挑战之一。广义的自然灾害包括突发性的和缓慢性的自然灾害，狭义的自然灾害主要是指突发性的自然灾害。世界范围内重大的突发性自然灾害主要包括旱灾、洪涝、台风、风暴潮、冻害、雹灾、海啸、地震、火山、滑坡、泥石流、森林火灾、农林病虫害等。自然灾害给人类带来巨大灾难，造成巨大的经济损失和社会破坏。例如，1975 年 8 月 5 ~ 7 日发生在我国河南省驻马店地区的洪涝灾害，3 天内降雨量达到 1605mm（该地区年均降水量为 800mm），暴雨引起山洪暴发，使两座水库的土坝漫水溃决，淹没农田 113 万公顷，冲毁京广铁路线 100km，死亡人数达数十万人，直接经济损失高达 100 多亿元。另外，我国发生的唐山大地震、1998 年的大洪灾、大兴安岭森林火灾、湖北远安县山体滑坡等多起自然灾害，其破坏作用和惨重损失是众所周知的。

这一系列问题，又反过来严重地影响着人类在地球上的生存和活动，表现为自然生态环境的危机，并透过这一现象揭示出人和自然关系的危机。它迫使人类意识到我们的生态环境系统正在向不利于人类生存和发展的方向演化，意识到协调人和自然的关系已经成为全人类面临的紧迫问题。因此，协调人与自然关系的呼声正与日俱增。

二、人与自然协调发展的可能性

寻根求源，导致人与自然关系出现危机的原因是多方面的。但是从根本上讲，是人类对连接人与自然对象性关系的纽带——实践——是人的能动性与受动性的辩证统一这一基本原理没有全面理解与落实所造成的。是人在改造自然的实践过程中，无视人的受动性的一面而对能动性滥加发挥而酿成的苦果。

在人与自然的对象性关系中，能动性是主体（人）具有能动地认识自然、改造自然的能力的一种体现，受动性则是客体（自然界）制约主体的一种表现。从理论上讲，人类通过实践活动去正确地认识和协调能动性与受动性的辩证关系是可能的，这既是人类实践活动的一个根本特征，也为人与自然的协调发展提供了可能性。

从主体方面看，真正自觉的能动性的发挥，应当以对受动性的认识为约束条件。能动性包括两方面的内容，即在认识自然中表现出来的能动性和在改造自然中表现出来的能动性。全球问题的产生，就在于后一个的能动性没有以前一个的能动性作为基础，在于人类在发挥自己的能动性的同时，没有相应地推进对于自己无法摆脱的受动性的认识。此外，价值取向也直接影响着人的行为。长期以来，急功近利的片面性观念把人们引向了对自然资源的掠夺式开发和无节制的耗费，使人的主观能动性无视受动性的存在而盲目膨胀，与之相应，就有了人定胜天的自然观。但是，正如恩格斯在 100 多年以前提醒的那样，“我们不要过分陶醉于我们对自然界的胜利。对于每一次这样的胜利，自然界都报复了我们。每一次胜利，在第一步都确实取得了我们预期的结果，但在第二步和第三步却有了完全不同的、出乎意料的影响，常常把第一个结果又取消了。”[1]

人类从自然的报复中受到教育，认识到调整自己的价值观念进而调整人和自然关系的迫切性和必要性。这种观念上的进步，从主体的角度为人与自然关系的调整提供了可能性。

---

[1] 恩格斯．自然辩证法［M］．北京：人民出版社，1971：158．

人类已在这方面进行了多方面的努力，并已经取得了相当成功的进展，如植树造林、设立自然保护区、重建人工生态平衡、在世界范围内大力开展环境教育、制定和健全必要的法律来约束各种不负责任的破坏行为，等等。

从客观方面看，全球性问题所揭示出来的一系列矛盾并非意味着我们所面临的自然环境的承载能力已达到不可挽回的极限。事实上，人类对自然界的了解远没有达到完全无疑的程度，人类对自然资源的开发和利用也远没有达到自然界的极限。虽然在一定历史时期由于科学技术和社会各方面条件的限制，可供人类利用的资源是有限的，但是随着人类科学技术的发展和社会的进步，人类能够利用的自然资源的范围将无限扩大。纵观人类认识和利用自然的历史发展，从柴薪—煤炭—石油—核能的燃料发展系列，从石头—青铜—钢铁—合成材料的材料发展系列，都向我们揭示出自然资源的利用范围是随着科学技术的发展而不断扩大的。我们今天所面临的自然资源的有限性，恰恰表明了人类对自然资源认识和利用的历史性。随着科学技术的发展，人类将开发出新的可被利用的资源，即使是已经利用着的资源，其利用率也会随着技术水平的提高或浪费的减少而大大提高。

造成自然生态平衡严重失调的环境污染现象也并不是不可解决的。这方面问题越来越严重的根本原因，是由于主体更多地考虑眼前的经济利益而忽视环境效应造成的。这个问题不仅是一个技术问题和观念认识问题，而且是一个社会问题。在重新建立自然平衡方面，人类也已经做了多方面努力，并取得了相当大的进展。这些都表明了人与自然协调发展不仅在理论上是可能的，在操作上也是可行的。只要我们不断地推进人对自然界的科学认识，不断推动社会各方面的进步，不断完善人工自然界，科学地拓展人工自然界，人和自然的协调发展必将实现。

三、人与自然协调发展的基本途径

全球问题的出现迫使人类重新审视自身在自然界中的适当地位，对人与自然的关系做出反思。通过反思，人类认识到要把自然和人作为社会生态的整体系统加以对待，在与自然的相互作用中不仅要注意自然变化及人与自然的关系变化的近期后果，而且要注意到它的长远结果；不仅要注意对人有用的变化，更要注意对人不利的变化；要改变试图主宰和统治自然界，无节制地向自然界索取的倾向，树立人与自然协调共生的新观念，走人与自然协调发展的道路。尽管前面分析了这种协调发展的可能性，但这并不是说人与自然之间的矛盾完全解决了，而是表明人类通过努力可以解决这些矛盾。而要真正做到这一点，我们必须从理论方面、实践方面和社会方面全方位改进。

首先，从理论方面，必须树立人和自然界是相互依存的有机统一整体的系统观念，这是实现人与自然协调发展的思想认识基础。马克思早就指出："在实践上，人的普遍性正表现在把整个自然界——首先作为人的直接的生活资料，其次作为人的生命活动的材料、对象和工具——变成人的无机的身体。自然界，就它本身不是人的身体而言，是人的无机的身体。人靠自然界生活。这就是说，自然界是人为了不致死亡而必须与之不断交往的人的身体。所谓人的肉体生活和精神生活同自然界相联系，也就等于说自然界同自身相联系，因为人是自然界的一部分。"❶这充分说明人与自然的整体性乃是人类存在的基本因素。在

❶ 马克思恩格斯全集第42卷［M］．北京：人民出版社，1971：95.

人和自然的对象性关系中，作为主体的人，是人工自然扩大所造成的一系列问题的责任者。正如罗马俱乐部的创始人佩切伊所强调的："未来只属于人类，也主要取决于人类。"树立人和自然应建立和谐的"伙伴关系"的观念，是人和自然协调发展的认识前提。

其次，依靠科学技术来合理地调节人类改造自然过程中的实践活动是实现人与自然协调发展最直接的有效途径。现代科学技术的发展所揭示的自然规律，不仅是人类认识自然界的存在、发展以及人与自然关系的基础，而且也为调节、确保自然环境的动态平衡提供了必要的手段。通过开发先进的科学技术来完善人类自身的认识能力和实践能力，并在科学技术高度发展的基础上合理地组织人类的生产活动，是人和自然协调发展的有效途径。例如，随着航海输油工业的发展，石油造成的海面污染越来越严重。数万吨石油遗散江海的事件时有发生。为了消除海上浮油污染，美籍印度科学家柴拉巴提利用生物工程技术发明了一种能分解各种石油烃的多质粒细菌——超级细菌，使过去需要两年才能处理的海面浮油现在只需要两个小时即可完成。现在人类正在面临的白色垃圾、白色污染等问题，从根本上说也源于新的超级细菌的发明和创造。又如，文化的发展对造纸的巨大需求，使造纸业产生了大量的纸浆废液，这些纸浆废液排放到环境中，造成了严重的污染。为了治理这一污染，加拿大科学家用微生物对这些废液进行处理，结果不仅消除了这些废物，而且用每2t废液还生产出了1t单细胞蛋白新产品。这些产品蛋白质含量高达72%，比一般植物含蛋白质高4～6倍，而且这种新工艺还不占耕地，又不受气候等自然条件的限制，并直接变废为宝，不仅解决了纸浆生产中的环境污染问题，而且做到了物质的多层次循环利用，为农业和医学做出了巨大贡献。

最后，解决好人类社会问题是协调人与自然关系的重要保障。人类与完全属于自然界的动物不同，人类既属于自然，又属于社会；既是自然的存在物，又是社会的存在物。这就是人的本性的双重性。人的主体性是作为社会的人的共同属性。人的一切需求，归根到底都是社会的需求，现代人的一切活动，都是受社会调节的。人和社会之间的不协调、人和人之间的不协调，必然会阻碍人和自然关系的协调发展。因此，只有在使社会不断进步的道路上，只有在合理地解决人与社会之间、人与自然之间各种不协调关系的过程中，才能真正找到实际解决人和自然协调发展的钥匙。

第三篇

科学技术的创造过程

科学技术是人类在认识自然、改造自然的过程中创造的，科学技术活动是随着人类历史进步而逐渐产生的。古代人们虽然积累了大量的科学技术知识，但那些知识还是零散的、肤浅的，主要来自观察和天才的思辨。文艺复兴后，近代科学技术逐步发展起来，于是真正意义上的科学认识开始产生，才开始了真正意义上的创造活动。

第六章　科学技术研究的一般过程及其规律

第一节　科学技术研究系统

一、科学技术认识的历史进程

科学技术认识是人类发展到一定水平的产物。它的产生和发展经历了原始社会、古代、近代和现代四个阶段。

原始社会的生产力水平十分低下，人类使用的主要工具是石器。到新石器时代，人类从渔猎、采集植物果实转向农业耕种和驯养动物，建筑、制陶、冶金等技术也开始发展起来。而原始社会的科学尚处于萌芽阶段。虽然人们在生活和生产中积累了许多有关动物、植物、矿物及天文、地理和数学等方面的知识，积累了一定的经验，但对于自然界的认识却只是零散的、肤浅的、朦胧的，对许多自然现象形成了虚幻的、歪曲的理解。原始宗教就是这种理解的产物，其思想的核心是万物有灵论，由此出现了图腾崇拜。原始宗教是人类自然知识不足的表现，也是自然知识的一种补充。因此，在原始社会，人们的科学技术认识与宗教观念是混杂在一起、密不可分的。

古代人们的科学技术认识主要体现在自然哲学及技术传统中。进入奴隶社会后，社会生产力水平有了很大提高，出现了社会分工，脑力劳动开始从体力劳动中分离出来，人类社会从野蛮社会进入了文明社会。脑力劳动者包括巫师、祭司、哲学家、历史学家和官吏等。巫师、祭司在从事巫术、祭神等活动时，必然要对自然界进行观察，从而对自然界有了一定程度的认识。从巫师和祭司中逐渐分化出一些哲人。他们更注重世俗知识，并求助于理性来说明自然界，最终发展成为哲学家。早期的哲学是一种没有明确的研究对象的“混浊哲学”，其内容包罗万象。尔后，由于一部分哲学家主要从事对自然界的研究，自然哲学渐渐分化出来，到亚里士多德时已成为哲学的一个重要领域。当时的自然哲学家主要探讨的是有关宇宙十天体、物质本原以及运动、生物生长等问题，采用的是直观考察、思辨、猜测等方法，很少采用实验方法和科学仪器。他们对自然界的认识和描述是笼统的，没有明确的专业研究范围，因而还不能说明自然界运动变化的具体规律。历史学家、资料编纂者主要是记述已有的知识。官吏、政治家中也有许多人从事对自然界的研究，如古罗马的加图写过关于农业和医学的著作，凯撒在《高卢战纪》中叙述了高卢、日耳曼和不列颠的地理条件。中国古代的著名科学家张衡、张仲景、祖冲之、沈括、郭守敬和徐光启等都是官吏。由于他们不是专职科学家，研究范围又较宽泛，所以大多不能形成系统的科学理论，也缺乏深度。尽管古代的自然哲学也对自然界的图景进行大量描述，但由于不注重经验方法，很少使用仪器，所以其认识有很大的局限性，并非近代意义的科学认识。例如，古希腊、古罗马的原子论与道耳顿的原子论相比，前者是一种天才的猜测，后者则是建立在实验基础上的科学理论。

在古代科学技术认识活动中，一些以技艺为职业的人，如工匠、医生、炼金术士和旅行家等，也做出很重要的贡献，形成了技术传统。他们在长期的实践中，积累了丰富的知识和经验。这些知识和经验对后来科学技术认识的形成提供了重要基础。但这些人的知识是零散的、直观的，只停留在实用性、经验性阶段，没有上升到理性阶段。

科学技术认识是伴随着近代科学技术的兴起而形成的。欧洲的文艺复兴把科学从宗教神学的桎梏下解放出来。航海和地理发现开阔了人们的眼界，促进了天文学、地理学、地质学、生物学、气象学以及数学等学科的发展。资本主义生产方式的萌芽、手工工场的出现，对科学技术的需求日益增长，从而刺激了力学、物理学、化工、机械制造和加工技术等方面的迅猛发展。牛顿站在哥白尼、伽利略、开普勒等巨人的肩膀上，建立了有史以来第一个完整的科学理论体系——经典力学。这也是科学技术认识真正形成的重要标志。

科学技术认识的形成，表现为科学技术认识系统的建立。从 16 世纪开始，以科学研究为职业的自然科学家陆续在西欧出现，并逐步发展成为科学家集团；随着工业技术革命的兴起，也涌现了大批从事技术研究的、“瓦特式”的发明家和革新家。所有这些人，成为科学技术认识活动的主体。他们有确定的研究领域和对象，进行有目的的、专业化的、较为系统的研究。在这种分门别类研究的基础上，形成了众多的科学技术学科。此时的科学技术认识活动与以往完全不同，不是以思辨、猜测为主要方式，而是建立在观察和实验的基础上。科技劳动者采用科学仪器和科学方法作为认识工具。科学技术认识也不再仅停留在感性认识阶段，而是深入到理性认识阶段，揭示自然事物的本质和规律，并建立比较完整、严密的理论体系，从而达到对自然界的深刻认识和描述。但是，近代科学技术认识仍有其局限性。由于只注重分门别类的研究，各科学技术学科只是从不同侧面描述自然界，学科之间缺少密切的联系，因此还不能从整体上深入地认识自然界。

20 世纪初的物理学革命，不仅开创了现代科学技术的新纪元，也使人们的思想观念发生了深刻变革。20 世纪中期以来系统科学的产生和发展，更加深了人们对自然界的认识。当代科学技术在分化出越来越多的分支的同时，出现了相互融合、相互渗透、相互交叉的整体化趋势。当代科学技术认识也从分门别类研究向整体化研究发展，不但深入探讨各学科各领域的运动规律，而且考察它们之间的联系和相互影响；不但研究单纯的事物，而且研究复杂的事物；不但考察自然界的各个要素和层次，而且考察由这些要素和层次构成的整个系统。当代科技劳动者之间的联系更加密切，交流更加频繁，往往是众多学科的科技人员协同作战，共同研究一个大问题。科学技术研究所使用的仪器设备越来越复杂、越来越精密，同时综合运用多种研究方法。

当代科学技术认识的这种整体化趋势与古代自然哲学的认识是截然不同的，其区别在于前者是建立在严格的观察和实验的基础上，对获得的大量科学事实进行整理、综合所形成的总体认识，而不是靠思辨、猜测形成的模糊的、笼统的认识。当今，科学技术认识正向着深入探讨复杂性、更全面系统地认识自然界的方向进军。

二、科学认识的特点

科学认识是对自然系统和自然界演化过程的反映，但这种反映不是直观的，不是把对象静止地一次映照在镜面或照相机上，而是一个极其复杂的过程。科学认识是人们在科学实践中对自然界的能动反映。恩格斯指出：“人的思维的最本质和最切近的基础，正是人们所引起的自然界的变化，而不单独是自然界本身；人的智力是按照人如何学会改变自然界而发展的。”

科学认识是一种高级的认识活动和形式，同高度抽象的哲理认识相比较，它具有实证性特点；与日常生活中的常识性认识相比较，它具有深刻性、创造性和系统性等特点。因此，不能统统地把一切认识活动都看成是科学认识的范畴。

1. 实证性

科学认识的实证性是指它能提供比较具体、可以验证的确定认识。但这里所说的确定不是单值决定，不仅有精确的一面，而且也允许关于现象的统计描述和概率性结论。就是说，确定不是完全的精确，在特定的条件下，一定程度的模糊往往使客观现象得到了科学的解释和说明。例如，门德尔的遗传规律、卢瑟福的放射性公式，以及哈肯的协同学主方程，都可以给出完全确定性的结果，但对每一个单个体来说，又都要服从于概率的描述。需要明确的是，实证性并不等同于客观真理性，实证性仅强调科学认识是可以或已经被检验和确认的，但检验和确认的结果是否完全符合真理，则不是实证性所能回答的问题。换言之，实证性强调的是科学认识的结果不仅比较确定，而且可以验证，至于结果如何评价，还需要进一步分析。

2. 深刻性

科学认识的深刻性是指它能通过大量表面现象而揭示出其本质的属性，全面系统地阐明运动发展的机制，并在此基础上，指出其与其他事物的联系和差异。当年，德布罗伊从光的波动性和粒子性特征出发，提出了实物粒子具有波粒二象性的假说；爱因斯坦根据引力质量与惯性质量二者之比为普通常数这一事实，导出了著名的广义相对论，并做出了种种科学预见；威纳通过对互不相关的机器和动物从控制与通信的角度进行研究，创立了控制论。上述科学发现案例，都强有力地说明科学认识具有深刻性的特征。深刻性要求把现象与本质、属性与实体、功能与结构统一起来，紧紧把握解释和预见这两个环节，经过“去伪存真、由表及里、由此及彼”的研究操作过程，提出符合真理的结论或定律。事实上，科学认识的深刻性并不排斥猜测性，但只有那些有一定根据并且能提供较大信息量的猜测才是深刻的，否则，就无法划定猜测性的真伪界限。此外，深刻性还要求科学认识必须有较高的精确度，即使像概率诠释、模糊数学和混沌理论也必须对事物做出相对精确的描述。

3. 创造性

科学认识的创造性是指它采用独特的操作方式在思维和实践中复制对象，从而创造出天然自然中尚未有过的对象。尽管这种复制过程一般要以自然界中客观存在的对象为“标样”，但复制后的对象经过了选择、加工、修饰和重组的过程，已与原“标样”存在明显的差异。一般说来，一种客观对象往往可以被纳入不同的抽象方式中，进行不同角度的研究。例如，对生命现象的研究，完全可以从力学、化学、电磁学等不同抽象方式的角度进行同一现象、同一课题的研究，结论可能会存在不完全一致的情况。而在特定条件下进行的思维复制，才有可能将客观对象在思维中分解和重组，并在此基础下，创造出天然自然中尚未有过的人工客体。可见，科学认识的创造性是联结思维与实践的桥梁，是不断丰富理论大厦和物质世界内容的重要机制。

4. 系统性

科学认识的系统性是指科学认识是根据一定的理论原则和方法整理出来的知识体系。尚未纳入一个连贯系统中的零散知识堆集在一起，还不是科学认识。科学技术知识体系的形成，标志着人们的科学认识水平达到了成熟的程度。

三、科学技术研究系统

科学技术研究是一种精神生产，是社会化的劳动，其要素有机结合起来，即构成科学技术研究系统。这些要素是：科学技术研究的主体、科学技术研究的客体和实现主体与客体相互作用的中介。这些要素在整个系统中，相互独立，有自己确定的属性及功用；相互联系，均以它方存在作为自身存在的条件，缺一不可；相互制约，并在一定条件下相互转化。

科学技术研究的主体是人类社会成员的一个特殊部分。他们有一般认识主体——社会化人类的一般规定，还有知识经验、方法技能、价值准则等方面的特殊规定。有生命并能进行抽象思维的物质性存在，是科学认识的主体在自然属性方面的规定。人工智能机则不属于这种主体之列。科学认识主体在社会属性方面的规定是本质规定，起源于社会关系的发展，具有获得性积累的特征。它表现在以下三个方面。

1. 知识经验方面

科学认识主体在进入认识系统的时候，已经建立了基本的知识结构，具备一定的知识储备和经验积累。一个人的知识结构决定了他能够从事哪一（些）方面的工作：一辈子摸锄把的老农民，也许会提出一种新的农作物耕种方法，但决不会像李政道一样提出宇称不守恒的科学假说；同样是解剖尸体，达·芬奇据此提出了作画所应遵循的人体结构原则，塞尔韦图斯却提出了心肺循环（即小循环）的假说。这种储备和积累越多、越丰富，才能更好地解决较复杂的问题，才能在科学技术研究中，应付日益复杂的新局面、新形势和新课题。

2. 方法技能方面

任何科学认识的主体都必须掌握一定的科技方法和实验技能，掌握较多、较高的程序性和操作性知识，包括熟悉一定的语言符号和操作仪器。实践证明，方法技能对于科学认识的主体来说，是至关重要的研究手段和工具。尤其在现代的信息化社会里，随着高、精、尖科技的迅猛发展，运用先进的方法和技能是科学认识不断深化和提高的关键，也是对科学认识主体素质的要求与规定。

3. 价值准则方面

价值判断总是附加在事实判断之上的一种评价，与知识背景有关，但又不是事实判断的简单逻辑延伸。在同一事实判断基础上完全可以得出极不相同的价值性结论。能对某些客观事件做出价值判断并认定需要加以研究的人，才会成为深入研究这类现象的研究主体。价值准则直接影响到研究方向的选择，而在确定一种选择的同时，它又会成为一种驱动性力量。价值准则多种多样，理论上求好奇、心智上求满足、经济上求发展、战争中求胜利以及形式上求完美等，均可以成为一种准则。这些准则既与个人的情感、意志密切相关，又不能离开社会生活的制约和需要。

科学技术研究的客体是科技研究的对象，是客观事物中一个特殊部分，而不是所有的自然物。科学认识客体的规定性不仅取决于事物自身，而且取决于它和主体的关系。只有那些确定而现实地被纳入科学研究活动之中、并为主体研究活动所指向的客观事物，才具有科学认识客体的完整规定，即科学认识客体是主体需要研究而且有能力作用其上的客观存在。主体的需要和实践能力、认识能力是社会形成的。即使是个人的好奇心也有社会赋予的知识背景，需要汇入社会需求中它才能成为持续研究的力量，从而使其所指向的自在存在物成为科学认识的客体。科学认识客体的社会属性，使得它必然随着社会实践的进步而不断发展，其范围也不断扩大。

主体与客体需经过若干中间环节连接起来，发生相互作用，构成现实的科学认识系统。这些中间环节就是科学技术活动的中介。它是科学技术研究所需的实验手段、研究方法等的综合体。它处于主体与客体之间，起桥梁作用。

科学技术研究中介呈多种具体形态，大体可分为两类。一类是硬件，即科学研究中所用的仪器、设备等。它们既具有客体的某些属性，又是主体的延伸。另一类是软件，如科学研究中所使用的话言符号及操作、运算、推理规则等。从认识过程看，科学方法也是软件，而且是认识中介中最重要的组成部分。科学认识中介是以往积累的科学劳动，具有明显的社会历史性。

总之，科学技术研究系统是社会系统与自然系统复合而成的一种复杂系统。

三、科学技术研究的一般过程及规律

从总体上说，人类的认识遵循“实践—认识—再实践—再认识”的发展规律，科学认识的发展也有这样一个过程。任何科学认识从总体上说都要经历从感性认识上升到理性认识，再由理性认识回到实践进行第二次飞跃的过程。但是，这个过程并不都是以纯粹的、直接的形式表现出来，往往是通过多种隐含的形式进行的。因此，对科学认识过程的分析要从多侧面进行透视。

1. 认识内容

在主体与客体的相互作用中，客体的各种特性通过某种形式所表现出和存留下的印记，再由主体用语言、文字、符号编码反映出来，这就是认识的内容。人类为了生存与改造自然，就必须认识自然。日本物理学家武谷三男在 1934 年曾以经典力学的历史发展为依据，把人类对自然的认识区分为现象论阶段、实体论阶段和本质论阶段。现象论阶段是认识的第一步，是描述现象和实验结果的阶段。实体论阶段是认识的第二步，是了解产生现象的实体结构，并根据实体的结构知识整理关于现象的描述阶段。在这一阶段中，通过对实体结构的了解以获得规律性的认识。第三步是深入事物的本质阶段，即本质论阶段，就是要阐明任意结构的实体在任意条件下产生什么样的现象。从经典力学发展来看，第谷的天文观察是现象论阶段，开普勒的行星运动三定律是实体论阶段，而牛顿力学则是本质论阶段。武谷三男认为，上述认识的三个阶段是循环更替的，第一循环的最后阶段是下一个循环的第一阶段。从科学认识的发展历史中可以列举大量的事例来支持武谷三男的认识三阶段论，如元素的周期律、量子力学、遗传学的创立，大体上都经历了现象论、实体论和本质论三个阶段。

恩格斯曾以人类对能量守恒和转化定律的认识为例证，提出人类的认识过程有三类判断：个别的判断、特殊的判断和普遍性的判断。恩格斯判断分类的思想，是正确看待科学认识过程的重要依据和法则。据此可以知道，任何科学认识是从对象的个别性进入到特殊性再深化到普遍性的过程，同时，还存在着与之相辅相成的另一途径，即从本质向现象复归。这个逆向过程是从抽象回到实体的过程。由此可知，科学认识在内容上是现象—本质或个别性—普遍性的双向运动过程，这在科学理论的形成、基础理论的研究和假说的验证等科学活动中，已得到毋庸置疑的证明。

2. 认识形式

在哲学上，把认识的基本形式分为感性直观形式（感觉、知觉、表象）和理性思维形式（概念、判断、推理）两种。但是，对科学认识来说，往往很难在一个具体的认识过程明确划分出这两种认识的界限，因为即使对一个客观事件的描述，也离不开一定的概念系统。换言之，科学认识中的感性成分是被理论渗透过的成分，而理论成分又是以感性形式存在着的。可见，感性认识与理性认识的区分并不是绝对的，尤其是在现代条件下，科学的发展过程中所出现的大量凝结认识成果的事实，都强有力地说明感性形式和理性思维形式存在着明显的相互渗透趋势和特征。

关于科学认识的形式问题，目前学术界尚无统一的定论，但下述三个方面的内容，是应进一步研究和探讨的问题。

一是认识的形式和内容如何统一的问题。任何认识内容必须通过一定的形式作为“载体”才能表达出来。如果形式运用不准确，则内容是无法充分表达的。只有将认识的内容与形式完美地统一起来，科学认识的成果才能活生生地表现出来。按照爱因斯坦的观点，把无声思维中以内部语言（即不连续、不完整、语法限制较少、逻辑规则简单的“自明”语言）所凝结的思维成果转换为通用的文字和符号结构，这是现代思维过程中不可缺少的阶段。

二是不同认识形式与认识不同阶段的关系问题。一般来说，随着认识内容的加深与拓展，形式也应有所变化。如果原有科学理论与科学实践中新发现的事实之间存在着矛盾，即发生科学无法解答的难题，这些以疑难形式存在的认识往往是科学深入发展的契机和杠杆，并成为新的认识的起点。同样，以理论体系形式存在的认识，则是关于对象深刻完整的、有内在逻辑关系的和具有客观真理性的认识。它标志着客体主体化的一个阶段结束，并成为由科学向技术转化的转折点。此外，还存在科学假说的认识形式。由于这种认识形式是依据已知科学事实和已有的科学理论而对未知事件运动规律及机制的一种猜想，因此，它是科学研究进程的一个中间环节。总之，科学认识过程是一个复杂的、多形式的认知过程，多种认识形式交织更替，从而使科学认识的内容不断深化。

三是认识形式的复杂多样化问题。科学认识形式的变换是在纵横交错的复杂网络中完成的，并不存在一种固定的千篇一律的形式。在各种科学认识形式中，概念是理论结构的基石。因此，伴随着概念的创新，必然会导致理论的变革与突破。在科学认识活动范围不断扩大、内容日益深化的情况下，必将使科学认识的形式也随之更加复杂多样化，这在基础理论研究、技术研究以及发展研究中表现得十分明显。

3. 逻辑结构

科学认识内容的深化和认识形式的更替，存在着一定的内在逻辑关系，而不是随意的和无章可循的过程。

从古希腊亚里士多德的“归纳—演绎程序”到近代出现的“归纳主义”派别，再到现代爱因斯坦所主张的过程论以及证伪主义等流派，尽管它们之间存在着差异或分歧，但是，都肯定科学认识过程包括发现和发现的确认两个基本环节，并由这两者的相关性构成了科学认识过程的基本逻辑结构。发现的途径和确认方式所存在的差异，可能会影响这种逻辑结构的表现形式，但不会改变它的基本骨架。

以上，从认识的内容、形式和逻辑结构这三个方面对科学认识过程做了分析。但这种分析的目的并不是为了肢解认识的全过程，而是为了揭示科学认识过程这三个方面的辩证关系以及更好地使科学认识更加系统化、科学化和规范化。

第二节　科学认识的方法与方法论

一、方法与方法论

随着科学技术的产生，科学技术方法也应运而生了，而且随着科学技术的发展而发展。在科技史上，新方法的产生往往标志着科学技术上新的突破或创新。特别是现代科学技术突飞猛进、日新月异，方法问题也就显得特别重要，并形成了它独特的体系。

方法和方法论这两个概念的含义，既有区别又有联系。方法，希腊语的原意是“沿着”和“道路”，辞典注释为“办法”“方术”。在探索的认识中，“方法也就是工具，是主观方面的某些手段和客体发生关系”。现在，人们对方法的理解是指从事精神活动和实践活动的各种行为方式，也就是说，方法是人们在行为过程中所遵循的特定程序、规则，是达到某种特定目的的手段的总称。

方法论，《辞海》注释为“研究治学方法之学问”。从一般意义上说，所谓方法论就是关于行事方法普遍规律的理论或知识体系。因此，所谓“科学技术方法论”，就是探讨人们在科学研究与技术开发过程中必须遵循的普遍行为途径与规则的学说。根据概括的程度和运用的范围，可把科学技术方法分为三个层次，即各门科学技术的研究方法、科学技术的一般方法、哲学方法。层次越高，概括的程度就越深，适用的范围也就更加广泛。

各门科学技术的特殊研究方法，如物理学中高能加速实验方法、化学中用催化剂加速化学反应的方法、天文学中的射电观测方法、地质学中用古生物学化石测定地质相对年代的方法等。

科学技术的一般研究方法，是指各门自然科学和技术科学研究中通用的或一般的研究方法，也是自然辩证法的方法论研究的重点。以基础科学研究为例，大体上包括以下五个相互衔接的环节：选题、获取科学事实、进行思维加工、验证和建立理论体系。

哲学方法是认识客观世界最高层次方法，它的概括性最高，是普遍适用的原则，为一切科学技术研究和社会科学研究提供指导思想，如矛盾分析法、辩证否定法、质量互变法，以及一切从实际出发、实践是检验真理的唯一标准等。

各层次方法都有其相对独立的发展，同时，这些方法之间又有紧密的联系：低层次的方法是概括和总结高层次方法的基础，高层次方法指导着低层次方法。方法的层次也不是固定不变的，可以随着科学技术的发展而变化。有的原来是低层次的方法，能够转化成高层次的方法，反之亦然。

总之，科学技术方法论就是认识科学技术的理论，就是关于科学认识过程的理论。只有以辩证唯物主义为指导，才能阐明科学技术方法论的内容。

二、科学方法在科学技术研究的地位和作用

科学方法是科学研究必不可少的主观手段，在科学研究中有着极其重要的地位和作用。

1. 科学方法在科学认识中的地位

在科学认识系统中，科学技术方法具有十分重要的地位。它处于现实主体与客体相互作用的中介位置，兼有双方的某些规定，并在矛盾双方中表现出来。从与主体的关系看，科学技术方法是认识的主观手段，与主体密切相关。从与客体的关系看，科学技术方法是主体作用于客体、使客体主体化的手段，渗透在客体之中，成为构成客体的条件之一。科学技术方法既是科学认识的成果，又是科学认识的必要条件。科学技术方法的产生，体现了科学认识主体在反映和变革自然的过程中的能动创造性。它一经产生，就成为科学认识不可缺少的规则和手段系统，在科学认识中具有至关重要的作用。不借助于科学技术方法，就不能获得科学认识；离开科学技术方法，科学认识就无法发挥出自身的能动性。科学技术方法的发展既取决于科学认识的发展，又是推动科学认识发展的动力之一。人们在科学认识过程中不断变革和完善其方法系统；而科学技术方法的不断完善，又为主体正确反映客体指明了道路，促进了科学认识程序的规范化和最优化，使科学认识进入更广阔的领域和更深的层次，极大地增强主体的认识能力和实践能力。科学认识和科学方法的相互关系，说明认识论与方法论具有一致性。

2. 科学方法在科学技术研究中的作用

科学方法在科学认识中的地位，决定了它在具体的科学技术研究中的作用。概括地说，科学方法的作用有如下几点。

（1）科学方法是科学研究的必备条件

人们常说，“工欲善其事，必先利其器”。在科学研究中，良好的方法会带来事半功倍的效果，而拙劣的方法则往往事倍功半。正如法国生理学家贝尔纳所说：“良好的方法能使我们更好地发挥运用天赋的才能，而拙劣的方法则可能阻碍才华的发挥。因此，科学中难能可贵的创造才华，由于方法拙劣可能被削弱，甚至被扼杀；而良好的方法则会增长、促进这种才华。”[1] 所以，科研人员的智商和勤奋与方法比较，方法将是一个更为重要的问题。科学技术方法既是科学研究的成果，又是科学研究的必备条件，它在人类科学认识系统中处于“中间层次”的地位，在具体科学研究中起着关键性的核心、桥梁作用，是科技工作者做出科学发现或技术发明的实在因素。因为，在科学研究中，不借助科学技术方法就不能获得科学认识；反之，离开科学技术方法，科学认识也无法发挥它自身的能动性。

（2）科学方法是导致科学发现的有效手段

科学探索的过程犹如在崎岖的山路上摸索和探险，没有好的行之有效的方法，必将遭受挫折甚至付出沉重的代价。在古代，科学之所以不能独立，就是因为没有自己独特的成熟研究方法。近代以后，由于特殊的自然科学方法的形成和发展，这种情况开始逐步改变，自然科学也才逐渐成为一个独立的社会部门。培根曾把科学方法比作在黑暗中照亮道路的明灯，比作条条路径中的路标。科学方法运用得当，就能正确反映客观规律，导致新的科

---

[1] 贝尔纳．科学研究的战略［G］//科学学译文．北京：科学出版社，1980：27．

学发现，否则将一事无成。

在科学史上，门捷列夫发现化学元素周期律，是与他运用分析综合的方法分不开的；爱因斯坦发现同时的相对性及等效原理，和他使用了理想实验、类比、直觉等方法分不开；德布罗伊发现物质波，和他运用了类比等方法分不开。相反，有些科学工作者由于没有正确地掌握某些方法，以至于当真理碰到鼻尖时也看不到。丹麦天文学家第谷，用了近 30 年的时间，对天文现象进行了精密的观测。他较好地掌握了观测等经验认识的方法，取得了大量精确的天文观测数据。但是，第谷不善于运用理论思维方法（如数学方法），因而在理论上没有多大建树，失去了对天文学理论发展的重大贡献。真正在理论上做出贡献的却是他的助手开普勒。开普勒善于理论思维，以逐次逼近的方法概括出了行星运动的三大定律。

（3）科学方法是推动科学发展的有力杠杆

科学方法的发展，既取决于科学研究的发展，又是推动科学研究发展的有力杠杆，两者互为条件、互相促进。巴甫洛夫曾说："科学是随着研究方法所获得的成就前进的。研究方法每前进一步，我们就更提高一步，随之在我们面前就开拓了一个充满种种新鲜事物的更辽阔的远景，因此，我们头等重要的任务乃是制定研究方法。"❶ 我们近代科学能够摆脱神学的羁绊，从自然哲学中独立出来，并且分化为不同的学科，主要在于科学方法已经形成并得到初步发展。现代科学的高度分化和高度综合也是科学方法发展到一定阶段的必然产物。

通过科学史的研究，人们发现许多科学发现和技术发明都是由于科学技术方法改进或进步而引起的。在科学技术发展中，科学发现和技术发明的成果固然重要，但科学技术方法的进步比科技成果本身更有价值。因为有了先进的科学技术方法，就可以使科学研究持续地、长久地开展下去，从而获得一系列新的、更多的成果。同时还应看到，并不是每一项科学发现和技术发明都具有方法论的价值，只有那些开创性的发现和发明才包含着可贵的科学方法论的价值，推动科学的巨大进步。

第三节　技术方法的基本特征

所谓技术方法，是指人类在技术实践中所利用的各种方法、程序、规则、技项的总称。技术方法是在技术与技术有关的活动中，利用技术知识与技能实现确定的技术目标或社会目的的具有突出的实践性的方法。

一、技术方法的性质和特点

1. 双重属性

技术方法既具有自然属性又具有社会属性，这是由技术固有的自然和社会的双重属性决定的。技术方法中，首先是对自然法则、自然规律的应用；其次是对社会规律的适应，必须考虑到各种社会因素和社会后果。例如，克隆技术是分子遗传学发展的产物，遵循分子遗传学的法则，但是克隆技术的使用最终要受到社会法律和伦理的限制，"克隆人"的研制就是决不允许的。

❶ 巴甫洛夫选集［M］．北京：科学出版社，1955：49．

2. 功利性与折中性

科学活动是为获得真理，技术活动重视的是实际效果，是主观愿意的实现，带有明显的功利性。技术方案或方法的实施，应当有效合理地利用资源和能源，要考虑经济的（投入产出的）合理化、环境及人的智能的合理化。如多重功能的设计可以使技术装备使用方便，节省空间，但是可能会增加成本，难以维修。所以技术方案或措施的选择，要根据具体应用条件进行适当的折中。

3. 多样性与专用性

为实现同一目的，人们可以寻找多个可相互替代的方案或方法，从中选择最优，同一性质的技术原理可以转化为多种类型的工艺方法与技术产品。

技术方法与装置还可以进行多样组合，技术方法与装置之间有多种多样的联系。技术方法又有专用性，不同的技术领域，技术问题对应着独特的技术方法，有时还会打上个人的烙印。因为在技术领域，个人的经验技能仍具有重要地位，是在长期的实践中摸索出来的，有着极强的个性，即使能够传授，学习者在短时间内仍无法熟练掌握这些技巧。

4. 目的性与可行性

技术是人们有目的地创造人工自然的活动，技术方法总是与人的一定目的相对应。例如，利用基因技术是为了改变生物的性能，材料学中的应力分析是为了研究和确定材料的强度。

但是，目的性离不开现实的可行性。例如，有没有一定的科学原理作依据，有没有现成的可供移植、改造的技术方法，有无经费支持，研究开发的时效性问题等。

二、技术方法的类型

技术方法存在着广泛性、多样性，有着多种类型，大致可分为具体技术方法和一般技术方法两类。

1. 具体方法

具体方法是指各门专业技术所使用的具体方法，如医学中的同位素示踪法，化工中的光谱分析法，金属冶炼中的氧化还原法，电解法、探矿、选矿中使用的地震波法、浮选法、重选法、磁选法，建筑模型中的模拟法等。这些通常是各个工程专业和各门工艺学要研究的内容。

2. 一般技术方法

一般研究方法是指各个工程技术领域都通用的方法，如实验法、试验法、选题法、情报资料搜集法、创造发明法、方案设计法等。

一般技术方法又分为两类：关于研究技术的一般方法和技术研究的一般方法。研究技术的一般方法是指对技术进行宏观性研究，如技术预测、技术规划、技术评估、技术转移的研究，以及技术哲学、技术社会学的研究中运用的方法，每种方法又包括多种具体方法，如专家判断法、参数分析法、类推法等。技术研究的一般方法是指在技术开发过程中，以“发明构思—方案设计—方案试验与实施”为主线所运用的一般方法，如智力激励、综合法、回采法等。技术研究的一般方法也可不按上述过程，可以将选题、方案设计、试验及实施这几个阶段的方法归纳为常规技术研究的一般方法，而将发明构思法单独列为非常规研究方法，因为它有破除常规，独创性的特点。

三、技术方法与科学方法的联系与区别

1. 联系

技术方法与科学方法是同一层次的方法，有很多共性：都是前人和他人成果应用，都有自己的实践基础，有确定的可操作性、规则性及研究对象和研究主体的适应性。在选题方面，都需要进行信息的收集和资料的调研，技术试验和科学实验都需要进行数据处理和结果分析；技术发明构思与科学假说的提出，都需要进行创造性思维，运用逻辑与非逻辑等多种思维方法。

2. 区别

1）科学方法是认识方法，是从以认识自然为目的的科学实践中总结概括出来的，并为科学认识服务的，它强调发现、反映、陈述自然过程和客观规律。技术方法是改造自然创造人工自然的实践方法，是以科学认识为背景、基础，从经利用、控制、改造自然为目的的实践活动中总结概括出来，为技术实践服务，强调发明，巧思创造人工物和人化过程，使主观见之于客观。

2）科学方法注重定理、定律、原理、学说的提出，崇尚理性，扬弃经验性认识，力求全面正确地把握客观对象，解释因果性和规律性。技术方法则重视规则、程序和手段，崇尚实践，重视经验，力求合理有效地解决问题，体现现实性。

3）科学方法强调从特殊到普遍，从整体到部分；技术方法强调从普遍到特殊，从要素到综合。科学实验是为了实现从经验到理论的过渡，通过归纳上升为假说，再上升到理论；技术试验是为了实现从理论到应用的过程，通过试验和试错提出技术方案，再对方案进行选择和优化。

4）科学方法的选择与社会体制、政治、人文艺术等的关系较远，而技术设计与方法却深受社会、民族、人文艺术和心理因素的影响，与人们的价值标准、伦理追求与美学观念的联系更为密切，这在医疗、生物工程、建筑技术的建构和开发中表现得尤为突出。

四、技术方法在技术活动中的作用

技术方法是技术活动的核心和灵魂，它的作用有以下几方面。

1）方法意识是从事技术研究的基础，在技术研究中具有普遍性。方法意识是对方法的深入理解，并时刻将运用方法和创造方法当作自己的内在习惯和自觉行为。具有方法意识的工程技术研究员遇到问题后会不断修改和创新更多的方法，创造性比较强。

2）技术方法是技术活动的手段。工具、器械、机器是技术活动的“硬手段”，而技术程序、方法等是“软手段”。“软手段”是技术主体与“硬手段”的中介，它与“硬手段”相互配合，共同成为实现技术目标的桥梁。

3）具体技术方法与一般技术方法相辅相成，组成一个完整体系。具体方法的使用以一般方法为指导，而具体方法的发展又为一般方法的发展提供原料；具体方法会不断丰富和完善一般技术方法，一般技术方法在指导具体实践时又会创造出大量具体技术方法。

4）技术方法在应用过程中也有一些缺陷。人们使用某种技术方法获得成功后，会沿用成习，思维沿着一条道走下去，形成思维定式，难以创新，造成技术系统滞后。例如，在

转炉炼钢法出现后，如果依然固守传统的平炉炼钢法，就必须造成技术方法及设备、工艺上的落后。

此外，不同行业都有一套自己的技术方法、术语，存在“各自为政”、无法统一的局面，一方面缺少有效的方法，另一方面又存在技术方法，设备、工艺上的重复现。要想扭转这种局面，应该加强管理及开展技术方法论方面的研究。

第七章　科学技术研究中的经验方法

科学技术研究活动是以自然客体为研究对象，从现象到本质、从个别到一般、从已知到未知，不断深入、不断发展的过程。为了更好地揭示自然界的规律性，遵循一定的方法是必不可少的。科学技术研究中的方法大体可分为两大类：经验方法和理论方法。从经验认识层次来说，科学问题、科研选题、科学观察和科学实验是具有代表性的科学方法。

第一节　科学问题

一、科学问题的内容及其分类

科学研究就是人们运用已有的知识、理论方法和仪器设备对未知的问题进行有目的的探索活动，是人们认识活动中的重要组成部分，科学问题在科学研究中占有重要地位。

1. 科学问题的规定

从认识论的角度看，所谓问题，就是一种已知与未知的结合体，或者说是已知与未知的交界。要具体地找出问题，实际上就是要找出未知与已知的关系。科学问题是指一定时代的科学认识主体在当时的知识背景下提出的关于科学认识和科学实践中需要解决而又未解决的矛盾，它包含着一定的求解目标和应答域，但尚无确定的答案。

从逻辑上讲，任何真正的问题都是有预设的。科学问题是在一定的背景知识之下提出的，绝对的无知是不可能导向知识的。只有从当时的科学认识和科学实践的水平出发才能提出有价值的科学问题。例如，德国数学家希耳伯特之所以能于 1900 年提出作为数学研究目标的 23 个问题，对当代数学的发展产生了重大影响，就是因为他的研究领域几乎遍及当时数学的各个重要分支且造诣很深，能够总揽全局、把握数学发展的动向。如果脱离当时的科学认识和科学实践水平，提出的问题则可能是虚幻的或无知的。

科学问题也是时代的产物，是由于时代所提供的知识背景决定着科学问题的内涵深度和解答途径。同一问题，在不同知识背景下，其内涵深度是不同的。比如，探索遗传的奥妙是一个古老的问题，在 19 世纪末的知识背景下，魏泽曼提出的是“种质”的问题，20 世纪初摩尔根提出的则是“基因”的问题，到了 20 世纪 50 年代，沃森和克里克则提出了生物大分子 DNA 的结构问题。显然，问题的内涵因知识背景的不同而有所变化。

除此之外，背景知识还制约着解决问题的途径。有些问题受目前认识和实践水平的限制，一时无法进行研究。这些问题还不能称为科学问题，只有在一定条件下，它才能转化为科学问题。例如，追溯宇宙的起源，是一个早已提出而未解决的问题。20 世纪以前，这主要是用神学进行解释的宇宙创生问题，直到 20 世纪 40 年代，加莫夫把广义相对论理论同宇宙演化结合起来，进一步又引入基本粒子理论和核物理理论加以研究，从而使宇宙起源变成一个科学问题。

2. 科学问题的结构

科学问题是有结构的。在科学问题中蕴涵着问题的指向、研究的目标和求解的应答域。应答域是指在问题的论述中所确定的阈限，并假定所提出问题的解必定在这个阈限之中。这意味着，在科学问题的结构中已经包含了问题求解的目标、预设的求解范围和方法。尽管这种预设仍是一种猜测，是可错的，但在科学探索过程中却能起定向和指导作用。其原因在于，这种包含应答域的科学问题，排除了许多不太相关的因素，能对解决问题提供明确的指向，有利于科学探索。威纳在 1948 年所提出的关于信息论如何发展的问题就是如此。他明确指出，“我们必须发展一个关于信息量的统计理论，在这个理论中，单位信息量就是对于具有相等概念的二中择一的事物作单一选择时所传递出去的信息。”❶ 威纳在这里提出了一个需要探索的科学问题，问题目标是发展一个关于信息量的统计理论。问题的应答域是应用统计理论和单位信息量的基本概念。

若问题只有求解目标而没有一定的应答域，则只是一般的疑问句，其求解范围是一个无所限定的全域。这样的问题很难成为科学问题。若一个科学问题预设的应答域是错误的，即问题的解不在所设定的应答域之内，它将会使人劳而无获。只有改换应答域，才可能获得成功。试图证明欧氏几何中的第五公设就是这样的案例。寻找第五公设的直接证明是数学史上持续了两千多年的科学问题。尽管前人在寻求证明的应答域中已多次失败，后人仍然坚信，只要改变证明方法，迟早会找到它的直接证明。许多数学家为此一无所获却仍不肯放弃，在已有的应答域中不能解脱。19 世纪初，俄国数学家罗巴切夫斯基对求证这一疑难问题的做法产生了怀疑。他大胆提出反问题，即第五公设不可证明，改变了应答域和问题的目标。他采用反证法，创立了非欧几何，为几何学开拓了新领域。事实说明科学问题中应答域设立得是否合理，直接决定该问题是否有解。

3. 科学问题的分类

根据科学问题的性质和研究的需要，对科学问题可以进行不同的分类。如根据学科的性质可以将问题分为基础理论问题和应用研究问题，根据问题在整个所要达到的目标中的地位可分为关键问题与一般问题等。

当代英国科学哲学家劳丹把科学问题分成经验问题与概念问题两大类。人们对所考察的自然事物感到新奇或企图进行解释就构成经验问题。经验问题可分为：①未解决的问题，即未被任何理论恰当解决的问题；②已解决的问题，即已被同一领域中所有理论都认为解决了的问题；③反常问题，即未被某一理论解决，仅被同一领域其他理论解决了的问题。一般来说，未解决的问题只能算是潜在的问题。当存在适当的理论和足够的实验条件来判定这个问题时，它才转化为实际问题。反常问题对某些理论的威胁最大，也更引起科学家的关注。概念问题分为内部概念问题和外部概念问题两种：内部概念问题是由理论内部的逻辑矛盾产生的；外部概念问题是指同一领域不同理论的矛盾，或理论与外部的哲学思想、文化传统等不一致产生的问题，例如科学家关于“时空”“因果性”“实在”等概念的争论均属于外部概念问题。

根据问题求解的类型也可以把科学问题划分为：①关于研究对象的识别与判定，回答

❶ 威纳．控制论［M］．北京：科学出版社，1985：10.

“是什么”的问题；②关于事物内在机理和规律性的研究，分析事物现象之间的因果关系，回答“为什么”的问题等；③关于研究对象的状态及运动转化过程，回答“是怎样”的问题等。问题指向的性质不同，求解的方法也可能不同。问题形式的分类，不是绝对不变的，各种形式可以相互转化。从不同角度对问题进行分类，是为了便于进行研究，便于对不同问题采取不同的解决方法。

二、科学问题的来源

科学技术问题来源于社会生产实践和科学技术实践，具体来说来源于以下几个方面。

1）观察、实验结果与原有理论的矛盾。当原有的理论不能解释新的现象、新的事实时，就产生了需要探讨的问题，这在科学史上是经常发生的现象。例如，电子的发现与传统的原子不可分的理论之间的矛盾、水星近日点进动与牛顿理论之间的矛盾等皆属此类。当对同一事物进行多方面的观察和实验，其实验结果从理论上无法做出同样的解释时，也会产生需要研究的科学问题。例如，20 世纪初，根据传统的光的波动理论无法对光的干涉、衍射现象与光电效应做出统一的解释时，就相应产生了新的科学问题。一旦取得理论上的重大突破，就会使科学研究又向前迈进一大步。

2）理论内部的逻辑悖论或佯谬。一种理论或一个概念，如果从中推出逻辑矛盾，那就表明其中存在需要进一步探讨的问题。数学中的无穷小悖论、罗素悖论，物理学、天文学中的双生子佯谬、引力佯谬等都是如此。悖论或佯谬往往蕴涵着重要的科学问题，它们的解决常引起科学理论的突破性进展。

3）不同学派、不同理论之间的争论。在同一学科中，对同一事物可以有不同学派、不同理论的解释，如天文学中的日心说与地心说、化学中的燃素说与氧化说、物理学中的波动说和粒子说、生物学中的种质说和体质说等。在不同学科之间，对某一现象的解释也会出现理论上的矛盾，如热力学第二定律与达尔文生物学进化论等。正是这些相互对立的派别、理论之间的争论，产生了大量的矛盾和问题，成为科学研究的动力机制，从而导致新理论、新学科的诞生。

4）个人兴趣、好奇心、审美意识。人的天性就是渴求知识，科学家尤其具有强烈的好奇心和探索精神。他们有时是出于个人兴趣或好奇心而研究某些问题，如有人专门研究蝎子尾巴，有人专门研究跳蚤。还有一些科学家是从审美意识提出问题。例如，爱因斯坦致力于广义相对论、统一场论的研究，很大程度上是追求理论的完美。

5）人们的各种需要同原有技术手段不能满足这些需要的矛盾。例如，工农业生产、社会生活、军备和战争等都提出了大量问题，这类实用性或技术性问题是应用研究和发展研究课题的基本来源。这些问题经过抽象、转化，也可以成为基础理论的问题。

科学技术问题还可以有其他来源，但归结起来，其来源不外乎两方面：一是生产、生活等社会实践，二是科学技术自身的发展。前者是“源”，后者是“流”。

三、科学技术研究活动始于问题

科学研究是创造性的探索活动，无论基础研究或应用研究都是为了解决尚未解决的问题，都是探索未知的过程。这种探索活动究竟应从哪儿开始呢?

传统的归纳主义科学观认为，科学研究始于观察，观察是科学发现的起点。如果说这种观点在前科学时期还有点道理的话，那么在经典科学发展时期，它就难以自圆其说了。特别是现代科学理论的诞生，更使这种观点漏洞百出。正是在这种形势下，西方科学哲学家波佩尔系统地提出了“科学始于问题，问题是科学发现的起点”的命题。他认为，把观察视为科学发现的起点，只是看到了科学家工作的表面现象，而没有洞察到科学进步和知识增长的本质。他明确指出富有成效的科学家一般是从问题开始的，问题始终是首要的，科学发现只能发端于问题。为此，他提出了以问题贯穿科学发展过程中的四段模式：问题1—试探性理论—消除错误—问题2……。波佩尔说：“科学和知识的增长永远始于问题，终于问题——愈来愈深化的问题，愈来愈能启发新问题的问题。”❶

坚持科学技术研究活动始于问题的理由在于以下方面。首先，从科学理论发展的总体过程看，只有发现了原有理论不能解决的问题，人们才会去修正、补充它，或者着手建立新理论。理论内部的佯谬和悖论的出现，引发人们提出问题。

其次，从科学技术研究的具体进程看，人们总是以问题为框架有选择地搜集事实材料，与问题无关的材料则不在科学认识主体中引起信息效应。有人强调科学研究起始于观察，但是只观察却提不出什么有意义的问题，也不会导致科学探索和科学发现。而且，也不能简单地认为问题是由观察产生的。准确地讲，问题产生于对知识背景的分析。仅有观察决不会产生问题，只有把观察与已有的知识比较时才可能产生问题，更何况科学问题的产生并不总是必然地要和某种观察相联系。马克思在《关于费尔巴哈的提纲》中曾经强调：“对事物、现实、感性，应当‘从主观方面去理解’，而不应当‘只是从客体的或者直观的形式去理解’”。正是通过主观提出问题、通过思维进行创造，才能导致真正的科学发现。因此，科学发现始于问题的命题，在某种程度体现了能动的反映论，而科学发现始于观察则带有狭隘经验论的味道。

再次，从科学技术研究本身的特点来看，科学技术研究是创造性的探索活动，是要解决尚未解决或尚未完全解决的问题。毛泽东同志说：“问题就是事物的矛盾。哪里有没有解决的矛盾，哪里就有问题。”❷ 问题就是矛盾，这就揭示了问题的实质。例如，吸烟者为什么易患肺癌？人的寿命为什么有长有短？白化病为什么会遗传，能否预防和根治？诸如此类都是矛盾，都是需要研究的起点。

波佩尔的观点得到许多直接从事科学技术研究活动的科学家的赞同。例如，爱因斯坦说：“提出问题往往比解决问题更重要，因为解决问题也许仅是一个数学上的或实验上的技巧而已。而提出新的问题、新的可能性，从新的角度去看旧问题，却需要有创造性的想象力，而且标志着科学的真正进步。”❸ 海森伯则认为，提出正确的问题往往等于解决了问题的大半。科学问题既是人类认识和实践的成果，又是人类进一步认识和实践的起点。确立问题就是确立了研究的目的、主攻的方向，也决定了研究过程的主要方式和方法。能够发现、提出和形成具有科学意义的问题，本身就是一个了不起的成就。善于提出科学问题是科技劳动者一种最重要的素质。牛顿在他的《光学》的末尾提出了31个尚需研究的问题。1900年，德国数学家希耳伯特站在当时数学研究的前沿，提出了23个问题，对20世纪数学发展产生了巨大的影响。爱因斯坦在几乎无人注意的惯性质量等于引力质量这一事实中，

❶ 波佩尔．猜想与反驳［M］．上海：上海译文出版社，1986：317.

❷ 毛泽东选集第3卷［M］．北京：人民出版社，1967：796.

❸ 爱因斯坦，英费尔德．物理学的进化［M］．上海：上海科学技术出版社，1962：66.

发现更深刻的问题，创立了广义相对论。只有提出问题，才能促动人们的好奇心，激发科学探索的兴趣。

有人说，问题是科学发现的起点不符合辩证唯物主义的认识论。这实际上是把认识过程从感性上升到理性的观点与科学研究从问题开始而导致发现的程序混为一谈了。“科学技术研究活动始于问题”与“认识以实践为基础”并不矛盾。前者着眼于科学技术研究的程序，是从方法论提出的命题；后者着眼于认识的来源，是从认识论提出的命题。二者属于不同的领域，实质是统一的。作为认识的一般过程，实践是认识的基础，科学认识归根结底产生于科学技术实践和生产实践。但作为认识的局部或个人的研究过程，情况就复杂多了。认识过程的每一步既是终点又是起点，科学问题既包含先前实践和认识的成果，又预示着进一步实践和认识的方向。“科学技术研究活动始于问题”并未否定“认识以实践为基础”，而是把一般的认识论原则在科学技术研究过程中具体化了。

第二节　科研选题

一、科研选题的步骤和意义

科研选题就是形成、选择和确定所要研究和解决的课题。课题是为了实现某个特定目标所需要研究的一个或一组科学技术问题。科研选题是科学技术研究的起始步骤和重要组成部分。

1. 选题的步骤

在选题开始时，首先要了解前人的工作和现实的需要，进行文献调研和实际考察。文献调研是为了考察前人对有关课题已作过的工作及其经验教训，以免重犯他人已指出的错误和重复他人已作过的研究。文献调研应查明有关专著和论文，并尽可能追溯其发展的历史，以便继承前人已有的研究成果，在新的起点上选择研究课题。

除了文献调研，还要考察现实的需要，了解所选课题是否属于科学理论发展或生产技术领域迫切需要解决的问题，估计其理论价值或社会和经济的效益。科学研究不仅需要提出有价值的问题，而且总是期望通过研究获得成功。因此，只对课题本身进行考察是不够的，还需要考察决定科学研究能否顺利进行的其他因素，如经费的来源、科研力量的配置、实验设备条件、协作情况等。对于技术课题还要考虑研制条件、测试条件、材料或元器件条件等。在文献调研和实际考察的基础上，再分析比较，综合概括出需要研究的课题。

在初步选出课题后，还要对课题进行初步论证，即对课题进行可行性研究，如建立模型进行初步计算，或围绕课题设计一些必要的实验。若有几个备选课题，则需要对计算和实验结果进行分析比较和筛选。在初步论证的基础上提出选题报告，然后经过评议，选出最佳课题。评议方式一般采用同行专家评审制。

综上所述，选题步骤一般是：文献调研和实际考察—提出选题—初步论证—评议和确定课题。选题过程是一个不断反馈调整的过程，常常需要反复调研和多次论证。

2. 选题的意义

科研选题在科学研究的全过程中具有战略意义。在科学问题中进行选择，比提出问题更复杂。因为选题必须要选择有科学价值的问题，而且还必须考虑可行性和合理性。课题选得正确与否，影响科研的全局，关系着科研过程的始终。因此著名科学家贝尔纳说："课题的形成和选择，无论作为外部的经济要求，抑或作为科学本身的要求，都是研究工作中最复杂的一个阶段。一般来说，提出课题比解决课题更困难，……所以评价和选择课题，便成了研究战略的起点。"❶

第一，选题是实现研究方向和目标的具体任务和内容，是研究过程中具有关键性的一步。例如，辅助循环是心脏学研究的方向，为实现这个大目标，就要通过反搏、左心室辅助装置、全人工心脏、心脏移植、驱动装置、生物或人工瓣膜等具体研究课题来完成。

第二，选题关系着研究成果的大小和成败。一项科学研究能否达到预期目的，因素繁多，既有客观因素，也有研究者的主观因素。而这些因素又异常复杂，但在一定意义上可以认为研究课题是否正确是关键性因素。研究者应依据客观条件充分估计主观力量，选择既有科学价值又能取得成功的研究项目。如果选题不当，科研就难以成功。科学的发展充分证明了这点，例如，牛顿一生中做出了诸多贡献，如在物理学中提出三大运动定律、万有引力定律，在数学中创立了微积分，在光学方面提出了粒子说等，这些成就绝大多数是在他 50 岁前取得的，其原因之一就是选择课题正确。但在他 50 岁以后的 30 年里，在科学上没有取得大的进展，主要原因是他受到唯心主义世界观和形而上学方法论的局限，渐渐堕入了僧侣主义迷雾中，将大部分精力和时间用到证明神秘的"第一推动"。无数事实表明，大到国家的科学规划，小到科研单位或个人的科学研究活动，要想取得较大成功，除了人员素质和必需的物质条件外，选题正确与否是非常关键的因素。古人很注重"慎始"。兵家言，"慎重初战"就是此意。

第三，选择有创见的科研课题，能保证科学研究的水平与价值，促进科学的进步和发展。科学的发展证明，有创见的科研课题对自然科学的发展有深远的、积极的影响。课题选得好，往往可以捷足先登，突破一点，带动全盘。海森伯曾说："一个提得富有成果的问题，即使已经找到了一个清楚的答案，但在以后时期中还会一而再，再而三地以新面貌出现。"❷ 遗传是科学界长期以来研究的课题。1944 年埃弗里提供了遗传特征是由脱氧核糖核酸（DNA）携带的证据。1953 年沃森和克里克通过解释威尔金斯的 X 射线衍射的资料，提出了 DNA 双螺旋结构模型，获得了 1962 年诺贝尔奖。美国遗传学家麦克林托克从 20 世纪 30 年代起研究玉米遗传基因，1951 年创立了崭新的"基因转座"的理论，认为遗传基因能够从一个细胞"跃迁"到另一个细胞。这一理论当时还未能为多数同行所接受。当 60 年代一些生物学家用电子计算机进行研究并证实这一理论后，麦氏才成为生物学界公认的科学先知，荣获了 1983 年诺贝尔生理或医学奖。此项研究持续了 32 年，人类开始揭开遗传基因活动转移的奥秘。在基因的研究方面，目前已开辟了一个基因工程的崭新领域，它将对世界的未来，无论是生物医学或工业、农业、牧业，都会发生重大影响。

第四，选题决定研究的途径和采用的方法。科学研究的题目不同，内容不同，所采用的方法及途径也不同。1984 年诺贝尔生理或医学奖获得者科勒和米尔斯坦，带着人体怎样产生抵抗外来物质的特异蛋白质这样一个问题，开始单克隆抗体的研究工作。他们培养的单克隆抗体与以前生产的抗体的不同之处在于：以前的抗体是分段培养的，数量少、生命短。他们现在把鼠细胞和人细胞融合，产生一种称为"杂交瘤"的细胞，然后让这种细胞

---

❶ 贝尔纳．科学研究的战略［G］//科学学译文集．北京：科学出版社，1980：28－29.

❷ 海森伯．严密自然科学基础近年来的变化［M］．上海：上海译文出版社，1978：60.

进行无性繁殖，即诱发产生大量抗感染的抗体。这项技术是20世纪70年代生物医学方面最重要的一项方法论，使得培养出的抗体杂交瘤数量比过去多1000倍，且生命长，不管抗体繁殖多少代也不会变种，达到了标准化。

第五，选题还能训练和培养研究人员的思维能力和独立工作能力。科学研究过程是一个多层次、多环节的复杂过程。各层次、各环节之间又相互联系、相互制约。选题虽是科研全过程的一个层次或一个环节，但与其他层次或环节是有机联系、密切相关的。因此，科研人员在选题时就要深谋远虑，预见到选题与其他层次之间的联系。即使在选题这一层次上也存在若干环节，如包括准备，课题的确定与排列，效果预测，课题的修正、补充及调整、更换等，这就要求科研人员有洞察力、决策能力及预见性，而这些能力正是在选题过程中得到训练和培养的。科学家都有体会，在科研中最难的、最需胆识的是选好合适的课题。一个有经验的科学家不同于一个新手，很重要的一点就在于他懂得什么问题值得研究及如何解决问题。由于选题是由已知判定未知、预测未知，不确定因素很多，所以需要研究者独具慧眼，并对相关知识背景有较为全面、透彻的了解。

二、科研选题的基本原则

由于科研选题重要而又复杂，应考虑因素很多，各类课题情况又不尽相同，因此，选题应遵循一些基本原则。

1. 需要性原则

需要是选题的前提和目的。选择课题应面向社会需要和科学技术自身发展的需要。社会生产及其他方面的需要是科学技术发展的根本动力。造福于人类是科技劳动者的天职。有志于科技事业的人，首先要从人类的生产和生活需要出发，选定自己的研究方向和课题。无数事实表明，基于社会需要的课题是最富有生命力的课题。科学技术自身发展的需要也是科研选题的丰富源泉。这些需要包括开拓科学技术新领域、更新科学技术理论、改进科学技术方法等。此类课题可引导人们研究和发现自然界的新现象和规律，为正确地认识和成功地改造世界提供理论依据。而且，其研究经过发展和转移，也将产生一定的实用价值。选题的需要性原则要求科研人员在选题时必须考虑它所产生的效益。要统筹兼顾，在注重其经济效益的同时，更要考虑其社会效益和环境效益，某些情况下后两方面更为重要。对一个课题，既要考虑它的当前效益、近期效益，还要考虑它的长远效益。此外，还要考虑跟踪世界高科技的需要，考虑参与国际科技竞争的需要。对涉及国计民生、影响重大的课题，在选题立项时尤其要深思熟虑，应尽力满足多方面的需要，切不可顾此失彼。

2. 创造性原则

创造性是科研的灵魂。一个课题是否有价值主要体现在创造性上。创造性原则要求课题本身具有先进性、新颖性。要发现别人没有揭示的现象和规律，或者发明前人没有提供的器物和工艺，或者完善现有的技术体系，而不应一味模仿或重复别人的研究。选择课题应力求在科学理论和技术应用、开发上有新思想、新创见、新发展和新突破。研究者应勇于开拓，努力到科学技术发展前沿去探索，应在矛盾的焦点和富有挑战性的难题中选题；应在知识的空白带、在各学科的连接点或生长点上选题。这几个方面的科研课题，往往带来理论或技术上的新进展。创造性原则的核心是创新，不论是理论、技术、方法或应用，只要有新意都有价值。但如果仅杜撰一些没有实质内容的新名词、新术语，或只是套用一些新理论、新形式来描述已有的现象而没有新的发现，“新瓶装旧酒”是不能算创新的。理论和方法的移植必须是以新发现、新创见、新突破为衡量标准，不符合这个标准就不具有创造性。强调创造性的同时，要注意不能好高骛远、妄图一步登天，而应稳扎稳打、步步为营。科学研究是一项艰苦的脑力劳动，要有所创造必须长期辛勤耕耘。研究者最初可以寻找最薄弱的环节或较为容易的课题作为突破口，旗开得胜后再逐步扩大战果。这样可以增强研究者的自信心，又为以后的深入研究打下坚实的基础。但这绝不等于可以投机取巧。讲究战略战术与畏惧困难、急功近利不可同日而语。在坚持创造性的前提下，注重易突破性是选题时应该提倡的。

3. **科学性原则**

科学性原则要求所选课题必须具有一定的科学理论或科学事实根据，要把课题置于当时的科学技术背景下，并使之成为在科学上可以成立和可以探讨的问题。就科学理论方面的依据而言，首先应考虑所选课题是否有权威性理论或已确证的理论作为基础。尽管任何理论都不可能是完善的，但经过长期验证的理论在一定的范围内是普适有效的。因此，选择这样的理论作为依据并注意到它的有效范围，选题的科学性是可以保证的。一般说来，明显与已确证的科学理论相违背的题目不应列入选题，除非确已发现了与该理论相矛盾的事实。如果毫无根据地把推翻或改变已确证的理论作为研究项目，那就失去了起码的科学性。以往对永动机的研制、对牛顿力学和相对论的批判等，都是失败的例子。当然选题要有理论依据并不排斥探索和提出新的、甚至与原有理论相反的理论，科学革命、技术革命往往就是对已有理论的突破。但这样做的时候，除了要有大量科学事实外，还要有其他一些原理的支持，绝不是什么理论根据都没有。此外，那种没有确切答案，既不能证实又不能证伪的玄学性问题也不应列为科研选题。至于那些为哗众取宠而提出的伪问题、伪科学理论，则更应摒弃。需要指出的是，科学问题与伪科学问题往往没有明确的界限，很难区分。这就要求研究者具有较高的科学素养和辨别能力。除科学理论依据外，选题要有充足的事实根据。毫无事实根据的题目不应作为选择对象，除非确有把握在研究过程中可以获取有关事实。虽然研究者开始时依据的事实是不完全的，也可能是错误的，但它仍然是深入研究的基础，可以靠不断获取新的事实来修正。总之，科研选题既要尊重所依据的科学技术理论和科学事实，又要随着基础事实和背景理论的改变而对所选题目进行调整。这正是坚持科学性原则所必需的。

4. **可行性原则**

可行性原则是指所选课题应与自己的主客观条件相适应，即根据已具备的或经过努力可以具备的主客观条件进行选题。主观条件指研究者的学术知识、研究能力、操作能力等素质。一个正确的选题首先应是适应自身条件的选题。研究者要考虑自己的知识结构和兴趣，衡量自己研究能力和操作能力。思维深刻的应选需深入钻研的理论课题，思路开阔的应选涉及面较宽但不很深的题目，动手能力强的可偏重实践性较强的课题。对于集体参加的课题，应考虑科学研究队伍的整体能力，如人才结构、人员素质、能力以及对课题的认识和研究兴趣等。客观条件主要指科研经费、实验手段、材料、图书情报资料以及研究期限等，还要考虑科研的外部环境、国家政策、学术交流等条件。除此之外，还应考虑相关学科的发展程度。当相关学科对某课题的研究还不能提供相当的支持时，课题的进展将十分艰难，甚至中途搁浅。总之，如果主观条件或客观条件不具备，无论多么诱人的题目也难以取得预期成果。当然，这绝不是说我们只能作条件的奴隶。可行性原则要求既要实事求是、不作脱离实际的空想，又要解放思想、充分发挥主观能动性、积极创造所需的条件。

5. *灵活性原则*

灵活性原则要求研究者应根据情况的变化适当地对课题进行调整或转换。一般说来，已选好的题目不要轻易改变。但在出现特殊情况时，审时度势、掌握时机，果断地调整或转换课题却不失为明智之举。这些特殊情况大致有如下几类；一是原来的研究条件丧失而出现了新的条件；二是内外部的干扰使课题研究难于按原计划进行；三是创造条件未果，虽经努力而仍未能创造出课题所必需的条件；四是别人已抢先解决了该问题，使课题研究失去意义；五是实验事实或理论依据发生变化，如原有的实验数据被否定或被修正，原有的理论被推翻或被取代；六是更佳机遇的出现或是发现更有价值能攻克的问题，适时地抓住机遇更换课题往往会导致重大发现，如 X 射线的发现、青霉素的发明都是如此；七是个人兴趣的转移，失去了主观上的奋斗动力。课题的灵活掌握、适时转换是重要的，但不可浅尝辄止、见异思迁、随意转换。科研需要执着的追求和坚持不懈的努力，成功往往在于"再坚持一下的努力之中"，知难而退、半途而废，可能会功亏一篑、前功尽弃。因此，正确地权衡课题转换的"度"，转换的时机、条件、必要性和可能性，是决定科研课题成败的关键。面临这种抉择，必须慎重，并采取积极的防范和补救措施。

上述选题原则是相互联系、相互制约的。虽然课题选择并无一成不变的格式和统一的方法，但在选题过程中，综合考虑上述基本原则，对指导正确选题具有普遍意义。

第三节　科学观察

科学研究是建立在大量感性材料的基础之上的，而观察是获取科学事实最基本的方法。生理学家巴甫洛夫曾说过："应该先学会观察，不学会观察，你就永远当不了科学家。"❶青霉素的发现者弗莱明也说过，他的唯一功劳是没有忽视观察。从这些话中，我们足可以看出观察在科学中的重要作用。

一、科学观察及其特点

观察作为科学认识过程中有目的的实践活动，是最普遍的实践方法，是科学研究中在经验层次上获取感性材料及科学事实的最重要手段，是认识主体深入到理论层次把握认识客体的前提条件，是形成、检验和发展科学假说与理论的实践基础。

科学研究的基础是什么？巴甫洛夫认为："不管鸟翼是多么完美，但如果不凭借空气，它是永远不会飞翔高空的，事实就是科学家的空气。"❷ 而观察则是获取科学事实的一种基本方法。所谓观察是指人们通过感官或借助一定的科学仪器有目的、有计划地考察和描述客观对象的方法，是获得有关研究对象的感性材料、从而获取科学事实的重要手段之一。在日常生活中，观察仅仅被理解为看、触、尝、嗅等。但在科学研究中，观察的含义还包括理解或从理性上领会的意思。

---

❶ 巴甫洛夫选集［M］. 北京：科学出版社，1955：114.

❷ 巴甫洛夫选集［M］. 北京：科学出版社，1955：31－32.

在自然发生的条件下，观察可以在对观察对象不加变革和控制的状态下进行。这个特点使观察方法具有非常广泛的应用领域和适用性，也使它与实验方法区别开来。在某些难于变革和研究对象难以控制的领域，如天文学、气象学、地质学和动植物分类学等，观察方法可以大显身手。而实验观察适用于可以人为干预的研究对象，它的主动探索性更强。

观察作为获取科学事实的重要方法，有五个特点。①观察是一种有目的、有意识的感性认识活动，属于科学实践活动。观察不同于日常生活中简单反射式的感觉，它是自觉的，不是盲目的；是主动的，不是被动的，因而观察具有选择性。②任何观察过程都包括观察对象和观察主体两个方面，是主体和客体相互作用的过程。观察者通过观察来认识事物，需要用自己已有的经验知识对感官输送来的感觉要素加以组织和概括。主体的经验或理论知识不同，观察结果也就不同。因此观察不是生理学的范畴，而是认识论的范畴。③任何观察都离不开语言。一个观察结果，就是对观察对象的陈述，而陈述则必须运用某种语言。恰当的语言符号系统可以准确而清晰地描述观察事实。④观察要受到主体和客体的局限。在主体方面，感官都有一定的感觉阈值，只能接受有限范围的自然信息，感官有时会产生错觉，同时感官的感觉灵敏度和反应速度也都是有限的。在客体方面，主要因素往往被次要因素所干扰。由于环境和位置的限制，存在某些障碍，如对太空的观察常受大气层的阻碍；某些稍纵即逝的现象或过程不易观察，观察主体和观察客体的这些局限使观察方法的运用受到一定限制。⑤由于第④条原因，现代的观察中仪器的重要性日益突出。仪器作为感官的延长和补充，在广度和深度上都极大地提高了人类的观察能力，在很大程度上排除感官的错觉，扩大感觉的范围，为观察提供客观的计量标准和准确的记录手段。主体、客体的局限使间接观察成为重要的方式。对某些难以直接观察的客体，可通过与它有内在联系、可以直接观测的现象和属性来间接地确定其存在及其状态。例如，汤姆孙关于电子的发现，就是通过对电子荷质比的测定而完成的。

二、科学观察的基本类型

1. 从观察进行的方式看，可以分为直接观察和间接观察

人类认识自然界起始于直接观察，随着生产力水平的提高，开始出现了仪器和观察工具，从而延长了人的感官，使观察方法从直接观察发展到间接观察。所谓的直接观察是指靠人的感官直接对研究对象进行描述的方法。这种方法能对客观对象发生直接作用，可以避免因中间环节产生误差而影响观察结果，且观察起来比较方便，随时可以进行。但是，直接观察受到感官阈值的限制。我们的视觉、听觉都有一定的限制。我们只能听到 20Hz ~ 20kHz 的声音，看不到红外光和紫外光，感觉的灵敏度也不确定，反应速度也是有限的，这些都制约了观察的结果。

事实上，科学史上的许多重大发现都是借助于仪器和工具获得的，这就是间接观察。间接观察可以扩大观察者的感觉范围。1608 年，伽利略制成了第一架望远镜，使天文学获得了许多新的发现，如月亮的“环形山”、木星的卫星、金星的圆缺变化等。显微镜的问世又使人打开了微观世界的窗口，发现了细胞、细菌等微小生物体。间接观察提高了观察的精确度，可以排除错觉。以前，人们认为马快跑时是双蹄并前，但有了高速摄像机后，通过放慢镜头，发现并非如此。但是同时，仪器虽然可以帮助人们扩大感觉范围，提高观察精度，可是仪器也不是万能的，对千变万化的客观世界，仪器也有局限性。如光学望远镜

就难以看到百亿光年距离的星体，有些仪器受附属设备和环境的影响，容易出现观察误差。

2. *从观察描述的结果看，可以分为定性观察和定量观察*

定性观察也称质的观察，是指对观察对象进行性质和特征方面的描述。这是观察方法中最基本的要求，它是进一步研究的基础和起点。这种观察在动植物分类学、地理学、传统生物学等学科中应用广泛。例如，观察植物的生长情况看是否要施肥，观察云的分布情况看是否要下雨等。

定量观察又称为观测和测量，是指对观察对象的位置远近、体积大小、运动速度、构成比例等观测，其目的在于深刻地、精确地认识事物的规定性及其与数量的关系。这种观测在天文学、物理学及技术科学中应用广泛。

事实上，在实际工作中，定性观察和定量观察往往要同时使用，不可分。因为质的研究中有量的因素作为基础，量的研究必然要上升为质的认识。

3. *从观察的指向性来看，可以分为定向观察和随机观察*

定向观察则又称为主动观察，是指按照既定的目的进行的观察。随机观察又称为被动观察，是指在执行已定的科学研究计划过程中，对意外出现的某种特殊现象所进行的观察。随机观察又分为完全随机观察和部分随机观察。科学史上，许多重大发现是在无意中获得的。例如，阿基米德发现浮力定律、伦琴发现 X 射线等，都是研究者事先在没有思想准备的情况下偶然获得的。

此外，从观察者所处的空间位置看，可以分为地面观察和空间观察。地面观察是指观察者在地球表面上进行观察；空间观察是指观察者在太空中进行的观察，如军事间谍卫星、气象卫星、侦察飞机等进行的观察。

三、科学观察的作用和局限

观察在科学研究中具有重要的作用。贝弗里奇曾经认为，在研究工作中养成良好的观察习惯比有大量学术知识更为重要，这种说法并不过分。许多科学成果就直接来源于观察中的新发现。观察所得的科学事实为进一步研究奠定了基础。观察对检验科学假说、发展科学理论也具有决定性的意义，并为支持或反驳某一假说提供事实根据。著名物理学家、量子理论的创始人普朗克也曾说：“物理学的各种定律是怎么发现的？……唯一可能的途径是致力于对自然界的观察。”[1]

1. *观察方法是获得研究对象原始信息和感性材料的基本途径*

科学观察是科学实践过程的最初阶段，是科学研究的基本方法，特别是天文学、地质学、矿物学和生物学等学科，往往把科学观察作为最基本的一种研究方法。例如，丹麦天文学家第谷通过近 30 年的天文观察，积累了大量的数据和资料，后来，开普勒正是在这个基础上提出了行星运行规律理论。意大利物理学家伽利略在 1510 年 1 月间，根据对木星周围卫星相对位置变化的详细观察，做出了木星有 4 颗卫星的结论（现在已发现多达 14 颗）。今天，尽管科学技术已发展到现代化的高层次、高科技阶段，但科学观察方法仍然在发挥着重要的作用。正如马克思所说的，研究必须充分地占有材料，分析它的各种发展形式，

---

[1] 关士续．科学认识的方法［M］．哈尔滨：黑龙江人民出版社，1984：22.

探寻这些形式的内在联系。只有这项工作完成以后，现实的运动才能适当地描述出来。

2. 观察方法具有制定科学假说和验证科学理论的作用

我们知道，科学理论的建立要依赖一定的科学事实，但是，科学理论一经建立，它是否具有真理性，必须由更多的科学事实来检验。正如爱因斯坦所说："理论所以能够成立，其根据就在于它同大量的单个观察关联着，而理论的'真理性'也正在于此"。❶ 以观察到的事实来检验某个假说、理论，这种观察就是验证性观察。科学史上，许多科学假说的判定和某些科学理论的验证，都是借助于科学观察实现的。例如，20 世纪的三大天文观测：水星近日点的进动、光线在引力场中的弯曲、光谱在引力场中的红移，就是对广义相对论所提出预言的科学验证。

3. 观察方法可以直接导致科学上的重大发现，为科学开辟新的研究方向和领域

科学观察，不仅可以加深人们对已知事物的认识，并且还可以直接导致新的重大科学发现，使人们对尚未知晓或未曾预料的新事物、新现象有所认识。例如，生物学中的 DNA 双螺旋结构，就是借助直接观察后才发现的。

尽管观察方法具有多种作用，但也具有一定的局限性。第一，由于利用此方法是在自然条件下，并且对被研究对象不加控制或干预，因此，科学观察方法就只能在有限的范围内发挥作用。第二，此方法一般只适用于那些能够重复出现，或变化不太急剧的自然现象和过程，而对于那些瞬息间有较大变化或难以再重复的现象和过程，则不宜采用。即使采用后，所得到的结果的可靠程度亦难以把握。第三，观察方法只能提供观察对象整体的表面的知识，而对于某些自然现象和事物以及它们之间的相互联系，单凭观察方法是不够的，需要同时运用实验方法，借助于理论思维，才能收到令人满意的结果。正因为如此，恩格斯曾说："单凭观察所得的经验，是决不能充分证明必然性的。"❷

四、运用科学观察方法所应遵循的基本原则

运用观察方法进行科学研究，是一个复杂的认识过程。在这个过程中，要想获得关于研究对象的准确、可靠、全面、真实的材料，充分发挥观察方法在科学研究中的作用，就必须遵循一些基本的原则。这些原则是对科学观察的经验总结。

1. 客观性原则

所谓客观性原则，就是要求在观察中获得关于研究对象的真实、准确的科学事实。而要做到这一点，就必须采取实事求是的态度，如实地反映客观对象。客观地观察、客观地记录、客观地分析、客观地报告。为此，我们必须做到如下几点。

（1）要排除假象和错觉的干扰

假相往往掩盖真相，歪曲地表现事物的本质。例如，在地球上的人们看来，太阳每日东升西落，似乎太阳在围绕地球旋转，这是一种直观的假相，它掩盖了地球围绕太阳旋转的真相。

错觉也是对客观事物的不正确反映，它的产生与感官的局限性及观察者的心理因素有关。例如，人类的视觉，在客观对象的刺激作用消失后，会产生后像，其颜色过渡为补色。

❶ 爱因斯坦文集第 1 卷［M］. 北京：商务印书馆，1976：115.

❷ 马克思恩格斯选集第 3 卷［M］. 北京：人民出版社，1972：549.

像风声鹤唳、草木皆兵、杯弓蛇影，则与人的心理因素有关，也都是错觉。

由于客观世界的复杂性和多样性，在观察中总是假相与真相交织、正确的感觉和错觉并生。那么，如何才能排除假相和错觉对观察的干扰呢？一是要借助于仪器，变换观察的角度，反复地观察、全方位地观察；二是要借助于理论思维，进行缜密地逻辑分析，方能识破假相，免生错觉，获得关于客观对象的真实信息。

（2）坚持客观性原则，要排除先入为主的干扰

所谓先入为主，就是从主观愿望出发，从自己以往的经验出发，去进行观察，去影响观察。当然，科学观察都有目的性。在此，我们不是要否定目的性，而是要尽量客观地对待观察过程和观察结果。不能只对自己希望看到的现象和结果感兴趣，而对自己不需要的东西视而不见、无动于衷。这样会丧失观察的客观性。著名科学社会学家贝尔纳曾说过，“过于相信自己理论和设想的人，不仅不适于做出新发现，而且会做很坏的观察。”例如，尽管爱迪生一生有许多发明，享尽各种荣誉，但由于他一直研究直流电，就形成了一种偏见。当特斯拉发明交流发电机后，爱迪生不仅没有适时改变，反而固执己见，压制交流电的推广使用。由此可见，在观察中克服先入为主的干扰是多么的重要。

（3）坚持客观性原则，要注意观察每一个细节

从前面的论述可见，准确地观察细节非常难，即使受过很好训练的人，也常常会忽视一些细节。然而，关键性的细节在科学研究中又是如此的重要，它往往是通向成功殿堂的入口。如果没有弗莱明对葡萄球菌减少细节的观察，就没有青霉素的发现；如果没有韦格纳对世界地图细节的观察，也就没有板块学说。因此，在科学观察中，我们一定要把握细节，要有洞察秋毫的敏锐，要像美国未来学家托夫勒那样，“能够听到小草拔节的声音。”同时要注意，不能把观察到的现象与自己对现象的看法混为一谈。

（4）坚持客观性原则，必须要有准确而周密的记录

准确而周密的记录是客观性原则的内在要求。为此，必须把观察事实及时地、原原本本地记录下来，不能加任何主观猜想，更不能臆造一些不存在的事实。记录要采用规范的术语、特定的符号、标准的计量单位，字迹要工整。不但自己能看懂，别人也要看得懂。要按照事物固有的顺序记录，不能杂乱无章，随意颠倒。这是保证观察结论正确的基础工作。

科学史上，凭借准确周密的观察记录而导致重大发现者大有人在。丹麦的第谷观测行星运行16年，也准确周密地记录了16年，为开普勒发现行星运动规律奠定了基础。

（5）坚持客观性原则，要慎重对待观察结果

一个研究者，一定要实事求是，一切以科学事实为根据，客观公正地对待观察结果。不能固执己见、抱残守缺、孤芳自赏，应该根据观察事实，及时调整自己的观点。赫胥黎说：“我要做的是教我的愿望符合事实，而不是企图让事实与我的愿望调和。我要像一个小学生那样，在事实面前，准备放弃一切先入之见，恭恭敬敬地照着大自然指的路走，否则就将一无所成。”❶

我们还应该知道，即使靠老老实实规范地观察得来的科学事实，也要慎重对待，因为这种事实也可能是虚假的。20世纪初，法国科学院院士、南锡大学教授布隆德洛教授在研究X射线的时候，发现作用在电火花上的辐射在通过一个石英棱镜时发生了折射。当时人

❶ 贝弗里奇．科学研究的艺术［M］．北京：科学出版社，1979：53．

们认为 X 射线通过这种棱镜是不会折射的，所以他由此推想，使火花亮度有明显增加的是某种未知辐射，他用自己所在学校的校名的第一个字母来命名这种射线，称为 N 射线。它引起法国物理学界的狂热追捧，包括诺贝尔奖得主贝克勒耳在内的众多学者纷纷跟进。1904 年上半年，仅法国科学院院刊就发表了 54 篇关于 N 射线的论文。但在法国之外，竟然没有一个人发现这种射线。后来，美国物理学家伍德证明 N 射线纯属子虚乌有。布隆德洛把自己的主观判断当作客观事实，而其他法国物理学家则出于一种民族自豪感而附和布隆德洛，从而制造出了这幕自欺欺人的闹剧。

1888 年巴斯德在一份请人代读的演讲词中说："当你相信自己已经发现了一项重要的科学事实，并热切地希望将它发表时，要将你自己克制几天、几周，有时甚至几年；要与自己斗争，想方设法推翻自己的实验。只有在一切相反的假说统统消除之后，才将你的发现宣布。这样做是很艰难的，但又是必需的。"

由此可见，观察的客观性原则，不仅要求观察者树立求真、求实的科学精神，而且要求观察者不为名利所动的良好职业道德；同时，还要求观察者必须严格遵守科学观察的程序，耐心观察，真实记录，认真分析，客观报告。

2. 全面性、系统性原则

所谓全面性原则，就是尽可能地从多方面观察自然现象。只有把握着观察对象的存在条件，把握着它的各种因素、各种关系、各种规定、各种表现形态，以及它们在时间上的更替和空间上的分布等，才能为我们把握事物的本质奠定坚实的基础。列宁指出："要真正地认识事物，就必须把握、研究它的一切方面、一切联系和'中介'。我们决不会完全地做到这一点，但是全面性的要求可以使我们防止错误和防止僵化。"❶

所谓系统性原则，就是在观察中力求系统、连续、完整，不能随意中断。有的观察对象，要求严格进行定时、定点观察，更是随意不得，如气象观察、同位素的示踪观察等。保持观察的系统性，是保持观察资料具有科学价值的内在要求。

例如，达尔文创作《物种起源》、竺可桢创作《物候学》，都是科学研究上坚持长期、全面、系统、详细观察的典范。美国斯坦福大学心理学教授特尔门，为了研究超常儿童的智力发展，追踪了几十年，他去世之后，他的助手又追踪了几十年，前后达 50 年之久。

在科学史上，因为不能坚持系统地观察，从而丧失重大发现的案例也是有的。例如，伽利略在 1611 年发现了太阳黑子，但害怕得罪教会，没有公布。他继续观察，发现太阳黑子群位置有所变动，好像太阳本身在转动。后来，他发现了一个黑子群在太阳西边的边缘上停留了一段时间才消失，然后在太阳的东部边缘上出现，最后恢复原位。这种现象导致他得出这样的结论：太阳本身在转动，旋转一周为 25 ~ 27 天。到此，他就停止了观察。他若继续观察，就会发现太阳黑子会越来越少，进而发现太阳黑子活动的周期性。德国科学家施瓦布则完成了这一任务，被人们誉为最有耐心的观察者之一。

3. 典型性原则（对象和环境）

由于自然界的普遍联系和永恒发展，使得同一类型的事物的表现都不尽相同。因此，运用观察方法时必须注意选择典型的对象和环境。选择典型的观察对象，一是要简明，二是要有代表性。例如，我们研究石灰岩地貌，到广西观察比较好；研究黄土地貌，陕北比

---

❶ 列宁选集第 4 卷［M］. 北京：人民出版社，1992：453.

较好；风蚀地貌，甘肃、新疆比较好。

1909 年美国遗传学家摩尔根选择果蝇作为典型对象，研究生物的遗传现象。果蝇体型小传代时间短，染色体数量比门德尔观察的豌豆要少。通过对果蝇的观察，对门德尔的遗传理论推进了一步，创立了遗传学的基因理论。

虽然果蝇是研究细胞遗传学的理想对象，但却不是研究基因的最佳物体，因为它的每个性状都由两个基因决定，显性基因通常会掩盖隐性基因，不便于直观地进行观察研究。所以，又有人选择更典型的红色面包霉等微生物替代果蝇作基因研究。微生物在这方面具有很多优点，如容易培养、结构简单、繁殖迅速、遗传变异明显。这样，又大大推进了人类对基因本质及其遗传方式的认识，逐步形成了分子生物学这门新的学科。

选择典型的环境，避免环境因素对观察对象的影响也很重要。例如，天文观察地点最好选在远离城市的地方，避免城市夜光的干扰；为了增强能见度，常常将天文台建在高山上，南京紫金山天文台就建在海拔 276m 高的山上，避开了建筑物的遮挡。观测宇宙射线对环境的要求就更严格。因为宇宙中的原始粒子到了大气层中就会发生变化，变成次级粒子，能量减少，所以将观测仪器安装在高山上比较好。1953 年，我国在云南惠阳区建了一座宇宙射线观测站；1977 年，又在西藏海拔 5500m 的山上建立了一座新的宇宙射线观测站。

第四节　科学实验

科学对自然界的认识开始于观察，通过观察去搜集有关自然界的信息。实验则可以认为地创造条件，促使认识所需要的信息出现。巴甫洛夫说："实验好像是把各种现象拿在自己的手中，并时而把这一现象、把那一现象纳入实验的进程，从而在人为的简化的组合中确定现象间的真实联系。换句话说，观察挑选自然提供的东西，而实验则从自然那里把握它想把握的东西。"[1] 所以，为了更加有效、更加深入地认识自然，除了潜心观察大自然的奇迹，我们还得进行科学的实验。

一、科学实验的内容及其特点

科学实验是指人们根据一定的科学研究目的、运用一定的物质手段（科学仪器和设备）、在人为控制或变革客观事物的条件下获得科学事实的方法。实验是观察方法的重大发展，观察结果一般地说仅仅局限于描述自然事物现象层面，而实验则可以根据人的主观愿望来变革自然，从而揭示自然的本质。实验比观察更能发挥人的主观能动性，获得更多的科学事实。

实验是有结构的，构成实验的三个基本要素是实验者、实验手段和实验对象。实验者作为实验活动的主体，是首要的能动因素。实验者的科学知识、经验和实验技能的高低，对实验水平有着重大的影响。实验手段是实验者使用的多种相互配合的实验仪器和工具的总和。实验手段是科学实验发展水平的重要标志，是实验成败的关键。实验对象是实验者所要认识的对象，是可观察的自然客体的一部分，是经过精心选择的部分。实验对象既可以是自然状态的，也可以是人为加工过的。以上三个要素是一切类型实验所共同具备的。

---

[1] 巴甫洛夫选集［M］. 北京：科学出版社，1955：115.

但不同的实验，其要素各有特征。实验结构就是实验三要素相互联系、相互作用的基本方式。在任何科学实验中，如何形成合理的实验结构，对提高实验水平、进行富有成果的科学探索有着决定性的意义。因此，强调实验结构的整体性、系统性是现代科学实验方法的一次重大突破，它使自然科学的发展走上了新的阶段。

同观察相比较，实验方法有着许多自身的特点。

1. **能动性**

在科学研究中，为了获取经验材料仅仅靠科学观察是不够的。观察仅仅是采集自然现象的所提供的东西，而实验则是从自然现象中提取它所愿望的东西。因此，从这个意义上说，实验更能体现人类的主观能动性。实验方法可以突破自然条件的限制，人为地干预自然、变革自然，从而使自然更容易“暴露”出它的秘密。对那些直接观察不到的现象，人们可以运用实验仪器和设备通过科学实验去发现；对于自然界还没有出现的东西，可以有意识地进行人工创造，使它呈现在我们眼前。科学实验使人的聪明才智和科学仪器的作用巧妙地结合起来，是一种能够充分发挥人的主观能动性的科学实践活动。实验的本质就在于它是一种能动的实践；实验的特点就在于它是通过人的实践引起自然界的改变，再从自然界的改变中去认识自然。正如恩格斯所说：“但凭观察所得的经验，是绝不能充分证明必然性的……但是，必然性的证明，是在人类活动中，在实验中，在劳动中。”[1]

2. **精确性**

实验的研究过程中，需要运用多种专门仪器和工具，被研究的对象一般是被“量化”规定了的对象。实验的过程和操作程序，其中每一阶段或每一步骤，都严格地处在实验者的监控或干预之下。因此，能及时和准确地把握实验客体的各方面情况，较易抓住研究对象中内在的、本质的必然联系。从这一点上看，实验方法要比观察方法精确得多。在物理学、化学和生物学等研究中，广泛地应用实验这一方法。

3. **可重复性**

自然界发生的各种现象和过程往往是瞬间的事情，因而不易进行观察和测量。有些现象又由于涉及边际条件过多，又不易把握。而科学实验大多是在实验室中进行的，在相同条件下，可以利用同样材料进行多次反复实验，并能运用各种手段和措施创造出特定的研究环境，从而使研究的客体和过程以纯粹的形态反复地显示出来，研究者便能揭示出研究对象的本质和规律，取得有价值的科研成果。

二、科学实验的基本类型

科学实验的类型是多种多样的，其分类的原则和标准也不尽相同。但归纳起来，主要有下面几种。

1. **按实验性质和结果划分**

（1）定性实验

定性实验是指测定实验对象具有什么性质及其组成成分的实验。其目的在于判定某种因素是否存在，各因素之间是否具有某种联系，某种因素是否起作用。定性实验是定量实

---

[1] 恩格斯. 自然辩证法［M］. 北京：人民出版社，1971：207.

验的基础和前提。

（2）定量实验

定量实验是指测定实验对象某方面的数值（加强度、长度、速度、温度、pH 等），或求某些因素间数量关系的经验公式的实验。通过用精确的数量指标，测定出对象诸因素的多寡、大小，诸因素之间的数量比例关系和反映此种关系的公式、定律等。科学实验只有通过精确严密的定量研究和定量表达，才能为科学理论提供可靠的依据。例如，在化学实验中，测定化学元素的原子量，确定化合物的定量组成和化学反应过程中某元素的消耗量；在物理实验中，测定物理常数与物理特性，如熔点、沸点、冰点、电导率、磁导率等；在生物、医学实验中，测定生物代谢率、各种生物指标以及各类药物的剂量等。

（3）结构分析实验

结构分析实验是指测量研究对象的空间结构状况和对这种结构状况进行分析的实验。例如，在化学研究中，发现有机化合物存在着同分异构现象，因此，要正确认识这些化合物的性质，就不仅要测出它们的化学组成，而且还要测出它们的原子或原子团的空间配置。DNA 双螺旋结构的发现和苯结构的实验，就属于结构分析实验。

2. 按实验在科学研究中的作用划分

（1）析因实验

析因实验是指从已知结果寻找未知原因的实验。主要是采用层层分析、步步深入的方法，从外部现象或发展结果去分析和寻找其内部缘由，如探讨事物的动因、成因、病因的实验等。由于科学研究探索自然界各种事物或现象间的因果关系，所以析因实验广泛地被各门学科普遍地采用。

（2）对照实验

对照实验也称为比较实验，是指运用比较方法，安排两个或两个以上的实验对照组，通过一定的实验步骤，确定某种因素与研究对象的关系的实验。对照实验在科学研究中是最常用、最常见的一种实验。尤其在生物学实验中，经常要用“实验组”和“对照组”方法，通过增加或抽出某一因素而产生的结果，在对比中鉴定该因素对事物的影响。

（3）中间实验

中间实验是指科学研究已取得初步成效、准备推广应用前进行的模拟生产条件的实验。中间实验是由纯粹实验向生产实践推广应用的一种过渡性实验。在工程建设中为了检验设计方案或准备批量生产而预先进行的实验，便属此种实验。借助这种实验，以便对该项目的经济指标或技术指标做出鉴定与判断，从而确定科研成果用于生产实践的可行性和科学价值。

（4）模拟实验

如物理模拟实验，即从物理过程上建立与原型相似的模型，以演示并把握对象的物理特征。数学模拟则是根据各因素间的数学关系而建立一组表达这一关系的方程式，并通过解释运算结果的物理意义来表达对象的性质与特征。此种方法在科学研究中具有较大的价值，如今已被广泛应用于工程技术、航天技术及物理学研究之中。

值得提及的是，上述对实验方法的分类划归并不是绝对的，今后，随着生产的发展和科学技术的进步，实验方法的形式和内容会更加丰富多彩。

三、科学实验方法的作用

就科学认识的总体过程而言，实验方法在科学认识中的一般性作用表现在以下三个方面。

1. 实验方法是探索自然界的重要通道

自然界中的事物错综复杂、瞬息万变，通过观察往往仅能提供给我们对自然表层的认识，而自然的规律常常是隐藏在其背后的，实验则可以人为地控制和变革客观事物及过程，强迫自然揭去其层层面纱，暴露出本来面貌。毛泽东在《实践论》中鲜明地指出："如果要直接地认识某种或某些事物，便只有亲身参加于变革现实、变革某种或某些事物的实践的斗争中，才能触到那种或那些事物的现象，也只有在亲身参加变革现实的实践的斗争中，才能暴露那种或那些事物的本质而理解它们。"如果你想要知道梨子的味道，你便要亲口尝一尝。所以，人类要想认识自然，必须要通过科学实践，这是探索自然的一条重要通道。

2. 实验方法是检验科学认识真理性的标准

"实践是检验真理的唯一标准"。科学认识成果是否正确，除了逻辑证明，科学实验是验证科学认识成果的基本方法。在科学发展中，通过科学实验检验的假说，获得了能够成立的客观依据，才能上升为理论。例如，法国著名的微生物学家巴斯德为了证实胚种论，即微生物不可能在短时期内由其他物质变成，微生物只能通过微生物繁殖而产生，空气中可能有一种能产生微生物的胚种，亲自前往阿尔卑斯山，在平原、山峰上做了细致的实验，证明了空气中确有胚种存在。法国科学院认为巴斯德"利用最精确的实验，扫清生物自生这个问题的疑云。"反之，那些没有通过科学实验检验的假说则会被抛弃。科学实验本身既为判定知识真理性的提供了标准，又为科学的进步开辟了道路。例如，法国化学家拉瓦锡做的煅烧金属实验对推翻燃素说、建立氧化学说起了重要作用。实验前，他分别称了金属和整个容器的重量；实验后，他发现金属的增重刚好等于容器内空气的减重，确认煅烧前后总的重量不变。因此，拉瓦锡指出燃烧就是物体同空气化合。最后，发现这种气体是氧气，引起了一次化学大革命。

3. 实验方法是推动科学技术发展的强有力手段

科学实验不仅是检验科学知识的重要手段，也是知识增长的重要源泉。没有实验来揭示新事实、新现象，任何天才的头脑也无法凭空建立一个新的理论。科学史上，许多开创性的贡献都源于大量的、精确的实验。例如，著名生物学家门德尔一生绝大部分时间都是在修道院内的植物园中度过的，他用 8 年时间做了大规模精确的实验，并努力探索实验结果的数量关系，最后发现了门德尔规律。牛顿也认为，探求事物属性的准确方法只能是从实验中把它们推导出来。

对具体的科学认识过程而言，实验方法所具有的特殊作用表现在以下四个方面。

1. 简化、纯化作用

科学研究的对象是复杂的，各种事物互相联系、互相作用、互相交织在一起。即使是同一对象，也往往具有多种形态，其本质也常常被各种非本质的表面现象所掩盖。因此，单纯凭经验观察是不易搞清和发现其中起主导作用的因素的。但采用实验方法，便能借助于精密的仪器和设备，根据研究的目的来严格控制各种条件，把自然过程和生产过程加以简化和纯化，排除偶然因素、次要因素和外界环境因素的干扰，把要考察的某一方面暂时分离、独立出来，在单纯的情况下对其进行分析和研究，从而使对象的某一属性和联系能鲜明地呈现出来。正如马克思所说：“物理学家是在自然过程表现得最确实、最少受干扰的地方考察自然过程的，或者，如有可能，是在保证过程从其纯粹形态进行的条件下从事实验的。”[1] 这样，经过多次的重复实验，便可以揭示出实验对象的本质及其客观规律性。

2. 强化、极化作用

利用实验方法可使研究对象按一定方向处于某种强化状态，使其不明显的因素明显起来，较隐蔽的因素突现出来，甚至使在常态下根本不可能出现的因素呈现出来。例如，人们可以利用超高温、超高压、超高真空、超低温、超磁场强度、高纯度等强化状态，使在自然条件下不易暴露的某一特性或规律暴露出来，从而为科学研究提供丰富的感性材料，以揭示事物的内在本质。例如，卢瑟福为了认识 α 粒子受激发后光通过其光谱的性质，借助于特制的双层玻璃管和在两层管间造成的真空条件而实现的；阴极射线的发现则是利用盖斯勒制成的“盖斯勒真空管”这种特殊装置完成的。正是实验可以创造各种特殊的或极端的条件，使我们的认识得以扩展和深化。

3. 重复再现作用

任何实验，都可以在相同条件下，多次重复进行。对有些不易捕捉、转瞬即逝的自然现象，也可通过实验模拟方法使其再现，从而可以间接地掌握和了解这一现象或过程的本质和规律。例如，自然界中的某些事物寿命极短，一些“共振态”粒子的存在时间只有 10^{-23}s；有的现象瞬息万变，顷刻即逝，如雷电、爆炸、断裂等。在自然的常态下不易把握它们的变化，而借助于科学实验，可以在模拟实验中延缓这些过程并多次使之再现。同时，有些自然现象发展又极其缓慢，是经过十分漫长的演化、变迁和渐进的过程，人类是根本无法观察到它们发展的全过程，如生命的起源和进化、地球及各类天体的起源及演化等。但利用科学实验、就可以在较短的时期内重现这些现象和过程。

4. 对比和检验作用

为了验证某种理论的真伪，很重要的一种方法就是通过实验手段。当实验的结果与理论相符合时，则该理论便会得到确认；当实验的结果已经明显地证明理论谬误时，则该理论即被淘汰；当实验一时尚无法验证理论的真伪时，则该理论便仍以假说形式存在。此外，利用实验办法还可以判定出某一因素存在或缺乏所带来的影响。例如，在生物学研究中经常把实验对象分为若干对照组，然后把实验结果加以比较和对照，从中找出该因素存在或缺乏时所产生不同结果的原因。

此外，实验方法还具有放大或缩小、定向和综合性等作用。

四、科学实验与理性活动

科学实验是以认识世界为目标的实践，它不是盲目的行为，而是在人类理性指引下进行的变革现实的活动。科学实验过程中渗透着人类思想，实验的每一环节都离不开理性思维的指导。

---

[1] 马克思恩格斯选集第2卷［M］. 北京：人民出版社，1972：206.

实验内容的确定都不是凭空假想的，而是以已有理论框架为前提，在理性指引下进行的有目的的研究。18 世纪的英国学者普里斯特利就认为，各种实验都是在理论的引导下进行。他说，“理论和实验必须相辅相成，任何进步都是由于接受了某些专门的假说，即对自然界某些作用的环境或原因的猜测。因此，凡是能自由想象并把互不相干的各种观念结合起来的人，就是最勇敢、最有创造性的实验者。虽然这里面有许多观念后来判明是荒谬的、幻想的，但是其中也有一些思想可能引出最伟大的和最有价值的发现。道耳顿则认为，尽管人们必须当心被错误的理论引入歧途，然而，建立有关研究对象的初步观念，对于指导人们在一定的研究轨道上前进却是必要的。由此看来，科学的首要的，而且在某种意义上是最重要的任务，就是使我们能够预言未来的经验，因而使我们能按照这个目标来指导我们目前的活动。

实验工具是人类智力的物化。实验工具的研制是进行有独创性实验的条件和组成部分，这种研制更需要知识、理解力和活跃的思想。富兰克林倘若不是认识到静电的性质并假定“天电”与“地电”相似，就不会去做导电风筝；赫兹如果不了解预言中的电磁波是高频振荡，就不会把铜球的间隙调节得小到足以快速放电。实验工具本身就是理论的产物。

科学实验中物的因素除了工具，还有实验对象或实验材料。在不少场合下，实验内容已决定了在什么对象和哪些对象上进行实验。在一些场合，某种实验目的可以用不同的材料作为实验对象去实现。托里拆利和维维亚尼用水银来做大气压力实验，如果用水柱做实验就困难得多；门德尔等人用豌豆、果蝇搞杂交实验取得了成就，要是用多年生植物或较难繁殖后代的动物作这种实验，就会事倍而功半。在这类场合下，实验材料的选定靠的仍是理性。

除此之外，实验课题的选择、实验的构思和设计、实验的实施、实验数据的处理和结果分析等各个环节，都受到理性思维的支配。正如爱因斯坦所说，“任何一种经验方法都有其思辨概念和思辨体系，而且任何一种思辨思维，它的概念经过比较仔细的考察之后，都会显露出它们所产生的经验材料。”❶理性活动的水平，直接影响着实验技术水平和实验结果的准确可靠性。实验依靠理性，实验活动的各个环节中都有思想领导，这是科学发展中的事实。

第五节　观察与实验中的若干认识论问题

一、观察与理论的关系

关于观察与实验是否需要理论做指导的问题，历来存在两种不同的认识。一种观点认为观察是一种纯中性的，观察中不应有任何主观想法，只有这样才能保证观察结果不具有先验倾向性和意向性。培根以来的归纳主义者倡导独立于理论之外的纯粹观察，并认为只有经过这种纯粹的观察才能进入形成理论的阶段。贝尔纳曾说过，当你走近实验室之前，要把所有的想法像帽子、大衣一样脱下来，而换上洁白大褂，他认为只有这样的观察才能提供可靠知识。另一种观点则认为观察不能离开理论指导，纯粹的中性观察是不存在的。

---

❶ 波佩尔．客观知识［M］．上海：上海译文出版社，1978：13.

科学哲学家波佩尔、汉森、库恩等人则否认有纯粹的中性观察存在，明确提出“观察渗透理论”。从科学研究的实际进程看，后一种观点是有其合理性的。爱因斯坦说，“是理论决定我们能够观察到的东西”“只有理论，即只有关于自然规律的知识，才能使我们从感觉印象推论出基本现象”。❶

首先，观察不仅是接收信息的过程，同时也是加工信息的过程。人在观察中必然对外界的信息进行挑选、加工和翻译，这就与人的理论背景知识有关。不同的知识背景、不同的理论指导、甚至不同的生活经验，对同一事物会得出不同的观察陈述。面对 X 光照片、卫星云图，医生、气象预报人员会看到普通人察觉不到、认识不到的内容。

其次，观察陈述是用科学语言表述的（通过语言，来自客体的信息被编码记载下来），而科学语言总与特定的科学理论联系着。当使用语言时，理论的框架也就出现了。进行科学观察的人正是带着这类理论框架去进行观察的。

再次，观察中使用的各种仪器，都是根据一定的科学原理设计制造的。观察者使用这些仪器时，实际上是按照这些仪器所蕴涵的科学理论来进行工作的。

总之，理论在观察中既起着“定向”作用，引导观察者有选择地接收外界信息；又起着“加工改造”作用，帮助观察者理解观察到的究竟是什么。

由于“观察渗透理论”，所以观测资料所具有的意义，也就随着观察者的理论水平而变化。科学观察需要观察者有相应的知识储备和一定水平的理论修养。否则，面对已经发生的现象也看不出什么问题，因为在观察中各人所看见的只是他所懂得的东西。不同的人，出于在知识储备和理论水平等主体修养方面的差别，各自从观察中所获取的信息也是不一样的。科学史上，由于缺乏正确理论解释而犯了“丢失结论”的观察错误的事屡有发生，而由于对这些现象做出正确理论解释而获得重大科学发现的事也屡见不鲜。

重视理论在观察中的作用，但不能将其过分夸大，而否定一切观察结果的客观性。强调观察渗透理论与强调观察实验对科学认识的形成和发展起基础性作用，在本质上是一致的。

二、科学仪器的性质和作用

在实验观察中，实验者通过科学仪器来获得对实验对象的认识。仪器是连接实验者和实验对象之间的桥梁。它具有如下的性质：仪器的测量功能体现事物运动的规律，它是客观规律的物化。因此，通过仪器来描述和记载被认识的客体可以获得关于客体的情况。同时，仪器作为人们认识客观事物的工具，它是一定历史条件下的产物。它对事物测量的准确度也是有一定范围的。目前科学仪器对物体的测量已达到了相当精确程度，但也没有消灭误差达到绝对精确的程度。也不能因此认为认识主体通过仪器中介就不能反映出客体原来的状态。

由于仪器具有这样的性质，因此在科学实验中发挥着十分重要的作用。

首先，仪器的出现使感官观察发展到仪器观察，这是人类科学认识活动的一次飞跃，极大地克服了人类感官的局限性。例如，在天文观测方面，光学望远镜已可越出太阳系和银河系，射电望远镜等新观测手段，更把人类的视野扩展到 100 亿光年的空间尺度和 100

❶ 爱因斯坦文集第一卷［M］. 北京：商务印书馆，1976：211.

亿年的时间尺度；在生命科学方面，借助光学显微镜可看到细胞的基本结构，而电子显微镜的分辨本领更高出千倍，达到2～3Å，即相当于原子的大小，可以看到细胞的超微结构。正是科学仪器弥补了人的生理感官的不足，帮助人类扩大和改进了自己的感觉器官，大大丰富了感性认识的内容。人们贴切地把科学仪器比做人的感官的延长。

其次，运用仪器，就使观察不停留在对客体的自然状态的观察，而是可以按照一定的操作对客体施加影响和作用，有意识、有步骤地变革客体，也就是进行科学实验。现代的科学观察虽然还包括感官观察，但主要指仪器观察，特别是实验中的仪器观察。

但是，还要强调一点，就是要辩证地看待科学仪器的作用。现代科学仪器作为人们感官的延伸。在观察实验中具有非常重要作用，无论在宏观和微观领域都是如此。认识主体通过中介环节作用于认识客体并获取信息的过程是复杂的，这里涉及对观测仪器的应用和评价。观测仪器的一端连接着主体、是主体的延长，另一端连接着客体、是客体通向主体的渠道。观测手段又不仅仅是信息传递的载体和输送者，在实验和观测中，仪器还会影响和干扰客体及其信息。这种影响和干扰在各种认识系统都存在。对于不同的认识系统，这种干扰和影响的程度和性质又有较大的区别。在以宏观系统作为认识客体的情况下，主体和测量仪器对客体的干扰作用常可以忽略或进行补偿，在认识主体、仪器和被测对象三者之间有相对的界限或分割。例如，在用电压表测量电路中电阻两端的电压时，由于总有电流分流到电压表导致原来经过电阻的电流减小，使测得的电压偏离电阻两端的原电压真值，但这种偏离通常是很小的、微不足道的，可忽略不计，且可以设法增加电压表内阻尽可能减小偏离。从原则上说，要逼近真值是没有界限的。在以微观系统作为认识对象的情况下，在主体、中介和对象间常没有严格的分界，测量仪器与微观对象（如电子）之间的相互作用和信息干扰不再可以忽略和不断减小，认知结果必然有某种不确定性，因而要有新的认识方式和表述方式。但即使在这样的情况下，微观对象仍有其自身的特性，人们的认识仍是客观过程的反映，只不过在这时要把仪器与微观对象的相互作用和干扰也作为认知的客体——这种相互作用和干扰具有客体的意义。

三、观察实验中的机遇问题

在科学实践过程中由于意外的事件导致科学上的新发现，称为机遇。机遇是相对于原来预定的研究计划和目的而言的。它的最大特点就是意外性、偶得性。例如，意外的、偶然的发现使遇到的难题迎刃而解；本来为了研究某一事物，但在研究过程中意外地发现了另一事物，后者比前者具有更大的价值等各种情况。

在科学发展的历史上，机遇性的科学发现是不胜枚举的。德国物理学家伦琴在研究阴极射线管的放电现象时，意外地发现了X射线；英国化学家珀金设想用化学方法合成奎宁没有成功，却偶然发明了人工合成染料“苯胺紫”；英国细菌学家弗莱明在作葡萄球菌的研究时，偶然发现了青霉素；美国科学家古德伊尔不小心把橡胶和硫黄的混合物掉在炉子上，偶然发明了硫化橡胶技术，等等。这些都是科学史中人们津津乐道的案例。在这里，人们把机遇看成是科学认识中一种重要的因素来对待。

机遇产生的客观根据在于自然界本身就是偶然性和必然性的辩证统一。偶然性以必然性为支柱，必然性通过偶然性为自己开辟道路。当偶然现象出现的时候，如果能捕捉住它，并进一步揭示出其背后的必然性，就能做出科学发现。在表面上是偶然性起作用的地方，实际上是受内部隐藏的规律支配的，问题的关键在于透过表面现象发现这些规律。因此，机遇是一种偶然性，但又不是纯粹的偶然性。

机遇产生的认识论根源在于科学研究的目的性、探索性与自然现象的错综复杂的矛盾。观察实验是探索性很强的认识活动，出现未曾发现过的新情况常常是必然的。观察实验过程是一种有目的的实践活动，但主观不符合客观的情况是大量存在的，因此这种实践活动必然有一定的盲目性，那种与预先设想的计划和目的不符合的现象的出现是完全正常的。

面对机遇，科学史上有许多科学家慧眼识玉，抓住它紧追不舍而一举成功；也有许多科学家未识庐山真面目，与迎面而来的成功失之交臂。经验和教训是发人深省的。例如，普里斯特利在1774年把一种物质（HgO）加热时曾产生一种气体，蜡烛在其中燃烧时“光焰非常大”，对之吸收时使人“感到格外舒畅”，但是由于他囿于燃素说的成见，失掉了这一发现氧气的机会和荣誉。又如，在弗莱明发现青霉素前，斯科特就已观察到青霉菌能够抑制葡萄球菌菌落的现象，但在他“感到讨厌”的思想支配下坐失良机，成为终生遗憾之事。可见，能够及时和准确地捕捉到机遇，必须具备一定的主客观条件，细心的研究者会认准机会、抓住不放，取得意外收获，而粗心的人会无动于衷，甚至当真理走到了鼻子尖底下，也会让它溜走。所以，应该清醒地认识到，机遇是科学发现的一种因素，它只提供了科学发现的一种线索，并没有提供全面解决问题的答案。能够抓住机遇的关键在于有认识能力的准备。它要求科技工作者具有以下素质。

首先，捕捉机遇要有高度的洞察力。有了敏锐的洞察力，就可以在别人不注意的地方发现新的现象，在别人认为平常的现象中做出不平常的发现，就能从偶然中发现必然。因此，在进行观察、实验和调查过程中，要求注意观察预定项目的同时，特别要保持对意外事情的警觉性和敏感性。科学史上的许多重大发现，均是同研究者具有较高的洞察力密切相关。正如法国微生物学家巴斯德所说：“在观察的领域里，机遇只偏爱那种有准备的头脑。”[1]

其次，高度的判断力。当机遇出现的时刻，如果判断不准确，机遇提供的线索就有可能从眼前白白溜掉，使有可能被发现或被发明的东西变成不可能。1879年，当克鲁克斯在做高真空放电管实验时，发现管子附近的照相底片有模糊阴影，但他并没有思索，只是“埋怨自己不小心”。1890年，美国科学家古德斯皮德等也看到类似现象，也并没有介意。1892年，德国的一些物理学家同样观察到了克鲁克斯管附近的荧光现象，但都因为他们把注意力集中在研究阴极射线的性质上，而对荧光现象没引起警觉。就这样，机会相继失去了。直到1895年，伦琴发现了同样的现象，并抓住不放，继续深入研究，结果发现了X射线。可见，一个科学研究人员在遇到意外情况时，不但要有敏锐的洞察力，而且还要有高度的判断力。

再次，科学的想象力。科学史上许多因机遇而引起的科学发现，在很大程度上应归功于丰富的科学想象力给科学家的启迪和激励，使他们在捕捉到机遇的基础上，借助于想象的阶梯，从而登上科学的高峰。当年，克库勒发现苯环结构、克里克发现DNA双螺旋结构时，都曾得益于科学的想象力。

最后，丰富的知识和经验。大量事实证明，一个人的知识和经验越丰富，捕捉住机遇的可能性就越大。1609年，荷兰一个磨镜片工人用一前一后两个透镜观看东西时，意外地发现远处的物体看起来就像在眼前一样清楚，从而发明了第一个简陋的望远镜。但由于他

---

[1] 贝弗里奇. 科学研究的艺术［M］. 北京：科学出版社，1984：35.

缺乏光学方面的知识，无法洞察到该项发现的重大意义。而伽利略听到这一消息后，凭着他广博的学识和远见卓识的能力，马上意识到这一发现在天文学上的重要作用。于是，伽利略很快研制出了能放大 32 倍的望远镜，并用其来观察星空，从而发现了许多新的天体现象。

总之，大量的事实说明，机遇的捕捉，必须具备敏锐的洞察力、高度的判断力、丰富的知识和经验，才能真正抓住有价值的机遇，从而取得重大的科研成果。机遇对科技工作者来说是十分有价值的机会，但它可遇而不可求，不能指望依靠偶然的机遇或靠碰运气去发现真理。而机遇一旦出现就要善于捕捉它，紧紧抓住它，穷追不舍，直到取得成功。这就是科技工作者对待机遇应有的态度。

第八章　科学技术研究中的理论方法

第一节　科学抽象

自然界的一切事物都是现象和本质的统一体。科学研究的任务便是透过事物的外部现象去探求事物的内在本质与规律。科学认识由感性阶段向理性阶段的这种飞跃就是科学抽象。

一、科学抽象及其意义

科学抽象是指人们在理性思维中，对同类事物去除其现象的、次要的方面，抽取其共同的、主要的方面，从而做到从个别中把握一般、从现象中把握本质的认知过程和思维方法。具体地说，就是人们在实践的基础上，对丰富的感性材料进行一番“去粗取精、去伪存真，由此及彼、由表及里”的加工制作，形成概念、符号等思维形式，以反映事物的本质和规律。

科学抽象对于科学研究具有重要作用。历史上曾有一些自然科学家把经验方法作为自然科学唯一正确的方法，这种思想虽然对推动科学的发展起过积极的作用，但在一定程度上却限制了科学家个人的发展，阻碍了科学向更高峰迈进。只有理论思维、科学抽象才能把科学事业推向新的高峰。在科学史上，丹麦著名的天文学家第谷经过 30 年的仔细观察，精确记录了行星的运动，积累了丰富的资料，但是因为他缺乏科学抽象的能力，所以，最终未能从浩繁的资料中总结出行星运动的规律。而他的助手开普勒善于理论思维，数学较好，通过对感性材料加工提炼，最终找到了著名的行星运动三定律。随着现代科学的越来越深入，许多研究对象是感性经验不能直接把握的，科学抽象与理论思维的重要性也越来越明显。

二、科学抽象的过程

完整的科学抽象过程是由三个阶段和两次飞跃构成的辩证思维过程，即“感性的具体—抽象的规定—思维的具体”。[1]

第一个阶段是形成感性的具体。认识起源于感觉和知觉，在认识过程中，人们通过感官首先接触到对象的外部现象，从而形成对事物外部的、个别属性的初步了解，这便是感觉。随后通过大脑将相关感觉成分加以组合，形成知觉。知觉经过实践的多次重复，形成感性形象储存于人们的记忆中，被称作表象。知觉和表象又合称为印象。从感觉到印象形

[1] 马克思恩格斯选集第 2 卷［M］. 北京：人民出版社，1972：103.

成了对某事物的完整映像。这种映像虽然丰富、具体、形象、生动，却是关于事物表面的、混沌的认识。

第二个阶段是从感性的具体到抽象的规定，这是科学抽象过程的第一次飞跃。它分作两个步骤：①将感性具体中形成的有关事物的某种属性同对象的其他属性分离，分别进行加工分析和研究；②将这一属性同其他对象的同一属性加以比较，舍异求同，得到这一属性的一般形式。这样，反映该事物不同侧面的各种本质属性便被抽取出来，成为一个个抽象的规定性，形成了对事物诸方面特征的本质认识，意味着认识向理性层次的深入。

第三个阶段是从抽象的规定上升到思维的具体，这是科学抽象过程中的第二次飞跃。它是将前一阶段的诸种抽象的规定在思维中重新连接、综合，完整地重现客体的多样性的统一，形成对事物本质的综合性认识。它也有两个步骤：①寻找出事物诸种抽象规定中最本质、决定其他属性的规定，作为基础和逻辑出发点；②按客观事物本身固有的联系将事物的诸抽象连接到作为基础和出发点的那些规定上去，从而在思维中重新形成对事物的完整认识。

思维中的具体既具有现象的多样性，又具有抽象的深刻性，实现了现象与本质的统一，是对事物的更完全、更深刻的认识，是科学抽象的高级阶段，更接近客观事物的实际，是一种理性思维的具体。以科学概念的形成为例，在科学概念的形成中，感性的具体是指科学事实，抽象的规定指构成科学概念的诸要素，思维的具体就是指这些要素经过思维的辩证综合后形成的完整概念。

由于科学抽象过程既意味着从感性向理性的飞跃，又意味着从理性向具体的飞跃，因此这一过程需要多种思维的积极参与，不仅需要逻辑思维，更需要形象思维、直觉思维的应用，既需要“思维的自由创造”，也需要直觉对总体的“共鸣”,[1] 它是一项科学研究的艺术。

科学抽象虽然离直观的经验世界较远，但却更深刻地反映了客观世界的本质。列宁说：当思维从具体的东西上升到抽象的东西时，它不是离开真理，而是接近真理。物质的抽象、自然规律的抽象、价值的抽象等，一句话，那一切科学的（正确的、郑重的、不是荒唐的）抽象，都更深刻、更正确、更完全地反映着自然。”[2]

三、科学抽象的成果

科学抽象的成果有科学概念、科学符号、思想模型等形态。

1. 科学概念

科学概念是科学认识中反映事物本质属性的思维形式，是科学研究的重要成果之一，是科学思维的“细胞”和基础。科学正是通过概念与概念之间的关系来反映事物的本质和规律的。爱因斯坦说，“发明科学概念，并在这些概念上建立起理论是人类精神的一种伟大创造特征”。[3] 科学概念是科学理论的基础，是帮助我们认识和掌握自然现象之网的网上纽结。人类认识自然的科学成果，归根结底要凝结于科学概念之中。

科学概念与其他概念一样，有其内涵和外延。随着实践的发展和认识的不断深入，概

---

❶ 爱因斯坦文集第一卷［M］. 北京：商务印书馆，1976：222.

❷ 列宁全集第38卷［M］. 北京：人民出版社，1959：181.

❸ 爱因斯坦文集第一卷［M］. 北京：商务印书馆，1977：628.

念的内涵和外延也在不断发生变化。科学概念同样如此。与一般概念相比，科学概念有更为严格的要求和更鲜明的逻辑特征。

（1）可确定性

所谓可确定性，是指概念在逻辑上的可确定性或可接受性。科学概念应该具有明确规定的含义，可以与其他概念建立起逻辑上的联系，获得某种逻辑上的支持。只有具备可确定性的科学概念才具有科学价值，才能在一定范围的科学研究领域中应用和传播。玻恩曾强调："我建议用可确定性表达科学思维的基本法则：一个概念，不管是否应该应用于特殊情况，只要它是可确定的就使用它"。[1]

（2）可检验性

科学概念不仅需要具备逻辑上的可确定性，而且必须具有实践上的可检验性。科学概念的正确与否可以由观察和实验来直接和间接地检验。

（3）可变动性

任何科学概念都不可能是凝固的、绝对不变的。它必定随着科学实践和科学认识的发展而不断发展、深化、修正甚至更新。即使是同一个概念，在不同的科学发展阶段，也会有不同的含义。科学概念的科学性和生命力也正在于此。例如，基因概念在产生的初期曾被用来表征携带遗传属性的质点，而今天它则表征 DNA 生物大分子中的碱基编码。

科学概念的抽象过程有其一定的过程或方法。

（1）抽取共同点的方法

共性存在于个性之中。所以抽象首先要抽取共同点，从大量个别的、特殊的事物中概括和总结出事物共同的本质或一般的规律。这也是科学研究的目的。海森伯曾形象地描述说："当比较三头牛和三只苹果时，有一个共同特点可以用'三'这个词来表达。这里数的概念的形成，已经标志着从我们直接感觉到的世界迈向理性能够理解的思维结构之网的决定性一步，并认为识别共同点可能是一种最重要的认识行为"。[2]

（2）限制思路，深入抽取本质

本质的东西往往是事物共同具有的，但共同具有的东西不一定是事物本质。因此，根据科学研究的需要，经过辩证的分析，有选择地重点把握诸共同点中的主要方面，舍弃次要方面，才能逐步接近本质，最后抽出事物的本质属性。这是科学抽象中应特别注意的方面。

（3）理想化方法

在处理复杂的经验事物时，应该对其特征进行辩证综合，或者进一步理想化，实现理想地复现对象，是科学抽象中又一类高层次的抽象方法。例如，质点、理想气体、理想液体和无摩擦的运动等，都是用理想化方法得到的概念。

科学概念作为经过科学抽象而获得的科学成果，无论从形式和内容上都与原先的科学事实有质的不同。从形式上看，它是对直观的经验材料的改造和否定；从内容上看，它又是经验材料的升华和结晶。科学概念经过科学抽象，虽然远离了可直观的经验世界，却更深刻反映了客观世界的本质。正如列宁所说："当思维从具体的东西上升到抽象的东西时，它不是离开真理，而是接近真理。物质的抽象、自然规律的抽象、价值的抽象等，一句话，

---

[1] 周林，殷登祥，张永谦. 科学家论方法第1辑［M］. 呼和浩特：内蒙古人民出版社，1984：357.

[2] 海森伯. 现代科学中的抽象［J］. 世界科学，1981（10）：10.

那一切科学的（正确的、郑重的，不是荒唐的）抽象，都更深刻、更正确、更完全地反映着自然”。❶

2. **科学符号**

“纯粹”的科学概念仍是一种无定形的精神性的东西，必须通过可感知的符号（语言、文字）等才能被意识所把握，并得到完善与发展，否则不但人类的思维难以顺利进行，更无法进行传播和交流。因此符号的创造和运用是科学概念的必要环节，是人类实践活动最伟大的创造之一，也是人类区别于动物的重要标志之一。

从认识论观点看，符号是对象的指称物，是“思想”的替代物，是确定的、可感知的物质对象，是可感知性、物质性和拥有指代意义的统一，在储存、传递另一对象的信息方面充当另一对象的代替物，是储存、传递信息和思想交流的工具。随着社会的进步和知识的激增，符号语言系统将越来越精巧化。人们可以通过创造、接收、储存、传递、使用符号去创造人类独有的文化，而一般动物只能对物理世界中的信号做出条件反射。

科学符号是人类符号系统中的一个子系统，是对科学认识成果进行简约浓缩、记载存储、交流传播的基本工具，是科学实践、科学抽象的产物。它不仅是科学思维的基本工具，更是推动科学发展的不可缺少的工具或手段。

语言（文字）系统是人类最普遍、最常用的符号系统。语言符号包括自然语言和人工语言。自然语言是某一社会中历史地形成的一种民族语言，是人类文明的重要标志之一，是最基本、最初始的语言符号。人工语言是随着科学的发展，在改造自然语言的基础上逐步产生、定型的语言符号。

非语言符号是指语言符号以外的庞大符号系统，包括象征符（如遍布街头的交通图形符号等）、信号符（如各种声、光、电信号）和肢体符（如体育教练员的各种手势、水兵的旗语）等。

语言符号存在国家、地域和民族的差异性，非语言符号则具有较强的通用性。语言符号和非语言符号在科学思维中都起着重要作用。逻辑思维主要用语言符号进行，而形象和直觉思维则兼用两种符号。

自然语言符号系统具有多义性、歧义性、语法结构不够严格统一等特征。虽然这些特征一般并不妨碍社会信息的交流，但是在科学思维中，如果纯粹用自然语言符号来表达概念、进行判断推理等，就会出现差错甚至悖论。

因此，人们在自然语言符号系统基础上，逐步建立了人工语言符号系统，即科学语言系统。它包括语词形式、语法规则、语句结构、语义内容等。科学语言系统一般避免了自然语言系统以上所述的各种缺陷，用专门的科学术语（符号），表示严格定义的科学概念及其相互关系，保证了语言符号的单义性、无歧义性和严密性等要求。例如，当我们说“氧”一词时，人们不知道是指氧元素还是氧气，但用人工语言符号 O 和 O_2，就可以明确做出区别。

20 世纪以来，人工语言符号系统出现了以数学和数理逻辑符号语言为蓝本的形式化语言系统。如语言学和计算机科学结合产生的人机对话的计算机语言，是一种典型的形式化语言。它既可以被人类掌握运用，又可以被计算机所识别，是现代科学的重要工具。形式

❶ 列宁全集第 38 卷［M］. 北京：人民出版社，1959：181.

化语言不仅形式化程度高，而且具有更大的精确性和适应性。著名物理学家玻恩说过："运用科学符号形成的'思维结构'，仿佛是事物本质的'镜像'，符号是深入到现实背后的自然实在里去的方法的一个必不可少的部分"。[1]

将形式化语言推广运用为一种研究手段，称为形式化研究方法。当代著名逻辑学家博亨斯基认为，这是近代方法论的一项重大进展。因为它完全撇开符号的本身意义，只根据某些涉及符号书面形态的转换规则来进行符号操作——运算，因而成功地实现了将运算应用于非数学对象的飞跃，使形式与内容在新的高度上实现了更好的统一。

总之，形式化语言的推广和发展，正在现代科学技术的发展中产生着越来越深刻的影响。各门学科将更加有效地利用形式符号和数学工具，使科学语言更加精确化和抽象化，使语言信息加工和处理更加智能化和实用化。

3. 思想模型

思想模型是科学抽象的另一结果和形式，是人们为了从事科学研究而建立的对原型高度抽象化了的思想客体或思想事物。具体地说，是对要研究的物质客体根据一定的研究目的，经科学分析而抽象出它的本质属性和特征，构造一种思维形式的模拟物，成为人们进行分析、推理和演算的对象。思想模型在科学研究中的运用非常广泛，如原子模型、DNA双螺旋结构模型、细胞模型、弯曲时空模型、地球的板块构造模型、大气环流模型等。

从广义上说，思想模型包括：理想模型、数学模型、理论模型和半经验半理论模型。

理想模型是思想模型的特殊类型，是在思维中设想出来的，与客观存在的原型本质相似的、高度抽象的、具有某种极限特征的理想客体，如质点、刚体、理想气体、理想流体等。理想模型是建立科学概念、原理、规律的基础。确切地说，科学理论研究对象是理想模型，科学规律也只有在相应的理想模型中才能得到严格的、精确的体现。数学模型则是用数学符号语言表述出待解的数学问题，是对客体数量关系的抽象。理论模型主要表现为假说—演绎体系，是根据一定的概念和数量关系，对客体从理论上做出的一系列推断、假说等。半经验半理论模型，是数学加经验或理论加经验的模型。对一些复杂的客体，很难提炼出数学或理论模型，于是只有根据已有的关于客体的一些理论知识和已有的实践经验，构建一个供半定性半定量研究的模型。

思想模型具有如下的一些特性。

1）流动性。随着实践的发展，思想模型也不断地在流动变化着：错误的模型被抛弃，不完善的模型被修正，正确的模型被证实，新的模型被提出。

2）互补性。由于物质世界的高度复杂性和无限层次性，要运用一个模型详尽地、精确地反映原型的结构、属性和行为往往是困难的，因此必须通过建立互补的模型来协作完成。

3）条件性。建立模型时要使用简化法，舍弃次要因素，抽取出主要因素。但哪些因素可以简化、哪些因素不能简化，应以模型的具体应用条件为转移。因此模型只提供了关于原型的局部知识和不完全的真理性，并且这种知识只是在一定条件下，在一定适用范围内才正确。由于条件不同，其模型往往也不同。

思想模型在科学研究中具有多方面的认识功能。

1）解释功能。思想模型与现实原型本质上是一致的，因此它应符合赖以建立的实验基

---

[1] 玻恩．我的一生和我的观点［M］．北京：商务印书馆，1979：84，94．

础，并对有关原型的各种观察、实验等感性材料做出科学解释。如DNA双螺旋结构可以解释生物的遗传和变异现象，大爆炸宇宙论则对宇宙的起源和演化过程做出了很好的科学解释。

2）判据功能。借助于思想模型可以检验有关原型知识的可靠性。当思想模型提供的认识被科学实践所证实时，它就间接地证实原型知识是可靠和正确的，因此具有判据功能。

3）预见功能。思想模型能够对科学未来的研究方向和进展做出科学预见。如理想模型，是对客观事物绝对纯化后的产物，因此可以超越现有的条件，揭示研究对象在理想化条件下可能出现的各种情况、性能，从而给人们指出研究方向。

思想模型是科学研究的直接对象，是科学理论与其现实原型之间的中介与桥梁。通过研究思想模型，以获得有关现实原型的认识，从而发现客观事物的规律性，对各种客观现象做出科学解释，是科学研究的一般途径和常用方法。

4. 理想实验方法

理想实验是运用理想模型在思想中塑造理想过程，并进行严密逻辑推理的一种思维方法，是在思想中所做的“实验”。它是一种纯逻辑推演过程（往往要借助于形象的想象等来实现）。所以理想实验完全是一种抽象思维活动过程，它与作为实践活动的科学实验是有区别的，它是一种假想的实验。但是也和真实的物质实验具有相似的结构和形式。

理想实验的设计过程也是理想模型的建立过程。它要具备一些条件：①要以真实的科学实验为根据，抓住关键性的科学事实，为理想实验的设计提供可靠的基础；②要充分发挥科学思维的能动作用，善于分析矛盾，善于发挥三种思维基本类型的综合功能；③建立理想模型，选取理想条件，推演出理想实验全过程。例如，在物理学史上，伽利略关于惯性运动的理想实验的设计就是在他进行真实的斜面实验的基础上得出的，从而打破了亚里士多德以来关于力是物体运动的原因的陈旧观念，揭示了物体惯性的本质。爱因斯坦曾指出，“惯性定律标志着物理学上的第一个大进步，事实上是物理学的真正开端。它是由考虑一个既没有摩擦又没有任何外力作用而永远运动的物体的理想实验而得来的。从这个例子以及后来的许多别的例子中，我们认识到用思维来创造理想实验的重要性。”[1] 爱因斯坦本人就是成功地运用理想实验方法做出巨大科学贡献的大师。他的有名的关于同时性的相对性的理想实验和关于惯性质量和引力质量等效性的理想实验，为他创立狭义相对论和广义相对论奠定了坚实的基础。

理想实验方法和其他理想模型方法一样，还具有解释功能和判据功能等。可以说，在科学的艰难探索道路中，理想实验发挥着独特的作用，有助于打开科研人员的思想闸门，翱翔于伟大的科学理想之中。

第二节　科学思维的逻辑方法

科学思维是利用科学抽象的成果——概念、符号和思想模型所进行的深入的认知活动和认识形式。科学思维是人类思维长期进化的结果，是对人类一般思维方式的提炼和升华，是更高级、更严格意义上的思维方式。科学思维的基本类型有：逻辑思维、形象思维和直

[1] 爱因斯坦，英费尔德．物理学的进化［M］．上海：上海科学技术出版社，1962：158.

觉灵感思维。创造性思维在多数情况下是三者的整合。

一、逻辑思维的形态及特点

逻辑思维是科学思维的重要形式之一，也是科学思维中最普遍、最基本的一种类型。它是在感性认识的基础上，运用概念、判断、推理等形式对客观世界进行间接地、概括地反映的过程。逻辑思维在提高人类的思维能力中起着巨大的作用，几乎渗透到人类获取所有新理论和新知识的每一个阶段。

根据逻辑思维发展的历史阶段，可以将逻辑思维划分为形式逻辑和辩证逻辑两大类型。

形式逻辑思维是逻辑思维的初级阶段。形式逻辑是由亚里士多德创立的。它是从抽象的同一性、质的稳定性等方面去反映客观事物，把思维的内容和形式相割裂，仅从形式结构这一侧面研究概念、判断、推理及其正确联系的规律，要求在思维过程中遵循同一律、排中律、不矛盾律和充足理由律。

从 17 世纪后期开始，以莱布尼茨为代表的学者开始将数学概念和方法引进逻辑体系，从而产生了数理逻辑。它是以研究推理规律为核心内容并具有数学性质的工具性学科，也称作现代形式逻辑或符号逻辑。它的特征是用一套表意符号（即人工语言符号）来表达思维的逻辑结构和规律，从而摆脱了自然语言的局限，消除歧义性，构成像算术或代数那样严格的精确的演绎。这也可以看作是形式逻辑的现代阶段。

辩证逻辑思维是思维发展的高级阶段。它是从形式和内容相统一的观点研究概念、判断及推理等思维形式，把矛盾的观点、普遍联系与辩证发展的原则应用于思维形式的研究中，揭示了各种思维形式的辩证本性。

逻辑思维是迄今为止被研究得最多的一种思维类型。在逻辑思维中，比较、分类、类比、归纳和演绎是最重要、最常见的科学思维方法。

二、比较和分类

比较，是确定对象之间的共同点和差异点的一种逻辑方法，是科学思维对由观察与实验获得的感性材料进行逻辑加工的初步方法。因为从人的认识的发生与发展过程看，认识事物总是先从区分事物开始，要区分就要比较，有比较才能有鉴别，找出异同点。

比较有横向比较，即事物空间联系上的比较；也有纵向比较，即事物先后顺序上的比较。比较还可以分为异中求同比较法和同中求异比较法等。另外，还可以通过空间的横向比较来达到对时间的纵向比较的目的，即可从可观察到的现象推知无法观察的现象的发展过程，这在天文、地理、生物等学科的研究中作用极其明显。例如，在天文学中，科学家发现宇宙中同时并存的恒星处于不同演化阶段，有引力收缩阶段、主序星阶段、红巨星阶段、白矮星和中子星阶段等，从而揭示了恒星从生到灭的发展规律。

科学研究中的比较，关键是如何从表面上差异极大的事物之间，看出它们在本质上的相同之处；而在表面上极为相似的事物之间又能看出他们在本质上的差异之处，也即异中求同、同中求异。黑格尔指出，“假如一个人能见出当下显而易见之异，譬如，能区别一支笔与一个骆驼，则我们不会说这个人有什么了不起的聪明。同样，一个人能比较两个近似的东西，如橡树与槐树，或寺院与教堂。而知其相似，我们也不能说他有很高的比较能力。

我们所要求的，是能看出异中之同或同中之异。”[1] 科学上的“独具慧眼”恰恰就在这里。

比较方法应用范围非常广泛，应用起来也非常容易。具体地说，它在科学认识中的主要作用有以下几方面。

1. 可以对事物进行定性鉴别和定量分析

例如，根据每一种化学元素都有其特定波长的光谱线以及谱线的强弱与物质中各元素的百分含量有关的事实，应用光谱分析法，通过比较光谱就可以确定被测研究对象的化学成分及其含量。1895 年，德国科学家基希霍夫首次用光谱分析的手段，证明太阳上含有许多地球上常见的元素，从而揭示了太阳与地球的同源性。又如，医疗上采用示踪原子的技术来比较正常的脑血流图与有病灶的脑血流图，以确定肿瘤或其他病变的位置、形状和情况。

2. 可以揭示事物的运动及其发展的历史顺序

运用历史比较方法，可以通过比较空间并存的事物的多样性来认识事物在时间上的变化规律，加深、扩大对客观世界的认识，如 19 世纪地质学之父赖尔以今论古揭示了地球演化的历史过程；达尔文和赫胥黎揭示了生物发展的规律和人类进化的历史；天文学家则提出了恒星不“恒”、也经过了一个漫长的历史演化过程的“恒星演化学说”。

在比较方法的运用过程中也应遵循一定的规则：①必须在同一关系上，用同一标准和同一处理方法进行比较，即所谓的“可比性原则”；②在比较过程中，应注意抓住被研究对象的本质属性进行比较。

分类是在比较的基础上，根据对象的共同点和异同点，将对象划分为具有一定从属关系的不同等级层次的系统。它通过比较，识别对象的共同点和异同点，根据共同点将对象归合为较大的类，并根据异同点将对象划分为较小的类，即子类。这样就可将对象划分为不同的种类。

分类在科学研究中具有重要作用：①只有分类，才能确定科学研究的对象；②分类提供了便利、简捷的检索途径，为深入系统地进行科学研究创造了有利的条件。

正确的分类系统反映了事物的本质特征和内部联系，因而具有一定的科学预见性，指导人们寻找或认识新的具体事物。例如，达尔文的进化论建立了生物自然分类系统，预言了许多当时尚未发现的生物品种，始祖鸟就是达尔文所预言并被后人证实的生物品种。在基本粒子的研究中，也有类似的成功例子。1962 年，格尔曼对当时已发现的 9 种基本粒子进行分类。根据此分类，他预言还应当有一种粒子，其电荷为 -1，奇异数为 -3，能量为 1680MeV，自旋为 3/2，宇称为正。两年后，科学家就在实验室发现了这个被称为 Ω^- 的粒子。

分类需要遵循一些规则：①分类必须按一定的标准进行，每一次分类根据同一标准进行；②分类后的各子项之和应等于母项，否则在逻辑上叫子项不穷尽（错误）；③分类要按一定的层次逐渐进行。

根据人的认识发展过程，分类也有现象分类和本质分类之分。所谓现象分类就是根据事物的外部特征或外部联系而进行的分类。本质分类则是根据事物的本质特征或内在联系而进行的分类。科学研究的任务在于揭示事物的本质，从而预见事物的发展趋向。因此，

---

[1] 黑格尔. 小逻辑［M］. 上海：三联书店，1954：262.

科学研究中的分类强调本质分类。

三、类比

类比是将未知事物与已知事物进行比较，根据对象属性之间的关系在某些方面的相似或相同，而推断未知事物也可能具有已知事物其他属性的方法。类比方法可用下列表达式说明。

A 对象具有属性 a、b、c、d

B 对象具有属性 a′、b′、c′

B 对象可能也有属性 d′

类比推理的思维过程是通过联想和比较来实现的。以德布罗伊提出物质波假说为例。德布罗伊对力学和光学理论的比较研究中，发现有许多深刻的相似之处，如光的运动服从最短光程原理（费马原理），力学中质点运动服从最小作用量原理（莫佩尔蒂原理），而这两条原理的数学形式极其相似。因此，他意识到这两门科学实际上是相通的。而当光学中的新发现——光的量子性（波粒二象性）得到证明之后，他马上联想到，物质（粒子）的波动性是不是也是可以设想的。于是，他不但根据类比推理提出了物质波假说，而且还进一步通过类比提出物质波的定量显示——德布罗伊关系式。不久。这些假说在电子衍射等实验中均获得了验证，从而为量子力学的创立奠定了坚实的理论基础。

类比方法大致有以下几种类型。

1. 简单共存类比

这是根据未知事物与已知事物在某些方面具有相似性，其对象属性之间有简单共存关系而进行的推理，但是并不知道属性之间是否还有其他关系。例如，水的流动、声音的传播及光的传递，其运动性都有相似的地方，通过类比，就可由水波推出声波，由声波推出光波。运用这种类比时，由于事物的各性质之间缺乏必然联系，因此其结论往往有很大的或然性。

2. 因果类比

根据两个对象的各自属性之间都可能具有同一种因果关系而进行的推理。利用这种因果关系，既可解释已知事物，又可解释被类比的未知事物。例如，反射定律既可解释声的回声，又可解释光的反射。事物属性之间的这种关系，具有某种必然联系，因此其类比结论具有较大的可靠性。

3. 综合类比

根据多种关系的综合相似进行的推理。在工程技术的设计中，用数学模型模拟原型，就属于这类。

4. 隐喻类比

即隐理于喻，以具体的隐喻说明一类事物，然后将需要认识的对象与之类比，从而领悟真谛。这种类比常常富有启发性。

类比在科学研究中有以下作用。

1. 启发思路，提供线索

加拿大哲学家邦奇曾指出，“毫无疑问，在新的科学领域进行最初探索时，通过新的、未知的事物与旧的、已知的事物在某些方面相似的联想，类比可以取得丰硕的成果。如果B的某些行为与A有某些方面相似，那么就值得提出假说：它们在其他方面也相似。无论这种假说是否成功，我们都将会学到某些东西。”[1] 类比方法受前提的限制和已知知识的束缚最小，正如康德所说，在科学研究中每当理智缺乏可靠论证的思路时，类比方法往往能指引我们前进。为了变未知为已知，人们往往借助类比，提出科学假说，进行科学预测，做出科学的发现和发明。卢瑟福将原子结构与已知太阳系结构相类比，激发他想象出原子结构的行星模型。法拉第在解释静态电和动态电的差别时就运用了瀑布模型，借用力学中的位能、势能和水位落差等概念，得出电能是电压和电荷量乘积的假说。在物理学史上，欧姆定律的提出、库仑定律的建立、德布罗伊物质波概念的形成也都得益于类比。

2. **技术应用上的先导作用**

现代科学技术的工程学，为了克服客观条件的限制，往往运用类比方法以模型模拟原型，进行新的技术设计，然后在工程中实施。例如，在水利工程的技术设计中，用物理模型类比模拟水利原型，将模拟结果进行技术设计，再外推到水利工程中去。现代仿生学的发展，也是采用类比方法，模拟生物体特殊的功能与结构，从而研制出性能优良的技术装置。

类比方法在各种逻辑方法中最富于创造性。但它是一种或然推理，它的结论是或然的，因而它的可靠性也最小。在科学探索中，为了提高类比法所得结论的可靠性，减少或然性，需要遵循以下的几种原则。

1. **相似原则**

这个原则要求科学工作者在运用类比法时尽可能地提高类比属性之间的相关程度。

2. **非“自我”原则**

即不要把“自我”加入类比法。未经证实的主观性的“自我”是否属真，完全是一个未知。如果加入“自我”，意味着用未知代替类比中的未知。这种推理纯粹是一种理论的虚构，往往容易导致唯心主义。

3. **异中求同原则**

这一原则要求在不同的类型之间进行类比，不能在同一类中的个别与一般之间进行类比。个别与一般的关系本来是同类事物中的一种必然联系，用类比来说明这种事物，反而将必然联系当成或然联系。

四、归纳和演绎

科学认识是一个由特殊到一般，再由一般到特殊的反复过程。归纳和演绎是这一认识过程中两种相辅相成的推理方法。

1. **归纳法**

归纳法是从大量个别或特殊的事物（单称陈述）概括出一般原理（全称陈述）的一种推理方法。其目的在于通过现象揭示本质，通过特殊揭示一般。其客观基础一般存在于个别之中。因为脱离个别的一般事物是不存在的，只有通过个别才能认识一般。

---

[1] Bunge. Philosophy of Physics ［M］. Dordrecht：D Reidel Publishing Company，1973：106.

归纳推理在形式逻辑中分为完全归纳和不完全归纳两大类。对一类事物的全部对象进行研究，得出这类事物一般性结论的推理形式，叫完全归纳法，如数学中常用的“枚举法”。

应用完全归纳法应注意两点：①必须确知所研究的那类对象的全部数目，而且数量不宜过大；②必须确知所概括的某一属性确实是该类每一个对象所固有的。完全归纳法不适用于数量极大或无穷多的那一类事物。

对一类事物的部分对象进行研究，得出这类事物的一般性结论的推理形式，叫不完全归纳法。在运用不完全归纳法时，要特别注意不能只从少数事实出发，以偏概全，犯“轻率概括”的错误。不完全归纳法所得的结论虽然具有或然性，不能用于证明，但它在科学研究上还是有很大的探索作用的。例如，世界著名的数学问题之一——哥德巴赫猜想就是根据不完全归纳法提出来的。不完全归纳法又可分为简单枚举法和科学归纳法。

简单枚举法是根据一类对象中的部分对象不断重复，而没有遇到相反情况，推出该类对象的一般性结论的归纳方法。科学归纳法是根据对某类事物中部分对象及其属性间的必然联系的认识，推出有关该类对象的一般性结论。它常常是分析方法或抽象方法和归纳方法的结合。数学科学中常用的数学归纳法，是科学归纳法最成功的范例。

在历史上，亚里士多德最早提出过两类归纳方法：一类是简单枚举归纳法，另一类是直觉归纳法，应属于直觉思维方法。到了近代，由培根建立起了系统的归纳法。他创造了“三表法”（同一表、缺乏表、比较表），使归纳过程更具有严密性和可操作性。英国逻辑学家米尔在培根的基础上创立了专门研究因果关系的、相对完整的归纳逻辑体系，即米尔五法（求同法、求异法、求同求异并用法、共变法、剩余法），是现代自然科学中经常应用的是科学归纳法。

2. *演绎法*

演绎法是科学思维中从一般到个别的推理方法，也是从一般原理推演出个别结论的思维方法。其构成和形式主要是由亚里士多德创立的三段论格式：

大前提：凡人必死；

小前提：苏格拉底是凡人；

结论：苏格拉底必死。

在形式逻辑中演绎推理的主要类型如图 8－1 所示。

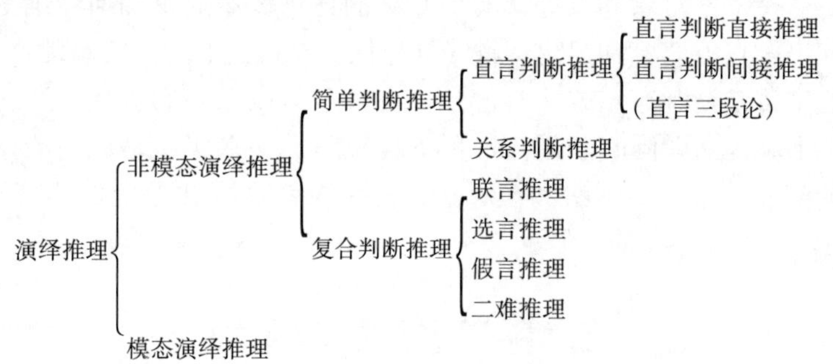

图 8－1　演绎推理的类型

如果演绎中的前提是由含有“必然”或“可能”等词的模态判断组成，叫模态演绎推理；反之称为非模态演绎推理。常用的演绎有直言三段论、关系推理、假言推理、联言推理、选言推理和二难推理等形式。

由于形式逻辑的演绎法限于比较固定、单调的形式，如推理必须有三个命题，命题都是主—谓结构，三段论推理只能有三个不同的词项，推理方向也总是从一般到特殊，这对于需要处理众多参量和复杂关系的自然科学研究，无疑是远远不够的。因此近代出现了数学演绎、数理逻辑等演绎方法。

由近代科学宗师笛卡儿、伽利略、牛顿创立的数学演绎方法，是演绎方法的极大进步。自然科学的概念、命题经过形式化、符号化，可以用数学规则进行各种演绎推理，获取新知识，而不必拘泥于三段论的道路。

1910 年，英国的罗素和他的老师怀特海合写的《数学原理》，标志着数理逻辑作为一门独立的科学已经达到成熟阶段。数理逻辑把数学和逻辑结合起来，实现了逻辑数学化、推理演算化，不但扩大了命题范围，也大大提高了推理的能力和效率。而且由于逻辑推理的形式化、符号化，也为把逻辑用于计算机奠定了基础，使得用智能机器代替人的部分思维的设想变成了现实，从而大大扩展了演绎法的用途。

演绎推理是前提与结论之间有着蕴涵关系的必然性推理，只要它的前提真实，推理形式又合乎逻辑规则，推出的结论就真实可靠。但是使用三段论推理需要严格遵循其推理规则。

3. 归纳与演绎的关系

自从培根倡导归纳法，笛卡儿倡导演绎法以来，历史上一直存在着归纳主义和演绎主义的争论，但是无论倡导哪一方面都是片面的，归纳和演绎有着辩证统一的关系。

第一，在功能上互补。归纳和演绎是两种对立的推理形式或思维过程，各有其独特的作用和功能，也各有缺点和局限。两者正好可以相互补充，相得益彰，发挥归纳演绎的整体效益。

第二，相互依赖、相互渗透。演绎以归纳为基础，作为演绎前提的一般性原理是通过归纳从经验材料中概括出来的。演绎的规则和演绎的类型也主要靠归纳取得。因为要想确保演绎结论的可靠性，在推理过程中需要具备三个条件：①演绎中的大小前提都必须正确无误；②大前提必须正好适用于小前提所指的特定对象；③大小前提之间必须有恰当的蕴涵关系。这些先决条件多数要靠归纳取得，缺一不可。

归纳也是以演绎为指导的，演绎为归纳确定研究的目的和方向，这种方向性指导也包含三个方面：①选择考察对象和条件，明确归纳的任务；②提供如何归纳的思路，选择恰当的归纳形式和出发点；③鉴别归纳材料的真与伪，寻找归纳的坚实基础。

在科学研究中常常是既有归纳又有演绎，在某个阶段以归纳为主，在另一阶段又以演绎为主，更多的情况是两者同时并用。这种辩证统一的关系实质是人们的认识过程中都存在个别和一般的辩证关系。归纳法和演绎法是这种关系在方法论上的体现。“纯归纳”或“纯演绎”的现象是不会存在的。

第三节　科学思维的非逻辑方法

以前，人们一直把逻辑思维当作科学思维的唯一类型。但是随着思维科学的发展，人们逐步认识到了形象思维和直觉（灵感）思维在科学认识中的重要作用，并把它们与逻辑思维一起看作科学思维的基本类型。

一、形象思维

形象思维是在对客观事物感性形象认识的基础上，通过意象、联想、想象等思维形式（过程）来揭示客观对象的本质及其运动规律的思维方式。这里的意象是对同类事物形象的一般特征的反映，是从印象、表象这些还处于感性阶段的关于对象的生动形象或“内心图画”中，经过形象分析和形象综合而建立起来的。意象舍弃了印象、表象中与对象本质无关的个性特征，而集中反映了对象的共性，这种共性在意象中是以形象的形式而不是以抽象的形式表现出来的。联想是思维过程中由一个表象或概念引起与之相联系的其他一些表象或概念的心理活动，它包括属于感性认识范畴的由知觉形象触发的印象联想，以及属于理性认识范畴的意象和概念的联想。后者又进一步划分为形象联想和非形象联想。形象联想是指从一个意象到另一个意象的思维活动，非形象联想主要是指概念联想。想象是在联想的基础上加工原有意象而创造出新的意象的思维活动。

形象思维源于实践经验，但是又要突破经验事实的局限，具有明显的跳跃性、生动性，直观性、间接性、概括性和能动性，可以达到观察与实验无法达到的境界。

形象思维的在科学技术发展中的方法论意义主要有：①可以直观地揭示对象的本质和规律；②可以突破现实的局限，对研究对象进行极度纯化和简化，以揭示对象的本质和规律；③在技术创造活动中有着更为突出的意义。

形象思维在科学发展中起着重要作用。在古代的自然哲学中，人们往往借助直观的感性经验，对自然界进行形象的猜测和描述。中国的盖天说就把宇宙想象为“天圆如张盖，地方如棋局”的结构。在近代，由于引进了数学和逻辑的形式化方法之后，形象化的描述退居到次要地位。到现代，随着科学认识的不断深化，认识对象越来越复杂，越来越不易直接观测，形式化的方法也需要借助于形象化的方法来理解。因此建立在形象思维基础上的形象化方法又重新活跃，重新受到广泛的应用和重视。

二、想象的特点和作用

想象是形象思维的主要活动方式，是形象思维的高级阶段，极富有创造性。此外它还具有形象性、概括性和幻想性等特点。

在科学认识过程中，必须对研究对象以及相关事物的形象进行加工。想象便是这样一种在头脑中改造记忆的表象或意象而创造出新的形象的思维过程。因此，想象是人们进行创造性思维的重要方式。

可以说，人们在探索和改造自然的历史进程中，处处闪现出想象的火花。爱因斯坦曾经深刻地指出，“想象力比知识更重要，因为知识是有限的，而想象力概括着世界上的一切，推动着进步，并且是知识进化的源泉。严格地说，想象力是科学研究中的实在因素。”❶在爱因斯坦 16 岁时就曾设想，“如果我以光速追随一条光线运动，那么这条光线就好像是在空间里振荡着而停滞不前。”这个大胆的想象正是狭义相对论的最初萌芽。奥地利著名物理学家、哲学家马赫也提出科学研究的两大支柱是想象和理性。他关于科学方法的思想可以概括为“诗的想象加经济的思维”。

---

❶ 爱因斯坦文集第一卷［M］. 北京：商务印书馆，1976：284.

显而易见，培养富有浪漫主义精神的想象力是提高科技工作者科学思维能力不可缺少的重要一环。想象在创造性科学研究中的作用主要有以下几方面。

1）它是建立新概念、新理论，发现新的联系、规律的有效途径。科技史上，这样的例子举不胜举。美国的富兰克林面对溪流，想象出电也是一种流体。1894 年，俄国科学家齐奥尔科夫斯基曾对未来的宇宙航行进行大胆具体的设想，设想出火箭式飞机、建立大气层外的活动站（人造地球卫星）、登月、制造太空衣、利用太阳能等事物和活动。百年后的今天，他的许多设想已变成了现实。1953 年，沃森和克里克在对 DNA 分子的 X 射线结晶学数据进行了潜心研究之后，巧妙地构想出 DNA 分子的双螺旋结构，从而奠定了分子生物学的基础。可以说，富于创造性的想象能力是他们成功的重要原因。

2）想象可以超越客观对象对其所处的环境条件的各种限制，具有概括化和理想化的作用。科学研究不是对客观事实的简单罗列，不是像镜子那样刻板地、无一遗漏地反映个别现象，而是要进行选择、抛弃、改造、重组，能动、有取舍地反映事物主要的、本质的、规律性的东西，而在这个过程中科学想象发挥着重要作用。例如，磁力线、场、物质波、四维时空等概念就是对物体存在方式的十分形象的概括，而黑洞、耗散结构、无穷集合、循环、分解、化合、反射、遗传密码等概念，同样离不开科学家丰富的想象。罗巴切夫斯基干脆把自己构建的非欧几何称作“想象几何学”。恩格斯也曾将微分称作“想象的数量”。巴甫洛夫深有体会地说，“化学家为了彻底了解分子活动而进行分析和综合的时候，他应当想象眼睛看不到的结构”。[1]

3）人类的科学想象可以激发人们以饱满的热情积极投向科学、献身于科学。通过想象产生的新图像、新概念、新理论给科技工作者揭示了一个个新世界，带来了迷人的前景，激励着一代又一代的科学家去为探索自然界的奥秘、创造出有益于人们的新技术而不懈地努力。

人们所熟悉的科学幻想是想象的特殊形式，是一种指向未来的科学想象。它所创造的形象一般很难实现，或需要经过很长时间才能实现。但科学幻想往往走在科学的前列，能够预测未来，对人们的思维有启发和帮助作用，也是科技发展中必不可少的思维方式。

想象是以实践为基础的有目的思维活动，需要掌握充足的有关研究对象的形象材料，并在一定科学理论指导下进行。通过想象取得的科学成果，其价值如何还需要由科学实践来验证。

三、直觉思维和灵感思维

直觉思维是指不受某种固定的逻辑规则约束而直接领悟事物本质的一种思维形式。它源于经验，依据对“经验的共鸣的理解”，是从经验到理论飞跃的一种形式，是在形象思维与逻辑思维基础上进一步发展，融合了感性认识和理性认识的一种特殊思维方式，是科研人员不可缺少的思维工具。贝弗里奇就曾认为，有相当部分的科学思维并无足够的可靠知识作为有效推理的依据，而势必只能主要凭借直觉力来作出判断。

灵感思维则是在一种积极的爆发式的心理状态下进行的思维过程。它是认识主体在对某个问题进行艰苦思考的过程中，由于受到某种因素的激发，突如其来地产生某种创造性

[1] 巴甫洛夫选集［M］．北京：科学出版社，1955：267.

思路或设想的顿悟过程。科学史上的许多重大难题就往往是在这种直觉和灵感的顿悟中奇迹般地迎刃而解。传说古希腊的阿基米德在洗澡时灵感突发，一下子就找到了解决王冠之谜的答案，以致他兴奋地光着身子跑到大街上大叫着“尤里卡（找到了）”！后来人们就把这种由于灵感的突然爆发而出现的重大发明、创造的现象称作“尤里卡现象”。世界上最著名的博览会也以“尤里卡”来命名。

直觉和灵感中都会产生使问题一下子澄清的顿悟，这是它们区别于其他思维类型最基本的特点。因此，人们往往对二者不作严格区分而统称为直觉思维或直觉（灵感）思维。

直觉和灵感是科学研究中实现突破和创造的催化剂，促使新思想、新概念、新理论的产生。爱因斯坦曾经谈到，1905 年一天早上起床时突然想到，对一个观察者来说是同时的两个事件，对在其他惯性系上别的观察者来说，就不一定是同时的。狭义相对论就在这个灵感的火花中爆发了。恩格斯在 1873 年 5 月 30 日给马克思的信中写道，“今天早晨躺在床上，我脑子里出现了下面这些关于自然科学的辩证思想。这些思想后来发展成《自然辩证法》一书的主要观点。”这些奇迹般的思维现象，都是灵感的体现。

直觉思维和灵感思维具有共同的特征。

1. 认识的突发性

直觉和灵感都是认识主体偶然受到某种外来信息的刺激、启迪而突然产生的，是一种随机过程，完全是突如其来、意想不到的。正如费尔巴哈所指出的，热情和灵感是“不会为意志所左右的，是不由钟点来调节的，是不会依照预定的日子和钟点迸发出来的”。❶ 德国数学家高斯在谈到一条数学原理时说，他求证多年都没有解决，但有一天这一数学原理的解像闪电一样发生，谜一下解开了。

2. 认识过程的突变性

正如突变理论揭示的，质变的形式既可以采取渐变的形式，也可以采取突变的形式。灵感和直觉是思维过程实现质变的突变形式，表现为逻辑上跳跃的突变形式。它可以一下子使感性升华为理性认识，使未知转化为可知。

3. 认识成果的突破性

直觉和灵感能打破人们的常规思路，突破思维定式和逻辑规则的束缚，为人类开创创造性思维开辟一个新境界，成为科学创造尤其是突破性创造的催生婆。

此外，灵感和直觉思维所直接产生的新线索、新结论，往往还具有一定的模糊性，有待于用逻辑方法等手段进一步改造、制作、加工等。

四、直觉和灵感思维的方法论意义

直觉和灵感思维是发挥创造主体思维能动性的最高形式，因此也是创造性思维的重要形式。正如钱学森同志所说，“凡有创造经验的同志都知道，光靠形象思维和抽象思维不能创造、不能突破；要创造要突破得有灵感。”❷ 灵感和直觉都是创造主体长期从事科学研究活动的实践经验和知识储备得以集中利用的结果，是创造者日积月累地针对所要解决的问题而思考的各种线索凝聚一点时的集中突破，还包含着丰富的感情因素，是创造者全身心

❶ 费尔巴哈哲学著作选集下卷［M］. 北京：三联书店，1962：504.

❷ 钱学森. 关于形象思维问题的一封信［J］. 中国社会科学，1980（6）.

的动员。

当自然科学已由经验自然科学阶段进入到理论自然科学阶段（即由“搜集材料”进入到“整理材料”阶段），科学认识模式发生了深刻的变革时，直觉思维也作为创造性思维的一个重要形式日益引起人们的重视。

爱因斯坦曾强调，经验事实和普遍理论（假说）之间不存在逐渐上升的逻辑通道。科学发现只能靠直觉和灵感，从经验事实一下子跳到和飞到普遍公理。爱因斯坦关于科学认识的新模式虽然因为否认了归纳等逻辑思维在科学发现中的作用而具有片面性，但它说明了直觉和灵感在科学发现中的重要作用，因此其意义是深刻的，反映了现代科技发展的特点。美国物理学家霍夫曼认为，“爱因斯坦的方法本质上就是美学的、直观的”。直觉和灵感思维也有其局限性。它本身不是科学创造的成果，而且有很大的不可靠性。

五、灵感和直觉产生的生理、心理基础

直觉和灵感是大脑的一种思维形式，也是一种心理现象。现代科学证明，大脑产生直觉和灵感具有其物质基础和内在机理。据神经心理学分析，一个人的大脑在一生中可能储存一千万亿信息单位，一旦外界给予刺激，就会引起神经细胞放电，产生神经脉冲。直觉或灵感，正是通过神经细胞的突然放电，使平时储存的关联信息迅速综合，知识与难题之间“导线”一下接通，产生出联想和思路，导致科学上的新发现。

从心理学上来看，人的思想意识活动分为显意识和潜意识两方面，一方面是显意识的积极工作，另一方面是潜意识的默默活动。弗洛伊德提出的“冰山理论”认为，我们的头脑（心）的作用分为相当于冰山显露于水面的部分和隐没在水下的部分。水下部分即为潜意识，潜意识存在于头的深处（大脑皮质部分），平时不可能出现，只是在做梦、处于催眠状态或给大脑以电刺激等时才出现。由于潜意识的活动不受人的主观意志的支配，所以它也不受显意识思维定式和逻辑规则的束缚，会产生显意识想不到的结果。因而，往往能突破原有设想的框架，产生创新和突破性的认识结果。这种理论在一定程度揭示了灵感和直觉思维产生的生理、心理基础，但是过分夸大了潜意识的作用。

近年来我国思维科学界提出“显意识和潜意识相互作用的理论”，也对直觉和灵感思维的本质做了有益的探索。这种理论认为直觉和灵感思维同逻辑思维和形象思维一样，都属于人脑这种特殊物质的高级反映形式。它们受显意识控制，却酝酿于潜意识活动，当酝酿成熟时，潜意识与显意识突然沟通而涌现出来成为直觉和灵感。所以直觉和灵感思维是显意识和潜意识交互作用、相互通融的结晶。

目前，对于直觉和灵感思维产生的机理仅仅处于探索阶段。要想全面、科学地揭示灵感产生的内在机制，有赖于认知心理学、神经科学、思维科学等学科的深入发展。但是目前人们在长期的研究中也总结出有关直觉、灵感产生的一些规律性认识。

1）直觉、灵感是在实践基础上经过艰苦的思维爆发的。杨振宁教授曾说，灵感当然不是凭空而来，往往经过一番苦思冥想后出现的“顿悟”现象。因此科学研究是个艰苦思索、不懈探索的过程，不能总被动地等待不劳而获的“奇迹”发生。这正是所谓“书山有路勤为径，学海无涯苦作舟”。

2）灵感大多是在大脑长期紧张劳动间隙、暂时松弛时产生的。古语说，“文武之道，一张一弛”。松弛可以放松对潜意识活动的抑制、有利于潜意识活动及其结果的实现，因此能够成为灵感产生的一个重要条件。1999 年，有关媒体对 821 名实业家和职员调查表明，

容易使人产生灵感的三大场所依次为躺在床上、步行时和在车船上。北宋著名文学家欧阳修也曾说，构思文章最好的地方是马上、枕上。著名运动员邓亚萍在总结打乒乓球的经验时说，“松则通，通则灵”。这些都在一定程度上揭示了灵感产生的奥秘。

直觉思维和灵感思维，并不神秘莫测，归根结底它们是长期实践的产物，是持久探索的结果。掌握了它们的一些本质、规律，人们就应该努力创造条件，抓住机遇，使直觉、灵感等非逻辑思维能够积极爆发，促进科学的重大进展。

第四节　创造性思维

创造是科学研究的永恒主题。创造性思维是科学创造活动的核心与灵魂。整个科技史可以说也是一部创造性思维的发展史。

一、创造性思维的形式

广义的创造性思维是指酝酿、提出和形成新观念、新思想、新理论，或创造新事物的整个思维过程，即指在创造过程中发挥作用的一切思维活动的总称；狭义的创造性专指提出创新思想的思维活动形式，也即人们在依据一定的经验和知识对象进行研究和思考时，不受已有经验、知识和固有逻辑规则的约束，灵活地进行发散性思维以产生超常的新观念、新思想的过程。

按照科学思维的类型，可以把狭义的创造性思维分为两种基本形态。

第一种形态：以非逻辑思维形式——想象、直觉和灵感等思维形式来触发新思想、新意象的产生。这时，想象是通过形象思维去把握抽象思维，对创新具有启示和导向作用；直觉的作用是获得“对经验的共鸣的理解”，是对事物本质的直接猜测和把握；而灵感主要是推动直觉得到迅速实现，即达到所谓顿悟。

第二种形态：以逻辑思维为主的创造性思维。如果认为逻辑思维不具有创造性，甚至把创造性思维和逻辑思维完全对立起来，是片面和难以成立的。演绎推理的前提与结论之间虽然存在蕴涵关系，但完全可以进入到还没有被人类考察过的未知领域。科学史上，门捷列夫关于钪、镓、锗等新元素的预言，爱因斯坦质能关系式 $E = mc^2$ 的导出等，都是以演绎为主的创造性思维导致重大科学发现的著名例证。归纳推理的结论虽然不具有逻辑的必然性，但却明显地表现出一种由已知进入到未知的方法。著名的哥德巴赫猜想，显然就是一种直觉归纳（即有归纳推理的特点，又具有直觉思维的特点）。同样，类比推理也正因为其结论不具有逻辑的必然性，从而为人们的思维过程提供了更广阔的“自由创造”的天地，使它成为科学研究中非常有创造性的思维方式。

二、创造性思维的一般特征

创造性思维具有开放性、随机性、流畅性、灵活性、多样性、多向性、独特性、兴奋性、立体化等特点。总的来说，它比其他科学方法更难具有统一的模式，因此是具有不确定性，多自由度的思维方法。但是，个性中都包含着共性，创造性思维也有其共有的一些特征。广义的创造性思维就有以下两个方面的共同特征。

1. 逻辑方法与非逻辑方法的辩证统一

在任何科学创造过程中，逻辑方法与非逻辑方法总是互为补充的。想象、直觉和灵感，其认识成果必须经过逻辑的加工，找到其逻辑根据，否则就不能成为真正的科学知识。没有逻辑的依据和论证，人们也无法判断科学的真伪，也无法建立起从科学理论到实践检验的通道。而在逻辑思维过程中，也需要想象、直觉和灵感，否则就不能在许多陈述中找到它们的逻辑关系。

2. 发散性思维与收敛性思维的优化综合

发散性思维是指解决问题时思维能不拘一格地从仅有的信息中尽可能扩展开去，朝着各种方向去探寻各种不同的解决途径和答案。收敛性思维是指在解决问题的过程中，思维尽可能利用已有的知识和经验，把众多的信息逐步引导到条理化的逻辑系列中去，从所接收的信息中产生逻辑的结论。发散性思维可以冲破外部束缚和内部定式，提出各种可能的假说、猜测、设想和方案。收敛性思维则可以从中优选出最佳的假说、猜测、设想和方案。发散性思维和收敛性思维在创造活动中是反复交织、相辅相成的。它们的优化综合是一切创造性思维的共性特征。

三、创造性思维的具体过程

目前研究创造性思维的具体过程，可以分为宏观的（理论上的）途径和微观的（实际的）途径。以宏观途径得出的创造性思维过程可称为宏观模式（理论模式），从微观途径提出的是微观模式。

1. 宏观模式

英国心理学家沃拉斯在1926年出版的《思考的艺术》一书中，将复杂的创造性过程分为四个阶段：①创造的准备期，这是一个发现问题，收集资料的过程；②创造的酝酿期，这一阶段主要是苦思冥想、在传统的知识和手法的基础上，对问题作各种试探性解决；③创造的明朗期，这主要是在酝酿、成熟的基础上，借助各种逻辑的、非逻辑的思维手段，摆脱旧经验、旧观念的束缚，逐渐产生各种新思维的一种过程；④创造的验证期，主要是在逻辑思维的指导下，用逻辑和实验方法对由非逻辑思维得到的结果进行逻辑的分析、鉴定、验证工作。宏观模式对于理解创造性思维的本质具有一定的积极意义。但是创造性思维是个极其复杂的过程，因此这一模式只有理论上的意义。

2. 微观模式

从创造性思维的本质以及它在科学思维中的功能上看，它最终是一个做出科学判断的过程，其主要结构还是推理。虽然非逻辑思维在其中也是必不可少的，但只是起着一种类似催化剂的作用。单靠直觉、灵感等思维形式得到的结论很难发展成理论，并且这样的直觉灵感也不可想象。因此科学推理是创造性思维的必要环节，是它的主要组成部分。尽管非逻辑思维在创造性思维中占据重要位置，但总是与严密的科学推理紧密相连。

创造性思维中的科学推理是从归纳到演绎，再从演绎到归纳的复杂的循环推理过程（不是循环论证），因为科学发现的过程是一个以“背景知识”为根据、前提或理由，对新事实、现象加以推理、解释的过程。

在推理过程中，也包含着“学习”和联想（想象）。“学习”是指在求解问题的过程中，根据背景知识的完善程度，动态地改善知识结构的过程。联想是通过与其他知识的联系，认识事物和解决问题的过程。

四、创造性思维的智力因素和非智力因素

发挥认识主体的创造性思维能力，需要具备良好的心理品质。这种品质表现在智力因素和非智力因素两个方面。

创造性思维的智力因素主要有以下几方面。

1）观察力。敏锐的观察力是良好智力的第一要素，也是人们获取信息的重要能力。

2）记忆力。记忆力是人智力结构系统的基础，记住大量有益的知识，使之保持运转自如，才能时刻准备着进入创造佳境；

3）思维能力。要加强逻辑训练，提高对非逻辑思维特点认识，培养和锻炼发散式思维能力等，这些在创造过程中是非常必需的。

4）评价和鉴赏能力。评价能力是辨别真伪和深入探索的基础，与科学鉴赏力密切相关，科学美感鉴赏本质上是对客观规律从感性到理性的把握，二者都是高智力水平的标志，但也涉及人的非智力因素。

5）操作能力。操作能力是智力水平的一种外在表现，操作能力的迅速性、协调性、准确性和灵活性，对科技创造的速度和水平有很大影响。

创造性思维的非智力因素主要包括理想与动机、兴趣与激情、好奇心与惊讶感等方面。崇高的理想、坚韧的毅力、积极的情绪是激发创造性思维的良好品质。

创造性思维是各种智力因素和非智力因素有机结合的结果。培养和提高创造性思维能力，不仅要不断训练和强化有关智力因素的能力，也要尽力发挥有关非智力因素的积极作用，还要使二者密切结合，优化它们的整体结构。

第五节　数学方法

数学是一门古老的学科，是一门研究客观物质世界的数量关系和空间形式的基础科学。随着现代科学的不断深入和发展，数学越来越成为科学研究的重要方法，成为理论思维的重要形式。正逐步向各门学科渗透。

一、数学方法及其特点

所谓数学方法，就是根据对象的不同特点，运用数学所提供的概念、理论、方法和技巧，进行数量和结构方面的分析、描述、推导、运算和判断，揭示其规律性的一种方法。科学技术中运用数学方法的深度和广度是衡量科学技术发展水平的重要标志之一。数学的研究对象及其本质属性，决定了数学方法具有以下几个基本特点。

1. 高度的抽象性

抽象性是一切科学认识的共性。任何科学思维都具有抽象性的特点。然而数学的抽象是一种极度的抽象。它只保留了事物量的关系和空间形式而舍弃了其他一切的特性。在数学中，各种数量及关系的变化，都是以符号形式表示的，它使数学成为一种完全脱离现实世界具体内容的符号形式系统。

2. 严密的逻辑性及结论的确定性

数学的抽象性使数学研究能在纯粹化的状态中进行，不像物理学、化学、生物学等科学的研究要与客观事物相对照，要用仪器设备来验证，它依靠逻辑严密性来保证数学这种理性思维的正确进行，从而使它获得了单义性、精确性和直观性，并使逻辑程序获得了相对独立性。数学的一切结论只需由也必须由严格的逻辑推理来得出。因此，一切数学结论都具有逻辑上的必然性和数量的确定性。正因为这样，数学方法才给予精密的自然科学以某种程度的可靠性。当今，模糊数学的创立，在一定意义上揭示了精确性和模糊性的相对性。但模糊数学并不要求数学舍弃其精确性，相反正是运用数学的精确方法，深入到现实世界中的模糊现象中去，达到认识的数值化、明晰化，实际上体现了模糊性与精确性的统一。

3. 应用的普遍性

自然界中任何客观事物都是质和量的统一体，无不具备一定的数量关系和空间形式，这决定了数学方法具有广泛的适应性。当然，对于不同性质的事物，运用数学方法的要求和可能性是不同的。它既取决于科学技术发展的状况，也取决于数学本身发展的水平。现在，随着信息时代的到来和计算机的普遍应用，数学方法正更加广泛地渗透到科学技术的各个领域，数学化、计量化、模型化已成为科学技术发展一个重要趋势。

二、数学方法的作用

数学方法是进行理论思维的有效形式，是科学技术研究中不可缺少的工具。它所具有的高度的抽象性、严密的逻辑性以及应用的广泛性的特点及独特的公理化方法，使之能够适应现代科学技术发展的要求，在科学技术研究中发挥着越来越重要的作用。

1. 可以为科学技术研究提供抽象、简洁、精确的形式化语言

数学中的各种量、量的关系和变化以及在量之间进行的推导和演算，都是以符号即形式化的数学语言来表示的。这种符号为科学技术研究提供抽象、简洁、精确的形式化语言，成为表述科学理论、概念的重要形式和手段。许多自然科学原理和定律都可以表示为简明的数学公式。如果现代科学技术的研究中不使用数学语言，那么就会连简单的自然规律也难以说清楚，更何况复杂抽象的理论自然科学。数学的形式化不仅有约定性和通用性，而且还为运用电子计算机的运算和推理创造了条件。

2. 可以为科学技术研究提供严密的推理工具

数学的推导严格遵守形式逻辑推理规则，数学中的公式定理都是经过逻辑上的严格证明才确立的。这就保证了推理结果在逻辑上的必然性和可靠性，从而为科学技术的研究提供强有力的逻辑推理和逻辑证明工具。在科学理论研究中，常常需要从科学原理出发推出科学结论，由此做出科学预见。例如，麦克斯韦由电磁场方程组出发，运用数学方法进行推导，得出两个波动方程，由此提出了电磁波概念，预言了电磁波的存在；而爱因斯坦从质量能量相对性原理出发，由数学推理方法推得关系式 $E=mc^2$，做出了质量能量相互转化的解释，预言了物质中所蕴藏的巨大能量（核反应中能释放出巨大的能量）。

3. 可以为科学技术研究提供数量分析和理论计算方法

由定性描述进入定量分析，是一门科学达到成熟的重要标志。运用数学方法对研究对

象进行定量的分析和精确的数字计算，可以准确地把握事物的质的特点和变化规律，所以科学技术的研究常常能够借助于数学的定量分析和理论计算做出伟大的科学发现（包括科学预见）和重大的技术发明。伽利略把物理实验同数学方法结合起来以后，物理学乃至整个近代科学，才真正开始发展为精密科学。又如，原子能的开发和利用，空间技术、大型工程的设计等，如果没有周密的理论分析和精确的数值计算，不仅难以达到既定目的，而且还可能造成灾难和失败。

三、数学方法的应用

1. 数学模型方法

数学模型方法是通过建立和研究客观对象的数学模型来揭示对象本质特征和变化规律的方法。一切数学概念、数学理论体系、各种数学公式以及由公式系列构成的算法系统等，都可以称为数学模型。本节讨论的数学模型专指那些反映特定问题或特定事物系统的数学关系结构。

在科学研究中成功运用数学方法的关键，就在于针对所要研究的问题提炼出一个合适的数学模型。常用的数学模型有如下四种基本类型。①确定性数学模型。这是最常见最普遍的一类数学模型。它主要用于描述自然界中的必然现象，这类现象的产生和变化要服从确定的因果联系。确定数学模型通常用经典数学的各种方程式、关系式网络图来表示，尤以微积分方程用得最多。②随机性数学模型，即关于随机现象的数学模型。它主要用于描述自然界中的或然现象。这类现象对于某一特定事件来说，它的变化发展有多种可能的结果，最终到底出现哪一种结果，完全是偶然的、随机的。目前研究随机现象的思维工具主要有：概率论、过程论和数理统计等。③突变性数学模型，即用来研究和描述客观世界突变现象的数学模型。突变是自然界中大量存在的一类现象。自然界物质系统的状态可以用一切状态变量来描述，决定这种状态的变量叫控制变量。当控制变量和状态变量都连续变化时，称之为渐变；如果控制变量的连续变化使状态变量发生不连续变化，就是突变。20世纪60年代末，法国数学家汤姆以拓扑学为基础，提出用曲面奇点理论来描述这类现象，从而创立了突变论。这一理论用数学语言清晰地阐明了事物质变过程中出现突变和渐变的原因，揭示了事物的质变方式是如何依赖条件而变化的。④模糊性数学模型，即关于模糊现象的数学模型，是从自然界中存在的大量模糊现象、模糊信息中抽象出来的一种数学模型。反映在人的认识上则有许多模糊语言和模糊的概念。它们具有量的特征，但没有非此即彼的精确性，所以以往的数学对此是无能为力的。自从1965年美国控制论专家扎德创立模糊数学，提出用模糊集合作为表现模糊事物的模型以来，各种模糊现象的研究便得到了有效的解决。

2. 运用数学模型方法的步骤

运用数学方法解决实际问题一般要经过三个基本步骤。①抽取数量关系，建立数学模型，即从客观的现实原型出发，把一个实际问题抽象成为一个数学问题，列出数学公式或结构图型。②对数学模型求解，即运用各种数学理论和方法，对数学式或结构图形展开分析、推导、演算、以获得数学结果。③对数学模型的解做出解释和评价，即将数学结果返回到现实原型中去，对实际问题做出判断，形成对问题的科学解释和科学预见，推动研究工作深化。其中形成合适的数学模型是最重要的也是最困难的一环。它通常需要对所研究的对象有广博的知识和深刻的理解，并需要敏锐的见解和成熟的判断。数学模型方法的基本模式如图 8 –2 所示。

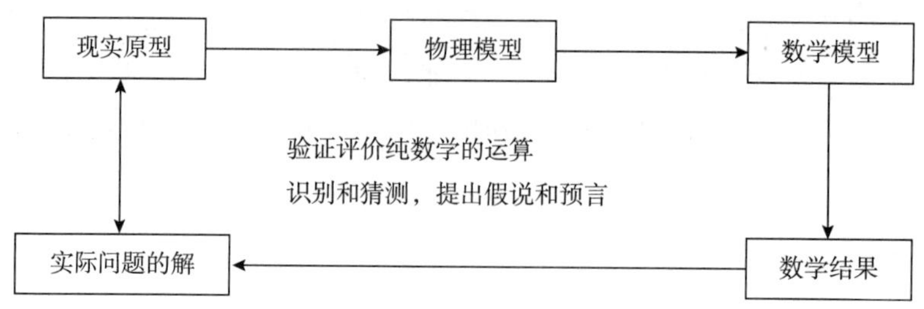

图 8 –2　数学模型方法的基本模式

3. *“数学实验”方法*

“数学实验”是指在一定的数学思想、数学理论的指导下，借助电子计算机对系统的数学模型进行试验，以求得对原型的规律性认识的一种数学方法，也叫“计算机仿真”。数学实验从 20 世纪 50 年代诞生后发展迅速，其原因是：电子计算机的发展，使其性能越来越高，应用越来越广，并出现了许多一体化的仿真软件系统。它以工程数据库、模型库、方法库为核心，将建模、仿真、优化、结果分析等多种功能综合在一个软件系统中，出现了面向专用领域的仿真软件。

数学实验的一般过程主要有三个步骤。①建立描述系统行为状态的数学模型，并将它简化成电子计算机能作数值运算的形式。②设置初始条件，利用计算机计算。③对“数学实验”结果进行分析，通过对实际系统的试验验证其有效性。数学实验能力的提高依赖于对被模拟问题更深刻的了解和将数学型转化为算法的方法的改进。

在大系统计算机仿真中，仿真软件起着关键的作用。数学实验是对客观世界的仿真，它提供了客观世界的数学模型，借助于这些模型可以检验那些即将付诸实施的理论和思想。随着电子计算机的发展，出现了许多一体化的仿真软件系统。20 世纪 60 年代以来，又出现了一种处理人类知识的专家系统。计算机仿真传递着被模拟的客观世界的变化过程，专家系统则传递着人与被模拟的专家之间进行的对话。计算机仿真和专家系统是相辅相成的。在科学研究对象日益复杂化的今天，大量的科学问题很难用一般的数学方法进行处理。采用计算机仿真方法就可以在计算机上对这类复杂的现象进行分析研究。因此，越来越多的实验正在被数学实验所取代。

四、数学方法的发展趋势

在新世纪，数学方法得到了迅猛的发展，无论在深度和广度上都达到了空前的水平。具体来说，数学方法有以下几方面的发展趋势。

1. *数学方法广泛地向各门学科渗透，各门学科的发展也对数学产生深刻的影响*

恩格斯在概括 19 世纪数学应用状况时指出，“数学的应用在固体力学中是绝对的，在空气力学中是近似的，在液体力学中已经比较困难了；在物理学中多半是尝试性的和相对的，在化学中是最简单的一种方程式；在生物学中等于 0。”[1] 这种状况 20 世纪初期开始被

[1] 恩格斯. 自然辩证法［M］. 北京：人民出版社，1971：249.

突破，现在则产生了根本性的变化。数学几乎深入到一切科学领域，包括自然科学和社会科学以及思维科学等领域。同时，科学的发展也反作用于数学，为数学提供大量研究课题，促进数学新理论的产生和新的数学分支的出现，如优选法、运筹学、模糊数学、突变理论等。

2. 应用数学和计算数学成为数学方法发展的主流

应用数学和计算数学的研究不仅吸引了大批数学家和专业数学工作者，还吸引了大量其他领域的科学家和科研人员，形成了空前蓬勃的发展势头。在这种形势下，微分方程、概率论、数理统计、运筹学、计算数学等得到了极大发展，并出现了模糊数学、突变理论等数学分支，而且还产生了一系列和具体科学密切联系的应用数学小分支，如计算物理学、计算化学、生物数学、经济数学和数学语言学等。

3. 呈现出高度分化、高度综合的整体化趋势

数学分支学科、边缘学科纷纷涌现，如优选法、规划学、对策学、排队论等运筹类数学学科分支，系统论、信息论、控制论以及计算机数学等边缘学科的数学分支在现代生产、国防建设的需要中形成。数学综合性学科也不断出现，如拓扑论与微分方程的综合研究，集合论、突变函数论、点集拓扑学等新颖学科。当代数学成为一门研究内容异常丰富，分支学科纵横交织的基础学科和横断学科。

4. 计算机促使了数学方法的新进展

由于计算机具有运算速度快、逻辑判断准确、记忆力强和精确度高等多种优点，导致数学方法及其作用显著变化，开拓了数学方法的应用范围，加深了数学在认识世界和改造世界中的重大作用。由于计算机可以模拟人脑的部分功能，具有逻辑判断和推理的能力，因此，它还为数学研究的脑力劳动方式带来了革新，使研究者从烦琐的单调的计算中解放出来。例如，著名的“四色定理”由于证明过程需要一系列漫长的中间推论，100 多年来未被证明。1976 年美国科学家阿佩尔和哈肯运用计算机使这一问题得到解决。

此外，计算机还开拓了数学研究新领域，促进了数学各分支的发展，如计算物理、数理逻辑的巨大发展，就是和计算机的巨大推动作用分不开的。

第六节　系统科学方法

系统科学方法是随着系统科学的发展而出现的崭新的科学方法。20 世纪 40 年代以后，系统论、信息论、控制论等系统理论几乎是同时应运而生。到了 70 年代，耗散结构理论、协同学、突变论、超循环理论、混沌理论等非平衡自组织理论，也逐步产生和发展起来。系统科学的这些理论，为科学技术的发展提供了新思想和新观点，同时也给科学技术方法论研究带来革命性变化，对人类思维方式产生了巨大影响。因此，发展科学技术方法论不能不关注系统科学方法的研究。

一、系统科学方法的特点和作用

1. 系统科学及其方法

系统科学是探索系统的存在方式和运动变化规律的学问，是对系统本质的正确反映和

真理性认识，是一个知识体系。系统科学是现代科学技术发展整体化的必然产物，是科学技术方法进步的必然结果。系统科学是范围很广的一个学科群，如系统论、信息论、控制论、运筹学、博弈论、协同学、耗散结构理论、突变论等，都属于系统科学。系统科学以数学、物理、化学、生命科学、工程技术、社会科学、思维科学等为背景，不同的系统理论侧重于上述不同领域。

系统科学的理论和方法，本身就是认识世界和改造世界的手段。系统科学方法，是按照系统科学的理论和观点，把研究对象视为系统来解决认识和实践中的各种问题的方法的总称。它主要包括系统分析方法、系统模型方法、系统决策方法、信息方法、控制方法等多种，常用的还有反馈方法、功能模拟方法、黑箱方法、图式识别方法以及自组织理论方法等。

2. 运用系统科学方法的原则

系统科学方法要求人们把对象和过程看作一个相互联系、相互作用的整体，并且尽可能将整体进行形式化的处理。运用系统科学方法研究和处理对象时，要把握以下一些原则。

（1）整体性原则

整体性原则是系统科学方法的首要原则。所谓整体性原则，就是把对象作为由各个组成部分构成的有机整体，探索其组成、结构、功能及运动变化的规律性。整体性原则所要解决的是所谓“整体性悖论”，即系统的整体功能不等于它的各个组成部分功能的总和，而且具有各个组成部分所没有的新功能。而系统的整体功能则是由系统的结构即系统内部诸要素相互联系、相互作用的方式决定的。系统科学方法的整体性原则，正是着眼于系统的整体功能，并根据系统结构决定系统整体功能原理，具体分析系统结构怎样决定系统的整体功能，为了实现特定的系统的整体功能应选择怎样的结构等问题。系统科学方法要求从种种联系和相互作用中认识和考察对象，使系统分析和系统综合、归纳和演绎、局部和整体、个别和一般都协调一致起来。

（2）最优化原则

最优化原则是使用系统科学方法的目的和要求。所谓最优化，就是从多种可能的途径中，通过统筹兼顾、多种协同、多种择优，采用时间、空间、程序、主客体等多方面的峰值佳点，进行综合优化和系统筛选，选择出最优的系统方案，达到整体最优效果。最优化原则亦称整体优化原则。运用系统科学方法要求首先为待研究的问题定量化地确定出最优目标并在动态中协调好研究对象的整体和部分的关系，使部分的功能目标服从系统整体的最佳目标，以达到整体最优。而实现系统整体功能最优化的关键则在于选择最佳的系统结构。随着人们对系统结构研究的日益深入，已逐步发展出各种最优化理论，如线性规划、非线性规划、动态规划、最优控制论和决策论、博弈论等理论。

（3）模型化原则

模型化原则是实施系统科学方法的必经步骤，也是实现系统最优化目标的必要手段。现代科学研究的对象日益复杂，很难直接、准确地进行考察和研究。采用系统科学方法，需要把真实系统模型化，也就是把真实系统抽象为模型，如理论概念模型、数学模型、符号系统模型以及放大或缩小了的实物模型等。模型化是实现系统方法定量化的必经途径。只有根据研究的目的，设计出相应的系统模型，才能确定系统的边界范围，鉴定系统的要素及其相互联系、相互作用的情况，才能进行定量计算。模型化也是进行系统试验的必经途径。只有建立系统模型，才能进行模拟实验，才能运用电子计算机进行系统仿真，从而不断检验和修正系统方案，逐步实现系统的最优化。

3. **系统科学方法的作用**

(1) 系统科学方法为人们提供了新的思维模式，实现了方法论上的创新

系统科学方法突破了传统的只侧重分析的机械方法的思维模式，倡导从总体上进行思维，探索科技发展新思路，把系统综合作为出发点和归宿，使系统分析服从于系统综合，建立综合学科、交叉学科和边缘学科，促进自然科学与社会科学的统一，促进科学家和哲学家的联盟，帮助人们打破两种科学、两种文化的界限，建立统一的世界图景和文化图景，为辩证自然观、科技观和方法论的发展开辟了道路。

系统科学方法已成为现代科学技术发展广泛应用的方法，它在自然科学、技术科学、社会科学、环境科学、医学、管理科学、军事科学等多个领域中应用，无论是处理自然系统还是社会系统以及技术系统，都收到较好的效果。

(2) 系统科学方法是认识、调控、改造、创造复杂系统的有效手段

系统科学方法是扬弃了传统科学的简单性原则而产生的。世界上的事物和过程本来就是复杂的，是由众多子系统及其之间的相互作用构成的。传统科学在研究复杂事物和复杂过程时，主要采用从实体上进行还原的分析组合方法，这实质上是把复杂问题不适当地简化了。系统科学方法着眼于系统的整体思考，走出线性因果关系的思维，注重系统运行过程的动态随机因素，提供了解决问题的钥匙。

(3) 系统科学方法为人们提供制订系统最佳方案以实现优化组合和优化管理的手段

在人类社会发展和科技发展中，充满着矛盾和竞争，系统科学方法可以帮助人们最大限度地存优汰劣、趋利避害。在认识自然和改造自然的过程中，系统科学方法可以帮助人们制订最佳方案，实行优化组合与优化管理，取得尽可能大的效益，用最少的投入取得最佳效果。

二、常用的几种系统科学方法

系统科学方法是一个内涵极其丰富的方法群，常用的系统科学方法有系统论方法、信息论方法、控制论方法等。

1. **系统论方法**

系统论方法是运用系统论原理，按照研究对象变化发展的系统过程，考察整体与部分、部分与部分、系统与整体、结构与功能等关系，以揭示其本质和规律的方法。系统论方法常用的有系统分析法、系统模型法、系统决策法等。

(1) 系统分析法

系统分析法是按照事物自身的系统性，运用系统原理进行目标、因素、功能、环境及其变化规律的深入剖析，从中选择达到预期目标的最优行动方案。系统分析方法不是搬用历史上的分析法，而是在整体性原则、最优化原则基础上的现代化分析，在第二次世界大战期间由美国兰德公司首创，并应用于武器系统的分析中。系统分析法的出发点是发挥系统的整体功能，实现系统的整体目标。所以，完整的系统分析应包括系统的目标分析、结构分析、功能分析、环境分析和动态分析等。系统的目标分析通过对总目标、分目标的分析以区分目标的层次和主次及约束条件；系统的结构分析找出关键的部分或环节以制订结构优化调整的途径；系统的功能分析主要是比较各个组成部分在系统整体功能中的地位和

作用；系统的环境分析是根据系统与环境的相关性，分析二者之间的相互作用情况；系统的动态分析就是分析系统及其环境条件的过去、发展趋向及各种可能性的程度，以把握系统运动的规律和制订系统优化的措施。要做好系统分析一定要坚持定性分析和定量分析相结合，尽量采用先进的数学法和计算机技术。系统分析法在解决科技、经济、社会问题中对提高决策功能发挥着重要的作用。

（2）系统模型法

系统模型方法是通过研究与真实系统在功能上或结构上相似的模型，来揭示和掌握真实系统的特征和规律。系统模型就是真实系统中原型的类比。系统模型方法的根本特点在于：它不是直接研究现实世界的某一现象或过程本身，而是设计一个与该现象或过程相类似的系统模型，通过模型来间接地研究该现象或过程。系统模型的建立，一般说来，必须遵循相似性原则、简单性原则、逐步逼近原则，使建立起来的系统模型既反映真实系统的主要特征，又高于真实系统而具有同类问题的共性。系统模型法是系统分析法实现优化的必经途径，是系统论方法的具体形式。

2. **信息论方法**

信息论方法即运用信息论的观点，依据信息特性及其运动变化规律认识对象系统运动规律的现代科学研究方法。它的特点是把研究对象的运动抽象为信息的输入、存储、检测、处理、利用、传递和反馈的系统过程，并通过对信息流程的分析和处理去揭示其本质和规律。其流程如图 8 -3 所示。信息论方法常用的有图式识别法、生物信息法等。

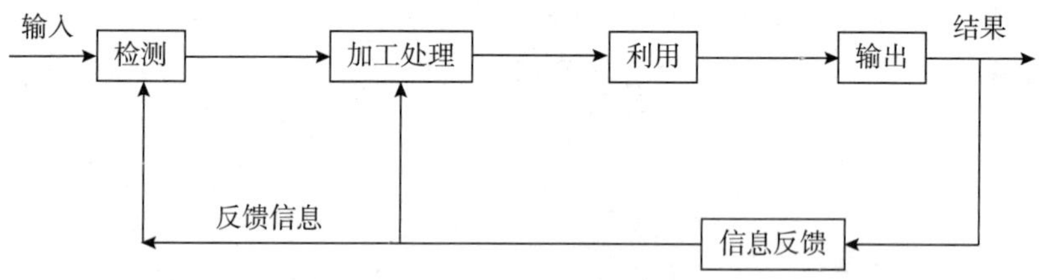

图 8 -3　信息方法流程图

（1）图式识别法

图式识别法是依据人的视觉识别客体时的种种功能特性，运用电子计算机技术，通过对客体信息处理、特征抽取及选择、图式分类和学习等过程，以识别客体的方法。这里说的图式泛指人脑中存储的能识别客体对象的具有标准样本的信息集合系统。一般说来，被考察的认识对象所表征出来的信息，总是与头脑中的标准样本不完全一致，非标准的信息经过处理和加工可以化为标准形式加以识别。图式识别法包括以下主要步骤。①将摄像机摄取来的信息进行处理，主要是压缩频带，去掉测量中的噪声和多余度。②进行特征的抽取和选择，把原来的特征空间变换到更低维的空间，以表示图式并进行类型鉴别。③进行分类和学习，为了正确分类和学习，需要对图式样本进行学习，以得到分类参考标准得信息参数。

（2）生物信息法

生物信息法是指运用信息的观点和信息论的方法，通过对生命系统的遗传和变异、同化和异化、目的和行为等现象的研究，以揭示生物信息运动的特性和规律的方法。运用生物信息法对生命活动过程的定量描述，对遗传信息传递法则的发现、遗传密码的破译，对生物现象的揭示、仿生学的建立以及人工智能的研究奠定了重要基础。

3. 控制论方法

控制论方法即运用控制论原理，按照研究对象的信息流程，通过信息处理、变换和反馈等手段，从功能行为上控制、揭示其变化发展的内部机制和外部效应的方法。控制论方法常用的有反馈方法、黑箱方法、功能模拟方法等。

（1）反馈方法

反馈方法就是运用反馈原理，用系统运动的结果来调整和控制系统运动的方法。反馈方法的显著特点是利用系统给定信息与反馈信息的差异来解决系统确定性和不确定性的矛盾，把被控系统输出的结果变为下一步调整和改变其输入的原因，输入的改变又会引起新的输出……从而，使原因和结果真正地辩证统一起来。反馈控制系统主要是由控制器、执行机构、控制对象和反馈装置等部分组成。其一般原理可用反馈控制图表示，如图 8－4 所示。

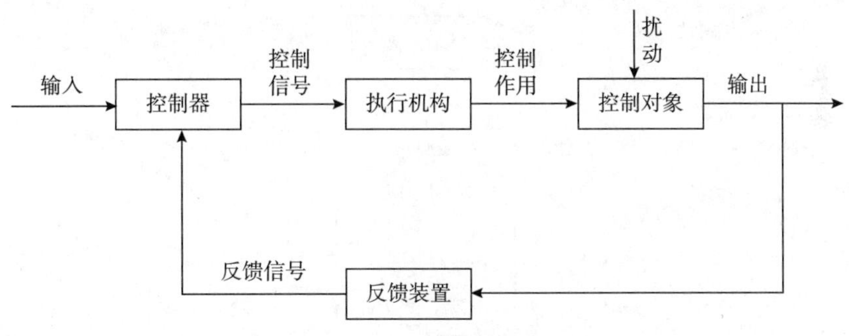

图 8－4　反馈控制图

反馈控制本质上反映了自然界、人类社会和思维等领域的作用和反作用、原因和结果、认识和实践、目的和行为间的普遍联系方式。因此反馈控制方法具有普遍适用性，为理解各种控制现象提供了一把钥匙。现代反馈控制方法与系统方法、信息方法、自动化技术相结合，已成为打开现代技术之门的强有力的手段。此外，反馈控制方法突破线性因果模式，形成双向因果链新模式，丰富了因果关系的哲学范畴，推动了现代科学技术方法论的发展。

（2）黑箱方法

黑箱方法是控制论运用的主要方法之一。控制论中的黑箱又称为黑系统，是指内部要素和结构尚不清楚的系统。黑箱方法是通过考察黑系统的输入和输出的动态过程，研究其功能和行为特性，以推测和探索系统内部结构和运动规律的方法。利用黑箱方法，可以研究那些不能或难以剖析其内部结构细节的系统，如人的脑组织等。黑箱方法的根据是结构与功能之间存在的内在联系。我们通过研究系统的功能，可以推测或模拟其结构，进而认识其结构。黑箱方法与一般的科学方法不同，它不考虑系统的内部结构，而是用特有的方式考察系统的输入和输出，以求对系统进行整体探讨。黑箱方法打破了以分析为主的传统思维方式的束缚，为研究高度复杂的大系统提供了一个切实可行的工具。对具有探索性的科学研究具有重要的启示作用。科学面对的原始系统，一般都可认为是黑箱，使用黑箱方法进行初步研究，可以使黑系统逐渐转化成灰系统，再进一步可转化为白系统。人们的认识就是一个不断地接触、研究黑箱和转化黑箱的过程。所以黑箱方法有重要的认识论意义。

运用黑箱方法主要采取以下步骤。①划定目标，确认黑箱。②通过研究输入和输出研究黑箱。③系统分析功能，确定几个可供选择的黑箱模型。④对黑箱模型进行检验和选择。⑤阐明黑箱的结构和运动规律并加以应用。其方法示意图如图 8－5 所示。

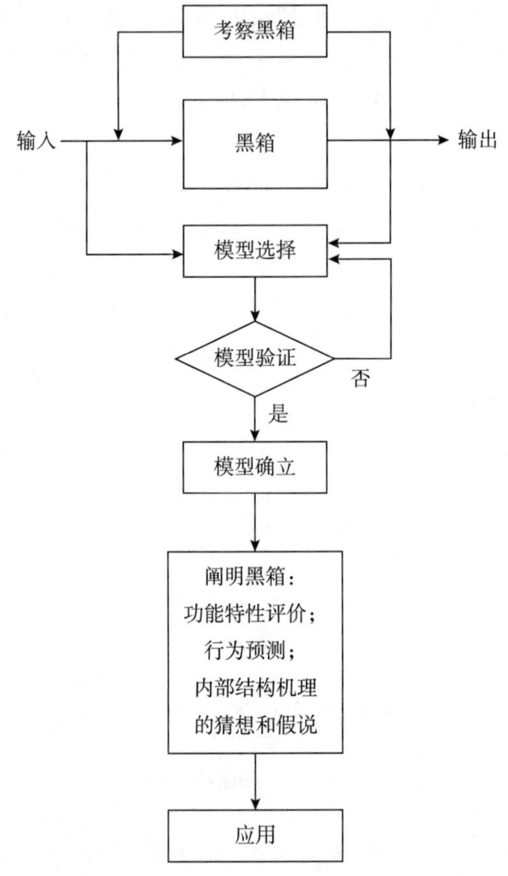

图 8－5 黑箱方法示意

黑箱方法也有一定的局限性，它只研究系统的外部行为，不能深刻理解对象功能特性和行为方式的基础和本质，需要与其他方法相配合，才能最终把黑箱打开。

（3）功能模拟法

功能模拟法是指暂不考虑系统内部组成要素及结构的条件下，应用模型来再现原型功能的方法。两个系统功能的相同或相似是功能模拟的基础。所谓相似，是指两个（或两个以上）系统的相应参数或物理量可以互相放大或缩小，即可以互相通约。功能相似是指两个系统内外联系和关系中表现出来的特性和能力的指向、效果都可以互相通约。

采用功能模拟法要尽量做到使模型与原型在功能上相似，因此首先要系统研究原型的功能，其次要确立与原型功能相似的模型，最后进行模拟，成功后用于说明原型的功能并加以应用。

功能模拟法在科学技术和生产管理中有着广泛的应用，它不仅可以模拟不能接触的或事物的功能，如危险环境、宇宙天体、战争机器等；还可以用于脑科学和思维科学的研究，制造第五代计算机，研制语言翻译机等；也可以用于仿生学的研究，发展新型技术。但是，功能模拟法由于对结构的忽视，使它有一定的局限性。使用功能模拟法需要与其他方法共同运用，综合研究。

三、自组织理论方法

自组织理论兴起于20世纪中期，是以自然进化的一般机制为研究对象的理论，主要研究自然界中自组织系统的存在条件、内部机制和变化规律。自组织理论是系统科学的一个重要分支，是一个包括耗散结构理论、协同学、超循环理论、生命系统论、资源物理学、突变论、混沌理论等在内的门类繁多的学科群。它们从不同的侧面丰富和深化了系统科学理论，为科学技术研究提出了许多新的科学思想和科学方法。在这些思想和方法中蕴涵着重要的方法论的启示，已引起了人们的普遍重视。下面介绍自组织理论中主要应用的几种理论。

1. 耗散结构理论及其意义

1969年，比利时布鲁塞尔学派领导人普里果金提出了耗散结构理论。他指出，一个远离平衡态的开放系统，当其变化达到一定阈值，通过涨落有可能发生突变，由原来的无序状态转化为一种在空间上、时间上或功能上的有序状态。这种在远离平衡的非线性区形成的新的稳定有序的结构，就叫作耗散结构。研究这种结构的形成、性质、稳定和演变规律的科学就是耗散结构理论。

耗散结构理论在方法上的创新与突破，主要表现在以下几个方面。①它揭示了平衡与非平衡的新的辩证联系。经典热力学和统计物理学通过统计平均，从微观的不平衡得到宏观的平衡，做出整个系统是平衡的结论。而耗散结构理论注意到了相反的转化，即一个系统从整体上看是非平衡的，但可以采用一定的方式将系统分为许多从宏观上看足够小、微观上看又足够大的单元（这种单元在短时间内可以看作是均匀平衡的宏观热力学体系）来研究。一个非平衡系统其局域是平衡的。因此就可以把平衡热力学得到的许多概念、方法推广来研究非平衡态。②它揭示了由无序转化为有序的机制。自组织理论认为，一个系统从无序状态形成新的稳定有序的结构需要四个条件：开放系统、远离平衡态、非线性相互作用和涨落。明确了这些条件，也就在一定程度上掌握了如何使系统由无序过渡到有序的方法。③它丰富了对可逆与不可逆过程的辩证关系的认识。物质系统在变化过程中，其外部环境也随之变化。这种变化有可逆和不可逆之分。耗散结构理论把热力学第二定律表明的封闭系统中过程的不可逆性推广到开放系统，提出可逆过程只是相对的和局部的，并把时间、进化、历史的因素引入物理学的研究。传统观点把不可逆过程的能量耗散、能级降低现象视为纯消极因素，而耗散结构理论却认为这两种现象对物质系统的进化有积极意义。由于自然界一切运动过程，从宏观到微观，从力学运动、物理运动、化学运动到生命运动、社会运动，实际上都是不可逆的，所以耗散结构理论也就比认识时间可逆的传统物理学理论更加前进了一步，成为描述和解决现实复杂系统的有力工具。

2. 协同学理论及其意义

20世纪70年代德国著名理论物理学家哈肯创立的协同学是横跨自然科学和社会科学的适应性较强的综合性学科。哈肯指出协同学主要有两层含义：其一是一门关于系统内部诸子系统相互作用、合作的规律的科学，其二是指多门学科相互联系和协同的科学。协同学主要研究系统各部分是怎样合作并通过自组织来产生空间、时间或功能结构的。这一理论的主要思想是：系统的宏观性质、宏观行为虽然由系统内各子系统的性质和作用决定，但却不是子系统性质与行为的简单叠加，而是它们相互作用、调节并组织起来的协同效应、联合作用。子系统的协同作用导致序参量的产生，而所产生的序参量又反过来支配控制着子系统的行为，以致形成最终的有序结构，这就是役使过程。

协同学的成果打开了新的思维途径，它有着重要的方法论的意义。①深化对物质世界统一性的认识。协同学进一步揭示了物质世界各种不同类型系统之间的统一性。首先，各种不同性质、不同成分的子系统是通过协同作用和相干效应，在宏观尺度上产生新的空间、时间或功能结构的。其次，系统处于平衡态和非平衡态时，在临界点上所发生的相变存在着深刻的相似。非平衡系统中有序结构的形成过程是平衡系统中所发生的相变过程的拓展，平衡相变则是非平衡相变的特殊情况，二者之间有着某种对应关系，这是由于二者都是由大量子系统之间相互作用而又协同一致的结果。②揭示了过程中的主要因素和主要环节。协同学用序参量来描述系统宏观有序的程度，用序参量的变化来刻画系统从无序向有序的转化。系统行为的众多参量按其临界行为可以分为快变量和慢变量，慢变量主宰着系统演化的整个过程，决定着系统演化最终的结构和功能，是描述系统有序度的序参量。这就是哈肯所提出的“快变量服从慢变量，序参量支配着子系统行为”的伺服原理。③加深了协同性与竞争性相互转化的认识。处在系统临界点的每个序参量都主宰着一个客观结构，每个序参量都力图主宰系统。只因它们衰减常数相近，竞争实力相当，难分上下，于是彼此便自动妥协，协同一致共同主宰系统。但是，统一是相对的，斗争是绝对的。随着外界控制参量不断变化并达到某一新的阈值时，必有其中某一序参量取胜，单独主宰协同。

3. 突变论

法国著名数学家汤姆于1972年发表的专著《结构稳定性和形态变化学》标志着突变理论正式问世。世界上存在着大量的突变现象，如地震、桥断、基因突变、雪崩、催化反应等。

它们与自组织现象有内在的联系。汤姆就是首先从物理学、化学和生物学中的突变现象入手建立各种突变模型，再借助数学理论和方法来解决这些问题。汤姆在拓扑学、奇点论和稳定性理论基础上，阐明了在系统临界状态突变发生的机制和演变规律，研究自然界连续的量变是怎样引起突变的。从突变论数学出发，基本的突变类型有：尖点、折叠、燕尾、蝴蝶、椭圆、双曲、抛物形脐点等。

突变论的观点和成果在物理学、化学、心理学、医学、工程力学等领域逐步得到应用，并引起了广泛的关注。

4. 超循环理论及其意义

1971 年，英国生物化学家艾根发表《物质的自组织和生物大分子的进化》一文，正式建立了超循环理论。它是一种有关生命起源的自组织理论。该理论着重从生物大分子自组织过程中生物信息的起源这一角度，把物理学、化学的普遍性原理推广到生物学研究，并与生物学成果相结合，对经验事实进行抽象，从现存中追踪历史的遗迹并逻辑地再现历史，建立关于生命起源的超循环模型，对生命起源进行探索和研究。超循环理论告诉人们，在地球形成后到生命细胞产生的几十亿年时间里，地球上曾经有过一种具有代谢、复制和突变能力的复杂化学分子系统，正是这种分子系统引导了无机物质到生命细胞形成的过程，这就是“超循环系统”。它是由三级系统构成的复杂系统：反应循环系统，催化循环吸引和催化超循环系统。

超循环理论的探索不仅涉及生命起源这个具体的科学问题，而且还涉及诸如循环与自然演化、原因与结果、信息与功能、统一性与多样性、复杂性与特殊性、必然性与偶然性、决定论规律与统计学规律等一系列科学中存在的普遍性问题，所以这一理论有重要的哲学意义。①拓展了对自然界循环发展的新认识。自然界从简单到复杂、从低级到高级、从无生命到有生命的发展，同循环组织的高级程度、复杂程度、进化程度是紧密相连的。在超循环论的循环自组织模式中，以自再生或自维生为特征的反应循环与物理反应、化学反应乃至相对简单的生化反应相联系，而以自复制为特征的催化循环与较为复杂的生化反应乃至像 DNA 自复制这样的生化过程相联系，再高一级的超循环，就与生命起源、生态系统、社会组织、神经网络相联系。②引发了对偶然性与必然性、随机性与决定性关系的新思考。超循环理论认为，只要条件具备，一定的物质出现选择和进化是不可避免的。在分子的大量随机事件中，通过自组织和超循环可以从巨大的潜在可能性中做出特殊的选择，从而导致生命的产生和进化，所以生命的产生绝非绝对偶然的事件。③促进历史方法与逻辑方法的完美结合。超循环论所研究的是几十亿年前地球上的生命起源和演化，它不可能像其他科学一样进行重复实验。单独运用历史方法虽然能够对历史事件进行考证，但却难于将研究引向深入；单独运用逻辑方法虽然能形成合乎逻辑的推理，但却缺少历史史实的证明。所以，对生命起源和演化的研究必须将历史与逻辑方法结合起来加以运用，只有这样才能深化对问题的认识。

5. 自组织理论的方法论启示

非平衡自组织理论，蕴涵着许多深刻的辩证思想，促进了科学思想和方法论上的一系列重大转变。

1）从还原论到整体论的转变。自伽利略、牛顿以来，支配科学发展的主导思想是还原论。这种思想认为，整体的或高层次的性质可以还原为部分的或低层次的性质，因此只要认识了部分或低层次，通过加和即可认识整体或高层次。事实并非如此。自组织理论的研究表明：在一定范围内，部分是整体的缩影与再现；在一定的时间演化中，整体与部分的关系呈现出复杂的特性。这两个极其重要的认识，使得当代自组织科学的“整体—部分观”区别于还原论，带来了认识史上又一次飞跃。

2）从线性观到非线性观的转变。近代科学在其发展中，以线性系统为主要研究对象，形成了一种力求在忽略非线性因素的前提下建立起系统模型的线性观。它把能够建立线性模型作为科学研究获得成功的标志。应该说，这种思想在科学主要以简单系统为研究对象的阶段是十分有效的。但在科学已经转向以复杂系统为主要研究对象的今天，线性观的弊端已日趋明显，非线性观的优势越来越受到青睐。非线性观揭示了万物的复杂性是如何由简单的因子演化而成的，揭示了现象上的宏观无序是如何蕴含微观有序，而低级无序又是如何形成更高层次的有序的。

3）从崇尚解析方法向重视非解析方法的转变。近代以来，特别是 20 世纪以来，定量化方法、解析方法在科学研究中倍受重视，以致形成了肯定定量方法、否定定性方法，尊崇排除直观因素的纯逻辑方法、贬低借助几何形象进行思考的方法，推崇方程的解析解法、蔑视数值解法等非解析方法的狭隘思想。然而，当科学转向以非线性、复杂性系统为主要研究对象时，只注重定量的、精确的、解析的、逻辑的方法的思想就必须加以破除，而定性的、近似的、非解析的、非逻辑的方法理应得到重视。当今，这种科学方法论思想的转变在模糊理论、混沌理论等许多领域中已表现得十分明显。非线性、复杂性问题解决，不仅要求对定性方法、数值方法及形象思维采取宽容态度，而且更需要实现科学根本态度和观点的转变，把定性方法、数值方法和形象思维作为科学研究中必要的和基本的方法之一。

4）确定论和概率论两套描述体系将从对立到沟通。近代以来，确定论方法曾被视为客观世界唯一的科学描述体系。统计物理和量子力学产生后，概率论方法开始获得独立的学科地位，打破了确定论的独霸局面，发展成为与确定论方法并驾齐驱的另一套描述体系。两套描述体系都有自己的适用范围，其分界线是明确的。但是用两套完全不同的方法去描述统一的客观物质世界，实际上是对科学理性的一种嘲弄。于是，人们一直在试图寻找一种能够消除两种描述体系对立的途径。自组织理论的产生，在这一探索中取得了重大进展，如耗散结构理论、协同学等现代系统理论，都同时使用确定论和概率论两套描述体系。由于自组织过程有两种形态（相变临界点上的质变和两个临界点之间的量变），所以对于系统在两个临界点之间的演化，确定性因素起决定性作用，需用确定论描述体系；而在临界点上随机性因素起决定作用，需用概率论体系描述。混沌理论的研究把表观的无序与内在的决定论机制巧妙地融为一体，这将为两套描述体系的沟通打下良好的基础。当然，目前还无法把这种沟通表述为新的物理原理，但在科学研究中能明确提出这个任务，本身就是一种进步。

第七节　科学假说和科学理论

一、科学假说

假说是根据已知的科学事实和科学原理，对未知的自然现象及其规律性提出的一种假定性的推测和说明。假说是科学理论思维的初级形态，是科学进步过程中不可缺少的重要环节，是建立科学理论的桥梁。恩格斯指出，“只要自然科学在思维着，它的发展形式就是假说”。

1. 假说的特征

假说的形式多种多样，如模型（原子、太阳系、细胞），概念（场、量子），个别事物的假设（中微子、中子），具有复杂内容结构的假定性理论（地心说、日心说、星云假说、大陆漂移论、板块构造假说）等。一般说来，假说由以下几个基本要素构成：事实基础、背景理论（包括推理规则）、对现象本质的猜测，推导出的预言和预见。例如，大爆炸宇宙就是以谱线红移（哈勃定律）等事实为基础，以广义相对论和高能粒子物理学等理论为背景，以超高密、超高温状态下由某种机制引起的原始火球的急剧膨胀为基本猜测，以“氦丰度”和“3K 背景辐射”等为预言而构成的一个认识体系。

假说的构成决定了它有以下几个特点。

（1）科学性

假说是根据一定的科学事实和已知的科学原理而建立起来的，遵循科学的推理方法。它经过了一系列的科学论证，因此具有一定的真实性和科学性。例如，爱因斯坦的广义相对论在刚提出时虽然是很抽象、难以理解的一种科学假说，却有科学和逻辑基础：首先它是狭义相对论的逻辑上的合理推广，其次它是建立在一个古老的实验事实基础上，即“引力场中一切物体都具有同一加速度”。

在假说的这两个根据中，事实更为重要，因为理论要服从事实，假说必须能解释事实，这是唯物论原则所要求的。另外，假说的科学性也使它不同于毫无科学根据的神话和缺乏逻辑基础的幻想。科学研究不排斥富有启发性的神话和幻想，但神话和幻想并不是科学上的假说。

（2）假定性

科学假说虽然有一定的科学根据，但在研究问题的初始阶段，根据常常不足，资料也往往不完备和不充分，对问题的看法也常常带有一定的想象、猜测的成分，正确与否还需要经过实践检验。因此任何假说都有很大程度的假定性、或然性。假说是不稳定的，在未来它可以逐渐被实验事实所验证而发展为理论，或与实验事实相反被证伪而淘汰。

爱因斯坦把假说形象地比喻为猜谜，猜测一个设计得很巧妙的字谜。猜谜的方式很自由，因为大自然的谜底只有“相关性的自由”。“猜谜”需要充分思维的想象力，自由、大胆地去猜测和推断。科学史表明，“一个新的事实被观察到了，它使得过去用来说明和它同类的事实的方式不中用了。从这一瞬间起，就需要新的说明方式了。”❶

（3）易变性

对同一自然现象，由于人们占有的材料不同、看问题的角度不同、知识结构不同，可以提出各种不同的假说，甚至是完全对立的假说。而且对同一自然现象提出的假说，还会随着实践和认识的发展而发展、变化、修正和补充。例如，关于天体演化、化学催化、原子结构、大地构造、生物遗传的研究中，都有几种假说同时并存、相对对峙。哥白尼的“日心说”本质上是正确的，但是随着科学的发展，它的许多原理也发生了重大变化。例如，哥白尼认为行星的运行轨道是正圆的观点被德国天文学家开普勒作了重大修正，克服了“太阳中心说”的一个严重缺陷。

2. 假说的作用

英国著名科学家贝弗里奇说：“假说是研究工作中最重要的智力活动手段。其作用是指出新实验和新观测，因而有时导致新发现，甚至在假说本身并不正确时亦如此。”❷

具体地说，假说的作用主要表现在三个方面。

（1）假说是通向理论的桥梁，是形成和发展科学理论的必经途径

在科学发展的历史长河中，科学研究的根本任务是揭示自然现象的本质和规律。然而人们不是一下子就能获得对自然规律的正确认识，而是首先要借助于假说，对研究对象的本质和规律做出初步的假定，才进一步反复探索，不断增加假说中的科学内容，减少假定性的成分，逐步地建立起正确反映客观规律的科学理论。自然科学就是沿着假说—理论—新假说—新理论……的途径，不断向前发展的。自然科学发展史，是一部假说和理论不断更迭的历史。原子论、光的波动说、DNA 双螺旋结构、量子力学、相对论……不但在它们形成之初是作为假说而产生，而且即使在今天，也仍然没有摆脱假说的形态。恩格斯精辟地指出，“对于它们所有相互关系的系统化研究的需要，经常迫使我们不得在终极的绝对真理的四周造起稠密的假说之林”。❸ 可见，自然科学研究要想不断取得突破，不断前进，就必须不断采取假说的形式，在实践得检验下，日益接近真理。

---

❶ 恩格斯．自然辩证法［M］．北京：人民出版社，1971：218.

❷ 贝弗里奇．科学研究的艺术［M］．北京：科学出版社，1979：55.

❸ 恩格斯．反杜林论［M］．北京：人民出版社，1956：90.

（2）假说是发挥思维能动性的重要方法

科学研究是人们有目的地探索未知世界的智力劳动。在对未知领域认识不足、知识和事实材料不够充分的条件下，人们可以凭借已有的东西，以假说的形式进行大胆探索，提出创新见解。这个过程既要服从理性思维的指导，又要敢于冲破传统，大胆怀疑，充分发挥创造性思维的主观能动性。因此，假说的提出以一定的观察、实验事实为依据，又企图超越经验事实，提出对事物本质的猜想，从而推动着经验思维向理论思维的跃升。从这个意义上，假说不仅仅是从事实中引申出来，而是通过认识主体的能动性建立起来的，是人类创造性的高度表现。提出假说的能力可以说是具有科学创造性的重要标志。

（3）有利于百家争鸣，促进理论繁荣

假说中的猜想部分往往是科学争论的焦点。在科学史上，不同学派的学术观点、学术思想围绕猜想所进行的争论比比皆是。20 世纪米丘林学派与摩尔根学派的争论，主要是两种遗传学假说的争论，核心是遗传的物质基础与环境条件的关系问题。爱因斯坦与哥本哈根学派的争论，主要围绕量子理论的假定前提展开。这两场旷日持久的论战均与具体的科学假定有关，对两门科学的发展也起到了决定性的重大作用。

二、假说的来源与形成假说的方法

1. 假说的来源

1）科学观察或科学实验中发现了旧理论无法解释的新现象时，需要提出一种试探性的假说。例如，19 世纪 40 年代天文学家观测到天王星运转轨道比较异常，而用牛顿力学定律却又难以解释，法国的勒韦里耶提出了新的假说，即天王星的附近还有一颗有待发现的新行星，后来果真发现了这颗新星。

2）原有的理论存在某些缺陷，为了解决新事实与旧理论的矛盾提出新假说。例如，19 世纪末，针对维恩公式和瑞利 - 金斯公式在处理黑体辐射现象时所产生的困难，普朗克提出了能量是不连续的量子假说。

3）某个领域内的一组经验材料已经充分，却缺少某种秩序或规律把这些经验组织起来，这时促使人们提出新假说。例如，19 世纪，电解法和光谱分析法用于化学分析，发现了许多新元素，掌握了它们的一些性质，但这些元素仍然是杂乱，没有秩序。于是德国的德贝赖纳、迈尔、英国的纽兰兹以及俄国的门捷列夫都在努力提出新假说，试图给原子们排一个队。

4）从新的角度重新认识原有的经验材料，以深刻的洞察力，革命性地提出新假说。

2. 建立假说的方法和途径

建立假说的途径和方法多种多样。在不同的历史时代，对于不同的学科，建立假说的方法也各不相同。古代科学的假说，直观性、猜测性的成分多于科学性的成分。近代科学中假说的建立，更多地运用实验、科学抽象、逻辑思维等方法，具有更强的科学性。而现代科学的假说是各种综合性的方法与现代化的物质手段，如数学工具、计算机及各种思维相结合为基础，建立起来的，因此内容更抽象、深刻，更具综合性。另外，不同的学科，形成假说的方法也不同。例如，天文学的假说主要以观察方法为主形成，而现代物理学、化学主要是以实验方法为主形成假说。

不同性质的假说其形成和发展的具体途径有很大区别，但一般来说，大体上可分为三个阶段。

1）孕育阶段。根据为数不多的材料和科学理论，通过想象、灵感、推理等思维加工，对问题的解决提出初步的假说。这是最富有创造性的阶段，需要充分发挥想象力、创造性思维的作用，需要巧妙灵活运用各种思维方法，人们一般称它为“科学发现”阶段。

2）形成阶段。在初步假说的基础上，进一步搜集观察、实验资料、进行论证，充实其内容，修正其错误，使假说发展成一个比较完整的体系。

3）检验阶段。通过实践，特别是专门设计的实验检验，使之向理论过渡。

应该注意的是，假说的形成是一个创造性的思维过程，没有什么固定的模式和统一的方法。但是不论运用什么方法，都需要遵循一定的方法论原则。

3. 建立假说的方法论原则

（1）解释性原则

一般来说，假说不应与已有的事实冲突，应能解释已知的经过实践复核的事实，能够解释已知的全部基本事实。正像达尔文所说，“一种假说仅是因为它能解释大量的事实，才能发展成为一种学说”。这种解释可以是过渡性的，“一俟人们找到了更好的假说时，这种解释就可以不要了”。[1] 1911 年卢瑟福提出原子有核结构模型，能解释 α 粒子散射实验的事实，但不能解释发射不连续的分立光谱和原子稳定性等实验事实，因此，不完全符合解释性原则。后来，博尔对原子的有核结构模型进行了修改，提出了轨道量子化的原子结构模型，发展了卢瑟福的假说。

（2）对应性原则

这是指假说和已知科学理论的关系。新假说不应当与原有理论中经过反复检验的正确成分相矛盾，它应该继承旧理论中被实践检验过的合理内容，并把旧理论作为特例或极限形式或局部情况包含在它自身之中，使它在以前研究的领域内仍保持其意义。科学假说在解释新的实验现象时，不能与经过检验的所有已知科学事实相矛盾、相冲突，而应能对它们做出统一的说明与解释。博尔原子模型对卢瑟福原子的太阳行星模型，相对论对牛顿力学，非平衡热力学对经典热力学，莫不如此。提出新假说一般同原有理论相冲突，这时首先要检验、怀疑新假说。但是如果新的科学事实不断支持新假说，就预示着假说对旧理论的局限性的突破。

（3）简单性原则

科学假说应以尽可能少的初始假定和公理来解释尽量多的事实，应具有逻辑上的简单性。这样可以减少理论不自洽的根源。科学史上，哥白尼“日心说”之所以能取代托勒密的“地心说”，它的逻辑简单性曾起着非常重要的作用。

（4）可检验性原则

提出的假说要必须能用观察实验进行检验，从而判别它的真伪。如果一个假说不但在技术上无法接受检验，而且在原则上也不可能被检验，那就不能被称之为科学假说，也是不可取的。1956 年，杨振宁、李政道提出弱相互作用下宇称不守恒的假说时，设计了五种实验方案来探索宇称守恒原理在衰变现象中是否正确。同年，吴健雄组成的实验小组在美国国家标准局的低温实验室用钴 60 作了其中一个实验，验证了他们的假说，第二年，他们

---

[1] 达尔文生平及其书信集第 2 卷［M］．上海：三联书店，1957：87，283.

获得了诺贝尔奖。又如，关于速度为 4×10^5km/s 的火箭行为的推测，原则上是不可能被检验的，因此至少目前没有人把它当作科学假说。

应该注意的是，观测和实验所检验的往往不是假说本身，而是它们的推论，也即从假说中逻辑推导出来的描述个别现象或事件的判断。例如，埃丁顿在 1919 年观测日食时，证实的就是广义相对论的一个推论，而不是广义相对论的基本假设本身。可见，假说应包括这样一种演绎推理的可能性，使其推理结果可以被检验。

三、科学假说向理论的转化

1. 假说的检验

假说的检验，一般包括逻辑分析和实践检验两个步骤。逻辑分析是实践检验的辅助方法，实践检验是假说转化为理论的最终途径。

（1）逻辑分析

逻辑分析主要是分析假说在逻辑上的合理性，判定假说在理论上能否成立，以便对假说进行筛选 和确认。逻辑分析的内容包括：分析假说在逻辑结构上是否具有一致性，分析假说是否得到已有的科学理论与科学事实的支持等。经过逻辑分析进行初步筛选，确定可能在科学实践中得到确证的假说。

逻辑分析方法主要是证明和反驳的方法。逻辑分析方法要求从少数简单前提出发，通过严密的逻辑推演得出各种解释，与已有事实或理论不矛盾，并能推出新颖大胆得预测，作为进一步检验的内容。假说的基本命题是有待于证明和反驳的论题，已知的科学理论和科学事实是论据，通过逻辑规则的运用，建立起论题和论据的关系。逻辑分析可阐明假说被确证、被证伪的原因。比如，“四色定理”早已在地图的绘制实践中千百次地被证明过，但直到 20 世纪 60 年代用计算机做出逻辑证明之后，其中的原理才一目了然。一般地说，从已有的理论出发，运用三段论直接推得假说的基本命题，假说就得到了逻辑证明。但是这种逻辑证明，只是证明假说是否是相容的、自洽的，还不能判断它的真伪，还需要进一步进行实践检验。

（2）实践检验

实践检验是通过观察和实验对假说及其推论进行的验证。实践检验一般又分为直接检验法和间接检验法。

1）直接检验。直接检验是用观察或实验的方法，直接验证假说结论的真假。某种假说如果是单称陈述的存在命题，如中子（正电子、中微子等）存在这个假说，可以直接通过实验观测来证实或否认，一旦找到了它便被证实。直接检验的结果说服力很强。

2）间接检验。许多假说是关于现象的内在机制和事物普遍规律的假说，其内容往往是全称肯定判断陈述的命题。不能由单个观察和实验得到的关于个别事实的单称判断只能采用间接检验法。也即用观察和实验观测来检验假说基本命题所推演出来的结论或预言。例如，目前还没有仪器能直接观测引力波，只能通过对引力波存在的某些特有效应来间接检验。1978 年美国天文学家泰勒小组宣布他们通过对高速旋转的致密双星的 4 年观测，与广义相对论的引力波理论计算结果一致，从而探测到了引力波的一个间接效应。

间接验证通常运用逻辑推演与实践证明相结合的方式，其程序是：第一，由假说的基本命题通过演绎引出关于事实的结论；第二，设计直接有关的观察实验，比较假说的推论与实验结果是否一致；第三，由比较的结果反过来分析假说的正确性、精确性等。

假说的间接检验是通过证实后件（即推论）为真从而证实前件（假设）为真。按照逻辑推理推测，这种证明方式在逻辑上不具有必然性。证实后件为真，前件可能为真，也可能为假。另一方面，如果观测事实与假说的预言、推论不符，即证实后件为假，那么这个假说已被证伪，这在逻辑上无疑上正确的。但证伪一个科学假说并不像逻辑学上否定后件就必然否定前件那样简单。当观测到的经验事实与假说的推论不相符时，不一定是假说错了，可能是观察实验有错误或者也可能是该假说的辅助性假说有错误。因为假说包含了背景知识或许多辅助性假说，并不是一个单纯的孤立的全称判断。事实上，一个假说单独接受检验的情形是很少的，被检验的往往是一组假说。

总之，科学假说的检验是个复杂的过程，它涉及一系列方法论和认识论问题。比如，对假说的实践检验，实践标准本身既是绝对的，又是相对的。此外，理论也有其适用范围，会随着实践的发展时而扩大、时而缩小，这些都决定了假说检验的复杂性。

因此，在运用上述方法验证假说时，要遵循以下的原则。

1）事实的可靠性、充分性和典型性。这要求在观察、实验及整理科学事实材料过程中尽可能减少错误。

2）理论分析与实践检验的统一性。必须把实践检验与理论分析结合起来，才能充分发挥实践检验假说的作用。

3）验证假说的长期性。验证一个假说，获得一项真理性的认识，要经历一个发展过程。因为作为检验假说真理性标准的实践是一个不断深化的过程。实践的水平，人类对实践结果的认识水平，都在不断发展，具有相对性，一定条件下的实践并不能绝对证明或驳倒某个科学假说。因此，假说的检验是一个历史过程，无论是证实还是证伪都具有相对的一面，要经受长期的检验。

2. 假说的发展趋势

假说的发展及其向理论转化的形式，主要取决于对假说的实践检验中所获取的新的科学事实。一般说来，假说有以下几种不同的发展趋势。

1）假说及其预言被越来越多的观察实验所证实，可靠性很高，逐渐被人们接受为理论。例如，牛顿力学、达尔文进化论等开始都是作为假说提出，后来得到大量事实的证实，成为比较可靠的理论。

2）假说被部分地修正和补充而发展为理论。例如，卢瑟福原子结构模型包容于博尔模型之中；光的波动说和微粒说都有其片面性，最后融合于光的波粒二象性的光量子论中。

3）假说因全部被推翻而为新假说、新理论所取代。例如，哥白尼日心说取代托勒密地心说，拉瓦锡的氧化说取代斯塔尔的燃素说等。

4）假说本身错误但引出了正确的理论。例如，傅立叶根据热素的传导，建立了正确的热传导公式；卡诺用热素说分析蒸汽机工作过程，提出了蒸汽机功率正比于两个热源温度的原理。

假说发展的趋势也表明，并非任何假说都能转化为科学理论。假说转化为科学理论应具备一定的条件。假说和理论之间并没有一条不可逾越的界限。即使被实践检验确认的理论也仍然含有假定性的因素，这是不可避免的，也是假说和理论得以不断深化和发展的内在根据。

四、科学理论

科学理论是经过实践检验的系统化了的科学知识体系，它是由科学概念、科学原理以及对这些概念、原理的理论论证所组成的体系。20 世纪著名物理学家博尔曾说，“科学的任务是既要扩大我们的经验范围，又要把它纳入秩序”。[1] 这种秩序的最高形式就是科学理论。

科学理论作为较高水平的认识层次，具有自身独有的特征、结构和建立理论体系的方法论原则。

1. 科学理论的特征

(1) 客观真理性

科学理论的内容是对客观事物的本质及其规律性的正确反映，因而具有客观真理性。这是科学理论的最基本特征，也是它和假说等一切未经证实的观点的根本区别。构成科学理论的概念、范畴和原理等，都是对客观规律的正确抽象和概括。建立科学理依据的事实材料必须是经过实践的反复检验且证明是真实可靠的。科学理论所做的科学预见已在实践中得到证明，它还能解释现存的事实材料。科学史上的经典力学理论、生物进化论、化学元素周期律、相对论、量子力学等，这些有代表性的科学理论，都具有最根本的客观真理性的特征。

(2) 普遍性

科学理论通过揭示某一领域的共同本质而普遍适用于这个领域，能对这个领域复杂多样的现象做出统一的、精确的解释和说明。这不是通过形式上“去异求同”的抽象来达到的，而是通过对事物深刻本质的揭示而实现的。例如，经典电磁学理论通过揭示电磁波的规律性而普遍适用于电、磁、光等现象，量子理论通过揭示波粒二象性而普遍适用于各种微观客体。

(3) 逻辑完备性

科学理论是一个概念体系，是系统化的知识。它必须概念明确、判断恰当、推理正确、论证严密，也即具有严密的逻辑形式。正如爱因斯坦要求的那样，理论必须具备“内在完备性”。科学理论中的范畴和规律是依次推导出来的，一般具有前后一贯的内在联系、演绎的逻辑结构、逻辑上的无矛盾性和完备性等特点。

(4) 系统性

科学理论反映了认识对象的有机联系，因此具有系统性。这表现在科学理论不是各种孤立的概念原理的简单堆砌，也不是互不相关的论点、论据的机械组合，而是根据自然现象自身的有机联系、由它的知识单元（概念、原理、定律）等按系统性原则组成的有内在联系的并能相互转化的完整的知识体系。

2. 科学理论的结构

像任何一个系统一样，科学理论体系有确定的组成、确定的结构。科学理论包括：①基本概念；②联系这些概念的判断，即基本原理或定律；③由这些概念与原理推演出来的逻辑结论，即各种具体的规律和预见。

---

[1] 霍尔顿．物理科学的概念和理论导论（上册）[M]．北京：人民教育出版社，1983：258.

基本概念是构成科学理论的出发点，其中的科学概念也是构成科学理论的“基石”。“自然科学的成果是概念”，[1] 科学概念决定着科学理论的思想内容。各门科学都有自己的一系列科学概念，如几何中的点、直线、平面、全等，相似和变换等，力学中的质点、路程、速度、力、质量、功和加速度等，化学中的元素、原子、化合分解、价和键等。每个新理论的建立，都需要若干新概念作为它的先导或逻辑出发点，借以在逻辑上展开它的逻辑体系。相对论中的“相对性原理”，量子力学中的“量子”等都属于这种基本概念。

基本原理或定律是科学对所研究对象的基本关系的反映。它在逻辑结构中表现为判断的形式，一般用全称判断来表述。它们由此推演出有关理论的所有概念和关系。基本概念和基本关系一起构成理论体系的核心以及理论概念的基本框架，如牛顿力学的三个基本定律和万有引力定律等。

科学推论是科学理论中由基本概念和基本原理演绎推导出来的结论。它执行着理论解释和预见的功能。如由相对论引申出来的质能关系式、时空弯曲、黑洞等。

构成理论的概念和判断并不是任意的或按照外在的次序排列的，而是构成了一个严整的、连贯的逻辑系统。正如著名科学史家霍尔顿指出的，“科学的主要任务，就是要从那些混乱和不断变化的现象中探索出一个有秩序和有意义的协调一致的结构，并以这种方式解释和超越直接的经验”。[2]

3. ***建立科学理论的方法***

建立理论体系常用的方法有公理化方法、逻辑和历史相统一的方法、从抽象上升到具体的方法。

（1）公理化方法

公理化方法就是以少数几个基本概念、公理、公设出发，通过演绎推理，建立整个理论体系的方法。公理化方法最早产生于数学。欧几里德的几何学体系是最早运用公理化方法建立的理论体系。正如爱因斯坦所说，“我们推崇古希腊是西方科学的摇篮。在那里，世界第一次目睹了一个逻辑体系的奇迹。这个逻辑体系如此精密地一步一步推进，以致它的每一个命题都是绝对不容置疑的——我这里说的就是欧几里德几何。推理的这种可赞叹的胜利，是人类理智获得了为取得以后的成就所必需的信心。”[3] 公理化方法很快从数学推广到其他科学领域。阿基米德建立静力学理论体系时，首先提出 1 条公设，再从公设演绎出 11 条定理。后来牛顿用公理化方法又建立了严密的经典力学体系。

公理化方法本身也在不断发展。20 世纪以来，德国数学家康托尔和英国数学家罗素发现的集合论公理化系统中的悖论，推动了人们从逻辑上和数学上深入探讨公理化的方法。德国数学家希耳伯特的《几何学基础》一书为几何学建立了严密的公理化数学系统，并提出了建立公理化系统的一般原则。

1）无矛盾性，即公理化体系中不能演绎出矛盾的命题，要求逻辑体系应该是首尾一贯，不能矛盾。这是科学性的要求。

2）完备性，即选择的公理应该足够多，从它能推出有关本学科的全部定理、定律；若减少其中任何一条公理，有些定理、定律就会推导不出来。这是保证体系完整性的要求。

---

[1] 列宁．哲学笔记［M］．北京：人民出版社，1974：209.

[2] 霍尔顿．物理科学的概念和理论导论（上册）［M］．北京：人民教育出版社，1983：258.

[3] 爱因斯坦文集 第一卷［M］．北京：商务印书馆，1976：313.

3）独立性，就是指所有公理彼此独立，其中任何一个均不能从其他公理中推出来。这是公理化系统简单性的要求。

但是，在一定历史条件下建立起来的公理化体系也是有局限性的。所谓严谨、无矛盾、完备和简单也是相对于一定的历史条件而言。格德尔不完备性定理，说明任何一个公理形式化体系不可能既是完备的，又是无矛盾的。这就是说，任何公理体系都有局限性，不能囊括一切内容。任何公理化体系都是人类认识一个阶段的总结，随着实践的发展，它会被更新更完备的理论体系所代替。

（2）逻辑与历史相统一的方法

这是运用逻辑的东西与历史的东西相一致的原则的方法。所谓历史的东西是指客观事物的发展过程或者人类对它的认识过程。所谓逻辑的东西则指人的思维对客观事物发展规律的概括反映，亦即历史的东西在理性思维中的再现。

逻辑的东西和历史的东西具有辩证的统一性。历史的东西是逻辑的东西的客观基础，逻辑的东西是历史的东西的概括，二者范畴不同，但本质上一致。恩格斯指出，“历史从哪里开始，思想进程也应当从哪里开始。而思想进程的进一步发展不过是历史过程在抽象的、理论上前后一贯的形式上的反映。这种反映是经过修正的，然而是按照现实的历史过程本身的规律修正的。”❶

运用逻辑与历史统一的方法建立起的理论体系，可以有两种类型。

一种是按照逻辑发展程序和自然事物的历史发展过程相一致的原则建立的理论体系。一般来说，经验性较强的自然科学体系是采用这种方式构造的。例如，化学的理论体系是以简单的元素开始，从元素到化合物，从无机到有机化合物，从小分子到大分子等，这个过程与自然历史的发展过程一致。

另一种是按照逻辑发展程序和人类认识自然的过程相一致的原则来建立理论体系。一般地，数学和数学化的自然科学理论体系是用这种方法来构造的。例如，物理学的逻辑发展顺序是静力学到运动学、动力学，再到分子物理学、热力学、波动物理学与声学，再到电磁学、相对论和量子力学，这与人类认识物理世界的历史基本一致。

逻辑和历史相统一，是科学理论成熟的标志之一，不仅对于构造自然科学理论体系有重要意义，而且对自然科学研究还具有方法论的功能。一方面，在科学研究中，必须系统地、历史地考察研究对象，要考察过去、了解现状、展望未来。另一方面，人们在科学研究中必须运用逻辑方法，通过概念、判断、推理等思维形式研究事物的矛盾运动，从而逐步建立起科学的理论体系。

（3）从抽象上升到具体的方法

从抽象上升到具体的逻辑程序，是建立科学理论的方法和途径。首先，把比较简单、抽象和贫乏的基本概念作为理论的起点或逻辑的起点。随着逻辑的展开，这些抽象的规定得到不断发展、充实，越来越复杂、丰富和具体，使得研究对象获得完整、充分的解释，把事物的各个方面、各种联系都表述出来。这种从抽象规定到思维中的具体的论述方式是理论表述的一般规律，它反映了人们认识客观对象的辩证思维过程。

经典电磁学理论就是运用这种由抽象上升到具体的方法建立的。从雷鸣闪电、摩擦生电、磁石吸铁之类的“感性具体”现象中，人们抽象出若干概念，如电荷、电势、电场、

---

❶ 马克思恩格斯选集第二卷［M］. 北京：人民出版社，1972：127.

电流、磁场、磁通量等，以及若干定律，如库仑定律、欧姆定律、法拉第定律、安培定律等。这些“抽象规定”反映了某一方面的本质，成为电磁学的起始点。麦克斯韦在此基础上引入“位移电流”的新概念，并建立了一组微分方程用以揭示电荷、电流、电场、磁场之间的联系，它不仅预言了电磁波的存在，而且揭示出光、电、磁现象的本质的统一性。以此为标志对电磁现象的认识达到了“思维中的具体”，经典电磁经学的理论体系也才比较完整地建立起来。

4. 科学理论的评价

（1）理论评价的意义及内涵

科学理论的评价是通过对已有的及正在形成的理论进行批判考察，从而进行认识并表示选择意向、达到选优去劣的一种认识活动，是关于人们如何接受和选择理论的问题。

理论评价关系到假说、观察实事和科学家三者。科学家和科学家集团是构造和评价理论的主体。科学家的知识背景、价值观念、社会声望等因素都可以影响他们对同一理论做出不同的评价。另外，对理论的评价，还会受到人们的世界观的影响，以及政治、经济、文化传统等因素的制约。可以说，评价理论是在对理论作历史的、多方位审视的基础上的一种综合的把握。

科学理论评价概念包括两个方面的内容。

1）真理性评价。科学理论评价首先是判别科学理论的真理性；区别科学、伪科学，其实质是真理性评价。它包括科学理论的“真”与“假”的评价和“真”的程度的评价，称为质的评价和量的评价。质的评价是量的评价的基础，量的评价是质的评价的继续和发展。二者是辩证统一的。

2）价值评价。所谓价值评价就是对科学理论的学术意义和社会影响进行评价，其重点是解释力评价和社会价值评价。

其一，解释力评价，即根据理论的说明能力和预言能力对理论进行评价。一个好的理论应该有更好的认识功能，拥有更大的解释能力、预见能力和解决问题的能力。这是科学理论成功的重要标志。考察科学理论的解释力一般遵循以下两条准则：第一，如果一个理论 T_1 与另一个理论 T_2 相比，T_1 不仅能够解释 T_2 已解释过的所有事实，而且还能解释或预测 T_2 无法解释或预测的事实，即同 T_2 相比具有超量的经验内容，那么理论 T_1 是一个得到更好评价的理论；第二，如果理论 T_1 所具有的超量的经验内容中有一部分还得到了实践的验证，或者说如果 T_1 引导研究者发现了某些新事实，那么这个理论就更富有成果。

其二，社会价值评价。科学在社会中具有社会意识形态和社会生产力等多种形象，科学的发展深刻地影响着社会的技术、经济、军事、思想、文化等的发展，因此，科学理论的实用价值和社会效果应该成为科学理论评价的重要内涵。科学理论的实用价值和社会效果应该成为科学理论评价的重要内涵。科学理论的社会价值评价主要根据社会的需要和要求，从科学理论对技术的进步、经济效益、生态效应、文化教育、社会思想、伦理道德等方面的影响进行评价。

（2）科学理论评价的标准

理论评价的标准是一个多层次、多侧面的动态系统。但评价理论不应是任意的，应该有一些共同标准。

1）理论与经验事实的一致性。这是一条事实评价标准，即理论不应当同经验事实相矛盾。理论与实验结果符合得越好、越广泛，理论的真理性与精确性程度越高，可接受性也越大。但是需要注意的是，事实评价标准不是绝对的、固定的。因为经验事实、逻辑指导、具体的边界条件都有可能产生错误，而这时理论则可能是正确的。此外，理论认识和实践检验具有历史性，这一点也是必须承认的。

2）理论内在逻辑的完备性。科学理论是具有一定逻辑结构的体系，因此必然要求理论内部在逻辑上自洽，同时与公认的有关理论或背景知识也应该具有一致性。理论内在逻辑的完备性是理论评价的重要规范之一。因为自然界是复杂多样的，对于某种理论总可以增加许多辅助性假设，使之与某些事实相适应，因此，只以外部证实作为评价标准是不充分的，我们还应考虑科学理论具有相对独立性与自主性。从这个意义上，也说明追求科学理论内在逻辑的完备性是非常重要的。

3）理论的简单性。即该体系所包含的彼此独立的基本概念和基本定律最少。正像爱因斯坦所论述的，“我们所谓的简单性、并不是指学生在精通这段体系时产生的困难最小，而是指这体系所包含的彼此独立的假设或公理最少。”❶ 这样的理论体系在逻辑上的完备性、无矛盾性越容易判定，且易于通过观察实验进行检验。

4）理论的预见性。科学理论应该能够预见目前尚未观察到的、但却能为尔后科学实践观察到的自然现象。科学史表明，一个科学理论所揭示的自然规律越深刻、越普遍，它的预见性越强，它的实践和理论意义也越大。例如，人们运用质能关系式 $E=mc^2$ 解释原子核的质量亏损现象时，预见了利用原子能的可能性和重要性。

评价理论的标准不是孤立的，与经验事实一致表现出科学研究中的“求真”；理论的内在完备性与简单性，表现出以科学中的美去反映自然界内在的和谐与统一；而理论的预见性则深刻体现了科学理论解决问题、探索自然的能力，是实现理想的基础。爱因斯坦说，“一种理论的前提越简单，它所涉及的事物的种类越多，它的应用范围越广，给人们的印象也就越深。”❷

---

❶❷ 爱因斯坦文集第1卷［M］. 北京：商务印书馆，1976：15.

第九章　技术方法

从人类开始从事生产劳动就有了技术活动，包括技术研究、技术开发等。技术是最古老的历史现象。在当今，技术是指人类在生产实践和非生产性的社会服务活动中创造的有一定目的的方法和手段的总和，是人类知识和经验的物化。技术方法是技术方法论研究的中心内容之一。本章将从技术创造和技术创新方法出发，重点讨论技术预测、技术评估等宏观层面的技术规划，与决策方法、技术构思、技术设计等微观层面的技术发明与研制方法，以及技术创新的基本过程和一般模式，为各类技术学科发展和技术开发活动提供方法论的启示。

第一节　技术创造活动的一般程序

技术活动方式纷繁复杂，技术类型也多种多样，技术目标千差万别，对于技术研究的程度，学者们的陈述也不尽一致，也无固定不变的模式。如果从方法论的高度来考察技术方法的共性，一般可以把技术创造过程概括为如图 9－1 所示的一般程序，可分为 4 个阶段。

1）技术决策阶段。此阶段主要任务是根据社会、经济、政治对技术的需求，设定技术创造的目标，并拟出达到目标的步骤和方案。这是具有战略意义的环节，首先在技术预测的基础上进行，然后对实现的技术进展进行科学评估，根据评估的结果再对决策进行修正或重新设定。

2）技术原理构思阶段。此阶段的任务是运用科学原理、技术原理和各种方法进行新产品、新工程的构思，为各种要创造的对象性客体建立该系统赖以运行的基本原理。本阶段是技术研究、开发的新颖性和创造性的根据所在，是技术和工程系统新功能的决定因素。

3）技术方案设计阶段。技术方案设计，就是要把创造性构思所获得的设想具体化。本阶段是把技术原理付诸实施，并不断修正的过程。一般来说，重大的技术研究或技术开发项目，需要进行三个层次的设计：①初步设计；②技术设计；③详图设计或施工设计。设计方案设计出来后，还需通过专家评价、论证，对设计方案进行优化。

4）技术研制和实施阶段。对技术设计方案评价后，技术活动便进入到技术研制、试验和鉴定环节，确认是否达到设计目的，以修正和完善技术方案。有的工程设施要经过一段试运行，然后经过鉴定，最后才能投入生产或工程系统的正式运行。技术成果通过技术检验和鉴定，技术创造过程便可输入技术应用过程。未通过技术鉴定，应再返回到技术创造过程的相应程序上，重新进行后续工作。

实际的技术创造活动是一个十分复杂的过程。图 9－1 所示的程序只不过是一种粗略的描述，各环节之间的界线和序列都不是绝对的，不能把技术方法的应用绝对化。

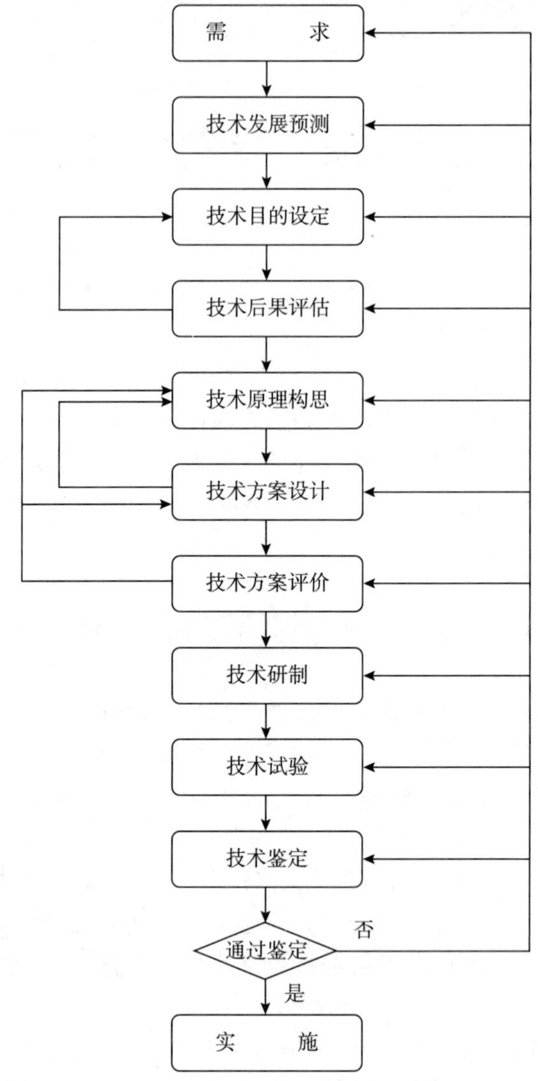

图 9－1　技术创造过程

第二节　技术决策

技术决策方法主要包括技术预测方法和技术评估方法。

一、技术预测

技术预测是指以技术为研究对象，利用已有的理论、方法和技术手段，根据科学技术发展的一般规律，根据技术的过去和现状，来推测和判断技术发展的趋势或未来状态的一种科学认识活动。中国古代就有“凡事预则立，不预则废”之说。科学的技术预测是于 20 世纪 50 年代在美国出现的。由于新技术的研制经费日益昂贵，人们希望通过预测提高它的成功率，并使它能尽快推广应用，以取得较好的社会经济效益。因此，技术预测方法得以在世界各国迅速发展和日臻完善，至今技术预测方法已达100余种。

1. **技术预测方法的类型**

按照不同标准，可以把技术预测方法分为不同的类型。其中，逻辑分类方法因为有重要的方法论启示而值得重视，按照逻辑分类，一般可把预测分为以下三大类。

1）类比性预测方法，或称类推法。如果在两个技术系统之间具有相同或相似的特征，已知其中一个技术系统的发展变化过程，根据类推原理，就可以类推出另一技术系统的发展趋势。实际上，技术的发展状况受社会上各种因素的影响而变得非常复杂，因此，类比性预测方法的正确性是或然的。

2）归纳性预测方法，即利用若干别的预测判断和陈述，概括出关于未来的普遍的判断和陈述。归纳性预测方法往往属于不完全归纳推理过程，其预测结果也具有或然性。

3）演绎性预测方法，即根据有关预测对象的历史和现状的资料与数据，选取恰当的数学模型以确定所选预测模型的待定系数，从而得到一条表示预测对象发展趋势的曲线，据此进行外推就可以得到预测对象未来发展的技术特性。为了使演绎推理预测能取得正确的结果，一定要注意所选前提和外推边界的合理性。

当前常用的技术预测方法一般分为以下类型：一是定性和整体预测方法，包括专家意见调查征询法、前景分析法、未来选择技术价值预测法等；二是时间序列分析预测方法，包括趋势外推法、模式识别法、概率预测法等；三是模型模拟预测方法，包括动态模型法、相互影响模拟技术、投入产出分析等。

2. **技术预测的基本原则**

技术预测方法多种多样，但无论使用哪种方法进行技术预测，都应遵循一定的原则。一般来说，最基本的原则有以下4项。

（1）惯性原则

任何事物的发展都表现出一定的连续性，这种特性就是“惯性”。技术的发展过程，也常常表现出惯性。惯性越大，表示过去对未来的影响越大，研究过去所得的信息对研究未来越有帮助；相反，惯性越小，则过去对未来的影响越小。如果技术发展总体上处于相对稳定的过程，表现出较大惯性，我们就可以依据惯性原则进行技术预测，如趋势外推法、回归分析法等预测方法。

（2）相关原则

事物是普遍联系的，任何事物的发展都不是孤立的，是与其他事物相互关联和相互制约的。如果一事物与另一事物有较强的相关性，而且能够建立起反映其内在联系的相关模型，那么就可依据一事物的发展变化预测另一事物的发展变化。因此，技术的发展可以依据相关原则进行预测。

（3）类推原则

各种事物的发展变化常常有类似之处，这是类推原则的前提。如一技术与另一技术的发展变化在时间上有前后不同，但在发展的表现形式上有许多相似之处，那么就可以依据先发展的技术的发展规律、进程，对后发展的技术的前景进行类推预测。当然，相似并非等同，而且也存在着技术类别和时间差距等差异，即使符合类推原则的类推预测，预测结果也不能认为是必然的。

（4）概率推断原则

在技术研究、开发活动中，预测目标的发展往往因受多种因素的影响而具有很大的随机性。这时只能利用概率预测方法对预测目标未来发展的各种状况出现的可能性大小加以估计。首先假定所研究的时间序列是由某个随机过程产生的，然后用实际统计序列建立该随机过程的模型，最后求出未来的最佳预测值。使用概率推测，不仅要给出预测结果，而且要有该结果出现的概率。

3. 技术预测的理论基础

技术预测作为一种十分复杂的认识活动，包含深刻的哲学认识论问题，如预测是否可能、预测的前提条件是什么、预测能否检验等。对此哲学家们存在两种截然不同的看法。一是认为世界万物瞬息万变，根本无规律可循，对未来进行预测是根本不可能的；二是认为物质世界具有客观实在性和内在规律性，预测是完全可能的。我们认为，技术的发展虽然不可避免要受多种因素影响，表现出某种偶然性，但技术本身发展总是按一定规律逐步演变的，技术预测正是对这种规律的一种认识和把握，并有可能取得较好的效果。

技术预测中连续和突变是一对矛盾问题。预测对象具有连续的变化规律，即系统具有稳定的结构，是对系统进行预测的必要前提，但当系统的自控制能力不能克服突变因素的影响时，事物的发展方向就会出现突然的转折。因此，对可能出现的转折点也要进行研究，把它控制在尽可能小的预测区内，使预测规律趋近于事物演变的真实规律。

技术预测中还存在随机性和约束性的矛盾问题。预测对象是千变万化的，预测过程中所搜集到的大量数据和信息，其每一个的出现完全是随机的，但也必然受到一定的约束，这种约束性所反映的正是事物的本质属性。预测的根本任务就是从大量随机现象中抓住对象变化所固有的、必然的、稳定的约束条件，预测才能够进行。

可检验性是技术预测的基本特点。预测的可检验性，一是指预测的结果必须是明确的和可被检验的；二是指预测所用的方法也必须是可以检验的，否则就不是科学的预测。例如，幻想也可能言中未来发生的某种事物，但它经不起科学方法的检验。所谓言中只是一种纯粹的偶然巧合，虽然它有助于预测，但它不属于预测。

第三节　技术评估

技术评估是20世纪60年代在美国首先兴起的，它是指通过分析技术与人类社会、自然界诸相关因素（社会政治、经济、生态环境和人的价值观念等）的相互影响，来解决技术发展问题的一种方法，是一种与技术后果评估有关的宏观决策分析的活动。随着技术活动领域的扩大、技术发展速度的加快、技术开发负面效应的加重，人们对技术的要求日益提高，技术评估方法应运而生。目前，世界上大多数国家的决策部门已将技术评估制度化。

一、技术评估的特点

技术评估着重探索的是技术与人类社会和自然界之间的关系，而不仅是技术内部诸因素的关系。技术评估是系统的、有序的、期望指导未来的一项活动，与局部的、单项的技术方案评价不同，有着自身的许多特点。

1. 整体性

在技术评估中，技术本身以及技术所产生的效应均应整体看待，其视野超出了一般的技术评价、经济价值和环境评价的界限。它以社会的整体利益为根本出发点，综合地评价技术在政治、经济、社会、生态等方面的积极的和消极的、近期的和长远的影响，正确解决技术目标与社会目标、显现的与潜在的利弊、物质的和精神的影响等辩证关系。技术评估的目标是社会整体利益的最优化。

2. 高度有序性

技术评估不仅要研究技术的直接社会后果，而且要涉及技术的“后果的后果”。因此，技术评估的研究对象是一个有序的长序列。

3. 跨学科性

技术评估涉及广泛的技术应用的社会后果和政策选择，包括社会、经济、技术、生态、伦理等一系列问题，常常需要应用社会论理标准和人的标准来进行评估。因此，技术评估不仅应有该技术有关专家参加，还要有其他相关学科的专家和社会公众代表参加，评估结果才能够全面。

4. 中立性

技术评估必须客观公正，努力摆脱研制者的影响，把评估与直接制定政策的权力和职责分开，要求评估人独立于该技术项目的参与人的利益，做到以科学分析依据。只有坚持中立性，技术评估才能摆脱主观因素的影响，从而做出客观公正的结论。

5. 质疑性

技术评估的实质是对技术后果进行置疑和批判，是有意“挑毛病”。承认技术具有两重性是技术评估的核心。技术的社会效应中的积极的、直接的效应是技术专家预料之中的或是在立项论证时已考虑到的；而技术的消极的、间接的或意料之外的负效应，则不易被认识。因此，技术评估的重点在于预测新技术的消极的、间接的或出乎预料的效应，对全人类包括子孙后代负责。

二、技术评估的一般程序

技术评估有许多类型，不同类型的技术，评估的程序和方法各异。对技术创造过程中的技术评估，其基本程序一般分为四个步骤。

1. 资料准备阶段

这一阶段的任务首先是掌握有关评估对象自身的翔实可靠的资料，如技术项目的开发目的、内容等。其次是有关评估对象的背景资料，如可与该项技术对比的对比技术的资料，与该项技术发展有关的相关技术的资料，与该项技术突破后的应用有关的社会、经济、资源和环境方面的资料等。这样，才能为整个评估工作的顺利进行打下良好的基础，保证评估结论的可信度。

2. 影响分析阶段

这是整个评估工作最关键的阶段，主要任务是：全面深入地寻找该项技术可能带来的各种影响，包括积极影响和消极影响、直接影响和间接影响，在间接影响中还要寻找三次影响乃至更为深远的影响；认真分析和整理这些影响的性质、内容、程度和规模，分析它们同该项技术的因果联系及其相关程度，判断它们之间的相互关系和综合作用等；尤其重要的是要从各种消极影响中找出不可逆的负影响，即非容忍性影响，并对其程度、范围、发生的概率或频率、发生的条件以及与该项技术的相关程度做出尽量确切的判断。

3. 对策研究阶段

这一阶段的任务是针对非容忍性影响，研究制定减轻或避免的对策。如果非容忍性影响与该项技术的联系不是必然的、直接的，或相关程序较弱，可以适当调整该项技术设定的技术目标，并在技术原理构思和技术方案设计等后续过程中确保消除导致这种影响出现的条件。如果非容忍性影响相当严重与原来设定的技术目标相关程度又很强，即使对原定目标加以调整也难以消除，那就需要重新设定技术目标。

4. 综合评价阶段

在以上几个阶段的基础上，对该项技术的全部影响作系统分析，并与其他技术进行充分对比，权衡利弊之后给出关于该项技术的总体评价。

以上技术评估程序可在技术目的设定后进行，也可在技术方案设计后进行，这时就转变为对技术方案的评价。对技术方案的评估，不仅要评价技术应用的后果，而且还要评估技术方案本身的合理性、先进性和可行性。

可以看出，技术评估的重点已不是技术本身，而是技术的社会效应和社会价值。人们的价值观念、价值准则起着至关重要的作用。

第四节　技术发明

技术发明活动是技术创造过程中最关键、最富创造性的阶段，它是应用自然规律解决技术领域中特有问题而提出创新性方案、措施的过程和成果。技术发明的核心就在于构思一种新的技术原理，或创造一种技术原理的新的运用方式。

一、技术发明的特点和类型

技术发明不同于科学发现。技术发明主要是创造出过去没有的新事物和新方法。科学发现主要是揭示未知事物的存在、属性及运动规律，

1. 技术发明的特点

技术发明的特点主要包括以下方面。①新颖性。技术发明是新颖的技术成果，不是单纯仿制已有的物质系统或重复前人已提出的方案和方法。如在已有的技术体系中能找到在原理、结构和功能上同一的东西，则不能叫作发明。②先进性。技术发明的成果必须是比以往技术更为先进的东西，即在原理、结构，尤其是功能效益上优于已有技术；发明总是既继承又有创造，在一般情况下大都有先进性。③实用性。技术发明必须是有应用价值的创造，应该有新颖和先进的实用性。发明者创造新产品、新工艺、新方法前已在观念中按功能需求构建所设计的对象，是以一定的技术目标和应用前景为前提的。

2. 技术发明的类型

技术发明按其创新程度不同可分为两大类型。

（1）开创性技术发明

这类发明所依据的基本原理与已有发明的技术原理有质的不同。一般来说，科学理论的许多重大突破，都会导致开创性的技术发明。如蒸汽机技术的发明开创了热能向机械能的转化，在基本原理上区别于仅有机械能转化的简单机械。19 世纪电磁学理论的创立导致了大规模的电力技术和无线电技术的开创性发明，从而引发了第二次技术革命。20 世纪自然科学理论的全面突破，又进一步引发了轰轰烈烈的新技术革命。开创性技术发明往往导致技术系统的根本性变革，其意义重大。

（2）改进性技术发明

改进性技术发明是指在基本原理不变的情况下，对已有技术作程度不同的改变和补充。例如，高压蒸汽机、汽轮机和多缸蒸汽机都是对蒸汽机技术的改进，以适应降低消耗、提高技术性能等要求，但是依据的基本原理都一样。改进性技术发明主要依靠的是长期的经验摸索和实践经验积累。技术发明中多数是属于改进性发明，一般完善与基本技术有关的材料、结构、工艺和功能都会导致此类发明。改进性的技术发明又可分为应用改进型技术发明和综合改进型技术发明。前者是把一种基本技术移植于多种对象，一般需改变基本技术的某些环节，派生出另一些技术发明；后者是把多种已有技术结合起来组成一个新的技术系统，实现某些新的功能。

二、技术发明的构思方法

技术发明的构思是技术发明过程中的核心，它应以社会的某种需求为导向，以已有的科学理论和技术成果为基础，寻找出一种可实现的建构某种新的技术系统的原理方案，使该技术系统的结构具有满足某种特定需求的功能。技术的构思属于创造性思维的范畴，是技术系统的关键和灵魂。构思的方法灵活多样，较为常用的有以下几种类型。

1. 原理推演型

原理推演是依据科学原理进行技术原理构思的方法，从科学发现的普遍规律和基本原理出发，推演技术科学和工程技术的特殊规律，由此实现科学原理向技术原理的转化，如发电机、电动机技术原理是在电磁理论的指导下产生的。科学原理推演法，要经过许多中间过渡环节，经过一系列实验研究和原理探索，才能最终完成从科学原理到技术原理的转化。原子核技术、激光技术、空间技术、海洋技术、新材料技术等高新技术无不是在科学理论基础上产生发展起来的。原理推演法是技术构思中最重要和直接的方法。这类技术原理构思所依据的科学原理，包括基础科学原理和技术科学原理。一般来说，技术科学原理要比基础科学原理更容易转化为技术原理。

2. 实验提升型

直接通过科学观察、实验、技术试验中发现的自然现象，提升出蕴涵其中的技术原理，是技术原理构思的重要方法。科学实验常常是新兴技术的生长点。例如，电磁感应的实验，产生了电机技术的基本原理；光电效应的发现，引出了光电技术在自动控制和传真、电视等方面的应用。从实验中提升技术原理，关键是对实验现象的挖掘和提炼。实验本身蕴涵的技术原理，多数情况下是以经验形态表现出来，如不弄清其机理和条件，是无法完成新技术原理构思的。

3. 智力激励法

智力激励法是由美国学者、创造工程的奠基人奥斯本在20世纪30年代创立的。智力激励法的基本要点是针对要解决的问题，召集5~10人的小型会议。会议规定一些必须遵守的原则，与会者按照一定的步骤，在轻松融洽的气氛中敞开思路，各抒己见，自由联想，互相启发、激励，从而引起创造性思想的连锁反应，产生许多新颖的设想和方法，最后由决策者进行综合和选择的一种创新方法。从而产生许多发明构想。智力激励法的基本道理就是发挥集体的智慧，但对怎样才能发挥出集体智慧，人们以前却很少研究。智力激励法虽然也采用开小组会的形式，但它有一定的规则：一是为产生激励效果，引导与会者高效思考，会议要求以“禁止评判，谋求数量，自由大胆思考，综合改善”为规则；二是为了进行有条理操作，会议要求以“准备，热身，明确议题，畅谈，整理设想”为程序。智力激励法的使用效果很好，当代所有发明构思法，凡是涉及激发创造性思维的组织形式或“小环境”时，均吸收和利用了智力激励法的一些规则和程序。有时一次会议就可提出上百个方案。智力激励法也被称为“智囊团法”或“头脑风暴法”。

4. 移植法

移植法是把已成功应用在其他领域的技术原理、技术手段、技术结构和功能，应用到发明构思上的方法。移植法的客观基础是两者的某些结构或功能具有相似性，其思想基础是类比推理。其发明物与利用物（原型）之间的相似之处非常明确，但不是生搬硬套，而是为了适用新领域，对移植的技术装置进行适当的革新与改造。例如，将稀土元素能改善金属材料性能的原理移植到轻工业和农业，制成含稀土的磁疗保健用品和具有增温、采光、延长保温期的含稀土塑料大棚；将导弹自动跟踪、追击目标的方式移植于医疗技术，发明生物导弹，它可将药物直接准确地送至病变处。

5. 发明构思检核表法

技术的发明构思可以通过发挥集体的智慧来实现，但是当个人单独遇到问题或没有条件借助集体智慧时应该怎么办？这就需要将多数人的智慧收集在一起，围绕产品或现有发明，借助于发散式思维，从不同角度加以审视、提问和讨论，总结出一份能启迪思路并便于查寻的检核表。检核表是个人发明创造活动中常用的方法，其具体内容如下。

1）改变现有事物的制法、形状、颜色、运动、声音和味道等，看会取得什么效果？

2）能否增加、附加些什么？可否延长、放大、扩大现有的事物？

3）能否减少、去掉些什么？可否省去、压缩、微型化？可否缩短、变窄、分割？

4）能否找到别的材料、元件、工艺、动力、符号、方法、形状等代替现有的？

5）这项事物或这个方法还有无别的用途？倘若稍加变化，是否会有新用途、新的使用领域？

6）有无类似的东西和情况？把别的领域的类似做法借鉴和模仿一下如何？

7）改变一下顺序，替换、互换、颠倒一下会如何？

8）可否将两个或多个分立事物或要素组合在一起？可否混合、合成、协调、重组？

6. 自然模拟型

模拟方法也是技术原理构思的有效工具。自然模拟法是把自然界中可以利用其结构或功能的客观事物作为原型，利用模拟法构思技术原理的方法。例如，人工降水技术就是对自然降水过程的模拟，前者的技术原理是直接从后者借用的。另外，技术仿生法也是技术发明中经常使用的，特别值得重视，它以生物机体作为原型，模仿其特殊功能的形成机制以构思出相似的技术原理。由于生物功能和结构形成于长期的自然选择的进化过程之中，其功能的通用性、结构的合理性、信息加工方式的简约性等，都有独到的优点，因而常常可以启发非常优秀的新技术原理的构思。

7. **回采法**

回采法是在新条件下“回采”已被否定的技术原理，使之在新条件下得以实现的方法。在技术史上，一个技术原理被构思出来以后，可能会因为实现这种原理的条件还不成熟，不一定能被实现。但是，随着时间的推移，外界条件发生了变化，使这种原理可能实现的时候，可以重新采用这一原理。例如，在1637～1680年，荷兰物理学家惠更斯提出了真空活塞式火药内燃机的工作原理，但是，由于火药的燃烧难以控制，以致这一原理未能实现。后来蒸汽机发明后，蒸汽机的使用迅速得到了普及，但是蒸汽机热效率太低，且笨重、庞大，而内燃机具有热效率高、体积小、结构紧凑等优点，又有了煤气和汽油可以代替火药作燃料，使燃烧变得可以控制，于是，人们就“回采”了惠更斯火药机的原理，并对它加以改造，构思出新的内燃机工作原理。蒸汽机的发展就是在否定之否定中上升、完善的。

8. **综合法**

综合法是指把两个或两个以上的若干技术成果综合在一起，进行技术原理构思的方法。各种技术之间相互联系、相互渗透、相互转移，都可以帮助人们构思出新的技术原理，开发出新产品，保持技术领先的优势。综合已有各项技术成果进行技术发明和创造，已成为当代技术发展的主要特点和趋势。美国阿波罗登月计划总指挥韦伯说：“阿波罗登月计划中没有一项新发明的自然科学理论和技术，都是现成技术的运用，关键在于综合。”综合就是创造。医学高技术中的核磁共振技术，综合了微电子技术、计算机技术、新材料技术、激光技术、核技术，是多种新技术综合应用的产物。

三、技术方案设计

技术原理构思好以后，就进入到技术方案的设计和评价阶段。技术方案是关于实现技术目标的途径或方式的总体构建，包括技术的目标系统、技术的原理系统、技术的运作系统和技术的构件系统等子系统。技术方案的设计是把技术原理物化为技术实体的桥梁，在技术研制过程中具有重要作用。它将技术目标和技术原理结合起来，使技术目标明朗化和技术原理具体化，从而为技术研制提供具体指导。技术方案的设计是创造活动的观念建构过程的最后一步，又是其物化过程的起点。与技术原理相比，技术方案的鲜明特点是具体化和综合性。如果说技术原理的构思是一种创造过程，那么应用技术原理进行技术方案的设计则是一个再创造的过程。因为技术方案的设计不仅需要运用知识和规则，而且需要发挥创造性和想象力。正如控制论创始人威纳所说，“工程设计与其说是一门科学，不如说是一种艺术。”技术方案设计是要把技术原理的抽象的东西变成特殊的、具体的东西，需要解决在技术原理构思时尚未解决的一系列实际问题。

设计方法随着人类生产技术的进步而发展。近代革命以来，广泛采用三段式设计方法，即方案设计、技术设计和施工设计，其中有决定意义的是方案设计，通常是根据任务的技术要求，凭借所能找到的样本、专利、图纸、研究报告、设计规范和自身的经验等，提出设计的初步轮廓和总体构想。这种设计方法基本上是经验式的，以模仿为主，提出的方案也是有限的，缺乏更多的选择余地，因而有很大的局限性。进入20世纪，特别是“二战”以后，随着科学技术和国际经济的飞速发展，推动了设计方法的变革，传统的设计方法已逐渐被现代设计方法所取代。动态设计、优化设计和计算机辅助设计成为现代设计方法的核心。特别是计算机辅助设计（CAD）和计算机辅助制造（CAM）连接起来，设计与制造一体化，实现了无图纸设计与制造，成为各种技术方案设计的重要手段。现在设计方法正向着把市场、工程设计、制造、管理和销售等活动都包括在内的计算机集成制造系统（CIMS）发展。

设计方法论20世纪60年代在欧美兴起，主要探讨工程设计、建筑设计和工业设计的一般规律和方法，涉及哲学、心理学、工程学、管理学、社会学等方面的问题。围绕设计的一般理论和方法形成了三大流派。一是科学主义。它的基本观点是把设计看成探索性的解题活动，本质上与科学研究相同，都是理性活动，是研究活动，遵循着与科学方法相近似的原则。二是技术主义。它把设计活动与科学研究明确加以区别，认为设计本质上是技术活动，而不是科学研究。它把技术系统、技术过程作为设计方法论的研究对象。三是人本主义。人本主义把科学主义和技术主义看成是机械的、定量化的“行为主义”，主张重新认识设计者的社会作用，强调设计者负有为社会服务的道德责任，应当让设计对象的使用者参与设计过程。三大流派虽各有其视野的片面性与局限性，但都从不同的角度提出了一些很有启发的基本的设计思想，都较重视实用性，都关心哲学，各派都力图从哲学上论证自己学派观点的合理性。

第五节　技术创新

现代世界科学技术和社会经济的发展历史实践表明，技术创新是科学技术成果转化为现实生产力的主要形式。技术创新的概念最早是由美籍奥地利经济学家熊彼特提出来的。1912年熊彼特出版了著作《经济发展理论》，提出了以创新为核心的经济发展理论，技术创新理论和方法在20世纪70年代得以迅速发展。从技术创新角度研究技术活动，为技术观和技术方法论的研究开拓了一个新的视野。

一、技术创新及其分类

1. 技术创新的含义

熊彼特对创新有十分宽泛的解释。他说，“创新实质上是经济系统中新产生函数的引入，原有成本曲线因此不断更新。”按照熊彼特的观点，创新是把一种从来没有过的关于生产要素的“新组合”引入生产体系，包括技术创新。这种新组合包括以下内容：引进新产品、引用新技术、开辟新的市场、控制原材料新的供应来源、实现工业的新组织。与技术相关的创新（上述的前两项组合是与技术相关的创新）是熊彼特创新理论的主要内容。熊彼特把技术创新概括为技术发明的首次商业化应用。由于技术创新是一个涉及面广、影响大又十分复杂的过程，从不同角度去研究，迄今对其含义仍有各种各样解释。1992年经济合作与发展组织在《技术创新统计手册》中关于技术创新的界定是：“技术创新包括新产品和新工艺，以及产品和工艺的显著的技术变化。如果在市场上实现创新（产品创新）或者在生产工艺中应用了创新（工艺中应用了创新），那么就说创新完成了。因此，创新包括了科学、技术、组织、金融和商业的一系列活动。”国内外许多学者认为，技术创新的基本含义是指新技术第一次应用于生产，技术成果变为商品并在市场上销售得以实现价值，从而获得经济效益的过程和行为。也就是说，技术创新是“一项新产品或新工艺概念由产生，经过研究、开发、工程化、商品化生产到市场销售的整个过程的一系列活动的总和”。因此，技术创新是一个充分体现科学技术、与生产和经济融为一体的系统过程。

对技术创新的含义，可以从以下几个方面来理解：一是技术创新是一种生产活动，也是一种经济活动，其实质是为企业生产经营系统引入新的技术要素，以获得更多的利润；二是技术创新的关键是研究与开发成果的商品化；三是技术创新的主体是企业家；四是技术创新的最终效果是创新的技术得以扩散，从而推动社会经济增长，加快社会进步。

2. 技术创新与相关概念的比较

将技术创新与相关或相似的几个概念进行比较，有助于进一步理解技术创新的含义。

（1）技术创新与技术发明

技术创新与技术发明的区分是随着创新活动在现代企业中的制度化开始的。技术发明虽以应用为目的，但它并不是应用活动本身。从本质上说，技术发明仅是新概念、新设想，其成果仍以专利、图纸、说明、报告、样品样机等为载体。技术创新往往以技术发明活动的终点为其活动的起点，从众多的技术成果中选择部分成果构成创新项目，通过生产、销售等经济活动取得经济和社会效益。可以说技术创新是技术发明的第一次商业化过程。也就是说，技术创新与技术发明既有联系也有区别，技术发明是技术创新的必要条件，但并不是充分条件。要成为技术创新，必须要有技术发明，但有了技术发明，并一定都能成为技术创新。

（2）技术创新与技术进步

技术进步是一个较为抽象的经济学概念，指人们对技术应用所期望达到的目的及其实现程度。通过原有技术（或技术体系）的研究、改造和革新，开发出一种新的技术（或技术体系）代替旧技术，使其应用的结果更接近于应用的目标，我们就说产生了技术进步。而技术创新是一个具体的概念，技术创新都是十分具体的目标和活动。技术进步的实质在于技术的进化的累积。它重在陈述由低级向高级形态的发展。技术创新的含义则有更替、以新形态代换旧形态的意思，而且直接指向具体的新技术的出现并被实际应用。

可以说，技术进步也就是通过一切创新活动，改良现有方法以提高生产效率的过程。技术进步是一种现象，它由众多的技术创新活动复合而成。可以形象地说，技术创新是“树木”，技术进步是“森林”。

（3）技术创新与科技创新

科技创新一般是指科技系统的革新或改革。从广义讲，泛指科技体制、科技体系的改革，使科技和经济能够有效结合，如国家“863 计划”、国家“火炬计划”、科技型中小企业创新基金的设立等；从狭义上讲，科技创新是指科学技术的发明创造。技术创新与发明创造是有很大区别的。但是，科技创新又是技术创新的源泉之一。

（4）技术创新与知识创新

知识创新是一较新的概念。1993 年阿米登把通过创造、交流和应用，将新的思想转化为可销售的产品和服务，以取得企业经营成功以及国家经济振兴和社会全面繁荣的过程称为知识创新。认知识创新的特征表现看，知识创新的概念远比技术创新的概念要大且较为抽象，前者包括知识产生、分配和使用的全过程，体现了知识经济各个层面的内容，而后者则侧重于技术的商品化，范围要更加具体。

国内有些学者认为知识创新应属于科技创新的范畴，人为地将创新分为知识创新和技术创新两部分。这样的知识创新不包括知识在市场中实现价值的思想。关于知识创新与技术创新这两个概论之间的相互关系和区别，应按照知识经济时代的特征有待于进一步认识。

3. 技术创新的要素和分类

技术创新的要素主要是创新者、信息、思想、环境和资源。创新者一般是指企业家，还应包括科技研究人员、政府计划管理人员等。创新者根据市场需求信息与技术进步信息，捕捉到新机会，产生新思想。新的思想在合适的经营环境与创新政策的鼓励下，利用人力、财力和技术等资源，通过组织管理，从而形成技术创新。在以上四个要素中创新者是最主要的因素。

技术创新可以按照不同的目的进行不同的分类。按技术应用的对象，技术创新可分为产品创新、过程创新和管理创新。产品创新是旨在生产出新产品的技术创新活动；过程创新（又称为工艺创新）是旨在对企业生产过程中的工艺流程及制造技术的改善的技术创新活动；管理创新是旨在产生新的组织管理方式而进行的技术创新活动。按其作用大小，技术创新可分为渐进性创新和重要性创新。渐进性技术创新是一种技术上渐进的改进性创新，重要性技术创新是技术上有根本改变的创新。有人又把重要性技术创新进一步分为 3 个类型：一是根本性创新，大量的新产品和新工艺就属于这类创新；二是技术创新群，它不是一项单独的创新，而是由众多技术上有关联的创新组成的创新群；三是技术革命所引发的技术创新群。

二、技术创新的过程

技术创新过程是创新要素在创新目标下的流动和实现过程。它阐明了创新过程的发展阶段构成，也揭示出创新的推动和发生机制。正确理解技术创新的过程机制，是推动技术创新成功，实现科学理论向现实生产力转化的重要基础。

实际的技术创新过程十分复杂，没有统一模式，学者们对创新过程的阶段划分以及各个阶段创新活动的确定是多种多样。但总体说来，技术创新的过程可以归纳为如下 3 个基本阶段。

1. 新设想、新发明产生的阶段

由于新设想、新发明的创造性特点及其在整个创新过程中的“种子”作用，这一阶段受到人们高度的重视。决定新设想、新发明生成的是发明家的创造性的研究与开发（R&D）活动，或者创造性地利用他人研究开发活动所生成的知识。因此，研究与开发是这一过程最主要的特征。它是技术创新的真正源泉。普遍认为，在 18 ~ 19 世纪，创新的源泉主要是个人发明家，如发明蒸汽机的瓦特、发明电灯的爱迪生等。但是在 20 世纪，随着科学技术的发展，有组织的研究开发（大学、研究机构、企业）已经成为技术创新的主要源泉。

2. 从设想变成产品的转化阶段

在这一阶段中，除了需要进行测试、工程设计、寻求资金、购置设备和组织调整等必要的工作外，常常还需要对已有的新设想和新发明进行反复试验、修改和再发明，以使其适应市场或适应企业的环境，同时还要为实现新设想与新发明创造必要的工程技术条件，“中试”是这一阶段的主要活动。当然，这中间仍需要大量的研究开发工作，仍然充满着大

量的创造发明活动。正是在这一阶段中，科技与经济的结合得以最大限度地实现，并显示出其强大的威力。

3. *新产品走向市场的阶段*

技术对经济的作用，归根到底是通过市场实现的。一项发明，当转化成新产品后，如果不能进入市场，那就不仅不能增加经济财富，反而造成浪费。所以在技术创新过程中，自始至终存在着调查市场、适应市场、进入市场的活动。在发明的产生阶段，要了解市场需求、确定研究开发工作的方向，形成有价值的发明。在转化阶段，要通过对市场的调研，不断修改发明，创造能够以适当的成本生产产品的条件。当产品试制成功后，更需要通过创造性的销售活动将其推向市场。一项新产品，最初人们不了解它时，市场是较难接受的，只有通过积极的宣传和卓有成效的促销活动，才能打开市场。在一定意义上说，市场活动是技术创新能否取得成功的关键一环。但是长期以来它却被人们所忽视。因为按照传统的观念，技术活动终止于技术实体的形成，市场活动属于经济活动的范畴，已经超出技术活动的界限，似乎已不再是科技人员的职责了。因此，技术创新是一个突破传统思维方式的重要概念，它要求科技人员和经济工作者以新的思维方式看待科技活动和经济活动，重新认识自己在技术创新过程中的职责和作用。

从技术创新的过程来看，3 个基本阶段是彼此密切联系、相互作用、缺一不可的。因此，技术创新应该被理解为是一个从设想到产品商业化（产业化）的过程，是一个包括研究开发、工程设计、生产制造、财政金融和市场销售等一系列活动交互作用的全过程。

三、技术创新的模式

揭示技术创新的推动、发生机制，人们提出了多种不同的技术创新模式，主要创新模式是按诱发技术创新活动的诱因划分出的技术推动模式和市场需求拉动模式。20 世纪 80 年代之后，又出现了一种折中观点，即所谓双重作用模式。

1. *技术推动模式*

技术创新的技术推动模式，是指由科学技术发展的推动作用而产生的技术创新。广为流行的技术推动模式把技术创新过程概括为从基础研究到产品在市场上销售的线性序列过程，如图 9－2 所示。这种创新模式中的技术推动力表现为科学和技术的重大突破，使科学技术明显地走到生产的前面，从而创造出全新的市场需求或是激发市场的潜在需求。因而科学技术的发育程度对技术创新起决定作用，技术创新必须以技术实现的可能性为前提。这在许多高技术创新中表现得最为典型，如核电站、计算机、激光、转基因生物等都是很突出的例子。

图 9－2　技术推动模式的创新过程

这种模式揭示出科技创新活动的步伐依赖于科学进展。新产品和新工艺是以新原理和新概念为基础的，而这些新原理和新概念是由基础科学研究产生的。科技创新必须以技术实现的可能性为前提。同时，这种线性模式也深刻地揭示了技术创新的认知动因和创新过程中信息、思想等要素的流动方向。它使人们认识到科技促进经济发展的重要作用，了解增加研发投入在促进现代科技术创新过程中的作用。

2. 拉动模式

拉动模式认为，科技创新起因于市场需求的拉动。市场需求拉动模式把科技创新概括为从市场需求到市场销售的线性序列过程。市场既是科技创新的终点，又是科技创新的起点，市场需求是科技创新成功之母。

随着社会、经济与科技的发展及进一步融合，越来越多的技术创新属于这种模式，如化工产业、汽车产业、通信产业、工业仪器仪表以及大多数改进产品的许多创新等。

市场需求拉动模式的创新过程可以用图 9－3 表示。

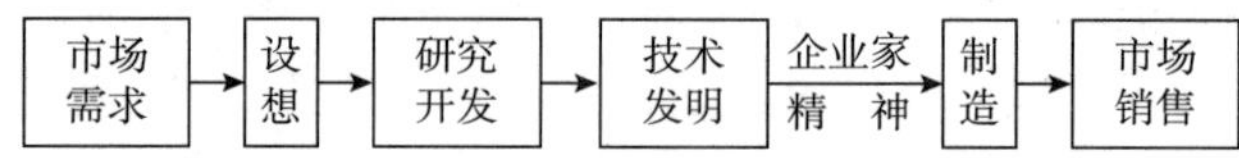

图 9－3 市场需求拉动模式的创新过程

市场需求拉动模式深刻地揭示了技术创新的经济动因。它对改变人们的观念，促进科技与经济、研究开发工作和市场需求更好地结合起到了重要的作用。

对前两种科技创新模式理解得过于简单化和绝对化，会过于强调某一种因素在科技创新中的决定性作用，而忽视另一种因素的作用。实际上，科学、技术和市场的关联是复杂的、互动的、多方面的，主要的创新驱动力因时间不同、产业不同而有很大的区别。于是提出了科技创新的混合模式。

3. 双重作用模式

双重作用模式是指在技术创新时，创新者在拥有或部分拥有技术发明或发现的条件下，受到市场需求的诱发，并由此开展技术创新活动的一种模式。不少技术创新过程，很难说是新技术的发展激发了消费需求，还是市场需求迫切推动了创新活动。其实这两种推动作用都是客观存在的，有时很难区分二者的强弱程度。双重作用模式强调把技术与需求综合考虑，认为技术创新是在科学技术研究可能得到的成果和市场对此成果需求平衡的基础上产生的，即技术机会和市场机会合成的结果，导致了技术创新活动。其创新过程可用图 9－4表示。

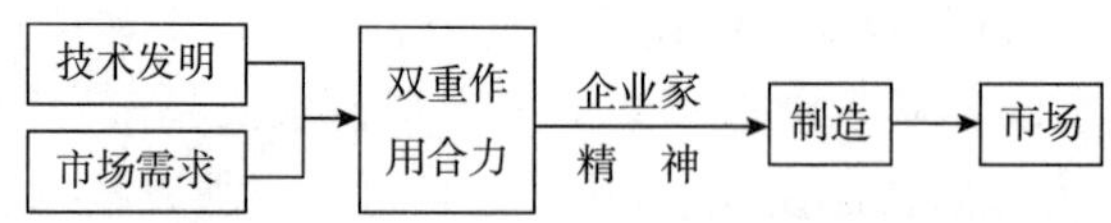

图 9－4 双重作用模式的创新过程

实际上，有些技术创新过程由复杂链环创新路径和反馈回路构成，而非简单的线性序列模式。整个创新过程可看做是在创新企业框架内技术能力和市场需求的汇流和有效匹配。

4. 混合模式

在人们充分认识到科学技术推动与市场需求拉动这两类线性模式的片面性以后，不少学者提出各种混合模式，试图更全面地揭示技术创新的推动、发生机制，更好地说明技术创新的过程。其中较有代表性的是克兰与罗森伯格提出的链环－回路模式和罗思韦尔与罗伯逊提出的交互作用模式。图 9－5 是链环－回路模式的图解。在这一模式中，一共有五条创新路径，而不是线性模式里的一条。第一条路径是创新的中心链，起于发明设计，通过细化试验、生产，终于销售。第二条路径为反馈回路，表示从对市场需求的察觉，直接返回下一轮设计，以便对产品和服务的性能进一步改善。第三条路径是指在设计各阶段，若有问题，先看现有的知识能否解决；若现有知识解决不了，再进行研究，然后返回设计。第四条路径是研究导致发明和创新的路径。第五条路径是市场推动研究的路径。在这一模式中，研究（科学）不再是创新的起始点，而是创新主链各节点上都需要的东西，它贯穿于整个创新过程，是创新各阶段的基础。图 9 - 6 是交互作用模式的图解。在这一模式中，创新过程被看作一个逻辑序列，但不一定是连续的过程。这一过程可以区分为一系列功能上分开、但彼此相互作用和相互依赖的阶段。整个创新过程可看作是一个组织内部和组织外部交流路径的复杂的网，它把企业各种内部的功能联系在一起，把企业同广泛的科技团体联系在一起，和市场联系在一起。换言之，创新过程代表了在创新企业框架内技术能力和市场需求的汇流。

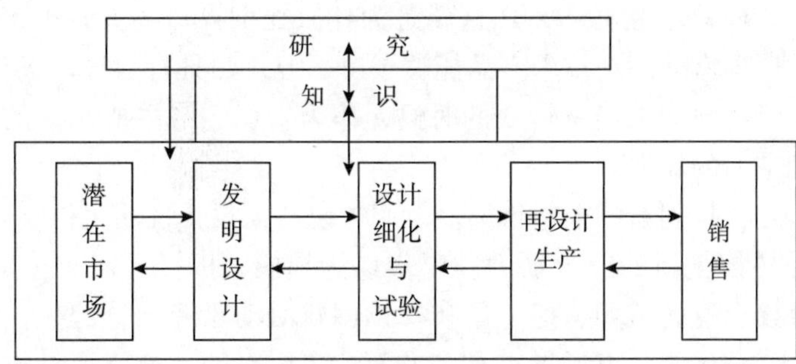

图 9 - 5　创新的链环 - 回路模式

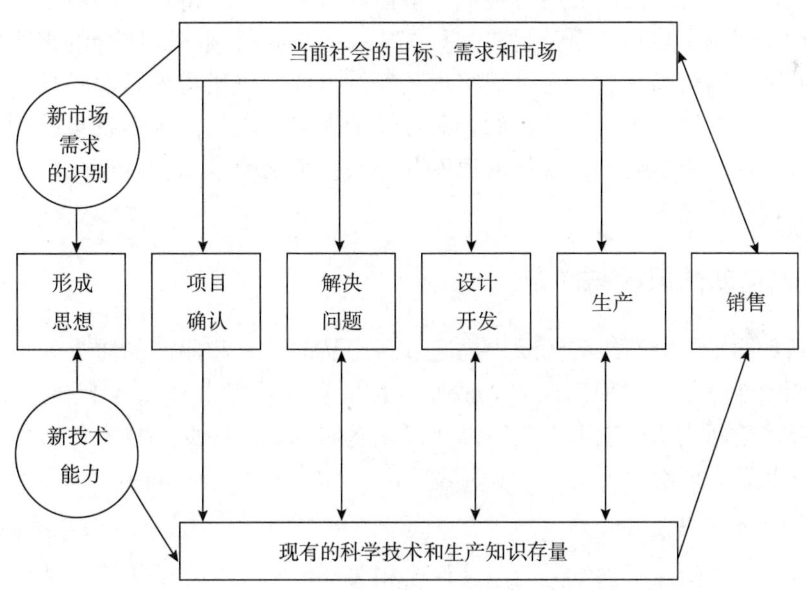

图 9 - 6　创新过程的交互作用模式

科技创新过程模式的探讨，深化了人们对科技创新动力机制的认识，最重要的是人们对科学技术驱动与市场需求拉动的辩证关系有了深刻的理解。正如莫厄里与罗森伯格所说的，“科学作为根本的、发展着的知识基础和市场需求的结构，二者在创新中以一种互动的方式起着重要的作用”“创新活动由需求和技术共同决定，需求决定了创新的报酬，技术决定了成功的可能性及成本”。人们越来越清楚地认识到，成功的创新取决于科技能力与市场需求的有效匹配。

技术蓬勃发展起来。正是分子生物学、生物化学、微生物学和遗传学的新成就，使生物技术、生物工程方兴未艾，并广泛地应用于工业、农业、医药卫生和食品工业等方面，才有了医学上的基因疗法“生物导弹”，才有震惊世界的“克隆羊”。凡是在基础科学研究方面投入多的国家，其公共再投入的回报相应也多。据统计，现代技术革命的成果约有90%来自基础研究。德国的统计数据表明，基础科学研究对德国经济发展的贡献占到20%。从已显露知识经济征候的国家来看，他们也正是基础研究力量和成果雄厚的国家。仅以主要收录基础研究论文（SCI）为例，西方七国基础研究成果产出占收录论文总数的68.34%，其中美国就占34.12%。20世纪以来的诺贝尔自然科学奖的获得者中，注重基础研究的美国、英国和德国共占89.9%。这就是为什么在世界市场上日本、美国、德国及西方其他一些工业发达国家的高新技术产品能够层出不穷，并具有引导市场消费的强大魅力。可以预计，在世界经济向知识经济转变的时候，作为知识经济主要源泉的基础研究，其战略基础地位将得到空前的加强。

满足市场需求是科技创新的根本目标。人们常说“需要是发明之母”。所以社会和市场的需求的拉动，是科技创新的强大动力。以市场为导向，以社会需求为动力，了解市场、满足市场、创造市场、发展市场、把市场和科技创新活动紧密结合起来，是科技创新的必由之路。市场是千变万化的，市场需求是多方面，多层次的，这就为科技创新提供了广阔天地。多种学科的市场需求，会诱发企业制定科技创新的新战略，给研究开发机构提供新思路，创造新机会。科技创新活动与其他经济活动一样，受经济利益的激励，受市场需求的引导和制约。特别是那些运用于制造的科技成果，只有找到与其吻合的市场方位、市场空间并且具有适当的市场容量，才可能实现其经济价值。市场需求是激励发明活动和技术创新活动起动、持续以至成功的重要的、决定性的因素。市场需求引发科技创新，市场需求规模的扩大，进一步影响科技创新的速度和规模；市场需求结构的变化，又会影响科技创新的方向、内容和结构。

四、技术创新的风险与防范

技术创新不同于一般的经济活动，是通过新产品的开发和原产品质量和性能的改进来开拓市场的原创性竞争。这种面向未来的原创性活动在技术上和经济上有太多不确定性。但是，如果技术创新成功，就可以获得高额风险垄断利润，因此，技术创新的特点使其既具有高收益又具有高风险性。

1. 技术创新的风险类型

技术创新的高风险在于创新活动涉及许多相关环节和众多影响因素，从而使创新的结果呈现随机性。按照不同的风险成因，技术创新的风险分为以下几类。

(1) 技术风险

技术风险主要来自技术创新的构思和实施阶段。这类风险主要包括：①由于技术本身的不成熟，导致创新项目半途而废；②当一项技术创新进行中或刚刚完成时，此项创新的技术已变得过时，另一项更好的技术创新已出现；③当别的企业也在进行和自己相类似的创新，激烈的竞争不能确保自己的创新一定最优；④由于受生产制造能力制约，已开发的新产品无法完成创新过程；⑤由于事先没有估计到技术效果的明显副作用，即便是成功的创新，也会受到发展限制等。

（2）市场风险

市场风险是指技术创新所生产的产品投入市场得不到消费者的接受和认可，由于销售受阻导致投资风险。这类风险主要包括：①当新产品完成后，市场前景发生了重大变化；②由于存在对创新的模仿，创新产品的市场会由于模仿产品的进入而受影响；③技术引进的冲击，当企业正在进行一项技术创新时，别的企业引进了更先进的同类技术，则创新产品的市场销售将受到严重挑战等。

（3）政治风险

这类风险主要包括：①国家政局发生变化，创新产品无法进入市场；②国家新制定的有关法律法规可能限制了创新产品进入市场；③国家或地方的产业政策的调整变动给技术创新活动带来困难；④当国家对经济的宏观调控实行紧缩性财政政策和货币政策时，使技术创新所需资金筹集受挫，从而使技术创新难以顺利进行而产生风险等。

（4）社会风险

社会风险是泛指一切社会因素，如文化、宗教、民族等所引发的技术创新的风险。如企业研制的新产品与销售地域的文化传统不相符，从而造成销售失败。

（5）管理决策风险

企业管理者如果只关注技术含量高、市场需求大、潜在经济效益高的技术，不管自己是否具备该技术创新的基本条件，而盲目决策买进技术进行技术转化，有可能会使技术转化失败，产生决策风险。同样，一些企业在接受新技术时往往忽视自身的管理，就有可能产生管理风险。

2. 技术创新风险的防范对策

在技术创新过程中，应充分认识风险，并采取控制风险的防范措施。技术创新风险防范的重要对策有以下几种。①增强风险意识。技术创新的风险是客观存在的，只有具备风险意识，才能有效地防范风险，将风险降至最低程度。②慎重选择技术创新的方向。要结合自身的竞争优势和现实条件，选择好技术创新的方向。一般说来，从竞争对手没有考虑到的潜在市场入手进行技术创新，比较容易获得成功。这样可以避免与竞争对手发生激烈冲突，从而降低创新产品的竞争风险。③加强科学论证，从根本上避免风险。技术创新前，不仅要对创新的技术本身进行论证，而且要对技术创新所需的配套设备、设施、技术力量、管理条件以及市场条件进行可行性论证。④全面分析外部经营环境。重点了解与创新有关的法律法规、行业和产业政策、技术政策以及文化、民族、宗教、大众心理等方面情况，以保证创新产品不受各种社会条件的制约，较好地适应社会环境的要求。⑤企业应建立有效的调控机制。在组织管理上应加强创新活动的阶段控制，实行进度调控和风险监控。

第四篇
科学技术与社会

现代科学技术正以其不可抗拒的威力渗透到当今社会的各个层面，科学技术已成为整个社会的主导力量，主宰着人类的文明和命运，推动着社会的巨大车轮滚滚向前。因此，深入而正确地认识现代科学技术对社会的影响，对于保证我们社会的正常发展具有深远的意义。

第十章　科学技术的社会运行

科学技术的飞速发展和广泛应用，带来了经济与社会的根本变革，极大地推动了人类文明和社会各方面不断进步，同时，社会也为科学技术的发展提供了需求、支撑和广阔市场，科学与社会之间这种相互影响、相互促进的互动关系，是当代社会的重要特点

第一节　科学技术的社会条件

科学技术作为一种社会历史现象，其产生与发展受到许多社会条件的制约。

一、经济对科学技术发展的影响

经济是推动科学技术发展的最重要的力量。恩格斯说，“科学的发生和发展一开始就是由生产决定的”“经济上的需要曾经是，而且愈来愈是对自然界的认识进展的主要动力”。[1]近代科学方法16、17世纪在欧洲兴起，很大程度上要归功于近代资本主义生产的需要。经济主要是在三个层面上影响科学技术的进步。

1. **经济体制的影响**

一般来说，经济体制决定科技体制。科学技术是生产力，现代的科学技术已经成为发展生产力的主要因素，科学技术的发展也同其他部门一样会受到经济规律的制约。例如，美国、英国等国家实行自由市场经济，其科技体制属于高度集中型。中国自从实行了社会主义市场经济体制后，由此带来我国科技体制发生相应的转型，科研成果转化为生产力和经济效益的周期已大大缩短。科研成果在商品化的同时也给科研部门带来了巨大的经济效益，市场机制在科技运行中的作用不断加强。

2. **经济实力的影响**

科学技术的发展需要经济支持，现代大科学、高技术的兴起使科学技术成为耗资巨大的社会工程。社会对科技的投入水平制约着科技的发展，而这种投入水平从根本上取决于一个国家的经济实力。一个国家的R&D强度，跟人均GDP的水平有关。西方发达国家的R&D强度（R&D/GDP）普遍高于2%，中等发达国家一般为1%～2%，发展中国家一般小于1%。经济实力对科技的影响还表现在科研经费的使用分配上，一般来说，经济实力雄厚的国家就可以把更多的经费投入到风险高、耗资大、周期长的科技领域。相反，经济实力弱的国家则更注重能直接促进生产力发展的领域。

3. **生产水平的影响**

经济发展的基础是生产的发展，社会对科学技术经济投入的多少，受生产发展水平的

---

[1] 马克思恩格斯全集第20卷［M］. 北京：人民出版社，1971：523，489.

制约。所以经济对科技发展的影响集中体现在生产对科技发展的影响上。生产对科技发展的直接影响主要表现在以下方面。①生产不断向科学技术提出新的研究课题，生产实践中的经验积累是科学认识的重要源泉。②生产发展水平决定着科学技术探索的广度和深度。生产的发展不断为科学研究创造出新的观察、实验和信息处理手段，现代各门尖端科学技术的研究，更是取决于庞大的、复杂而精密的实验技术设备。③生产实践是检验科学技术的最终标准。

恩格斯指出过，如何造成经济上的这种需要并使之越来越强烈，便是一个非常重要的问题。但这个问题是复杂的，它不仅是个经济问题，还涉及社会制度、国家政策等各方面的问题。

二、政治和军事对科学技术发展的影响

政治是经济的集中表现，是一种以强制手段支配整个社会行为的强大力量。社会政治影响科技发展的导向、规模和速度，还会影响从事科技事业的人的政治立场。

不同的社会制度对科学技术发展有着不同的动机和目标。通常先进的社会制度则能促进和推动科学技术的发展，而落后的社会制度则往往束缚和阻碍科学技术的发展。历史上，中世纪欧洲科学技术发展缓慢，趋于停滞，中国封建社会后期科学技术远远落后于西方，主要原因就是政治制度腐败。500 多年来，西方科学技术的迅速兴起和科学中心的转移，都和当时当地的政治环境、学术自由有密切的关系。

政治因素影响着科技领域和项目的优先确立，20 世纪 60 年代，美国之所以启动“阿波罗”登月计划，是因为受到了苏联 1957 年成功发射人造卫星的刺激而做出的一种反应。

政治对科学技术的影响还表现在其造成的政治形势上。例如，战争是政治斗争的继续和最高形式，它会大规模地破坏生产，毁灭科学技术成果，阻碍科学技术的健康发展。但是战争又是刺激科学技术发展的重要因素，历史上许多重大技术发明都和战争有密切的关系，从古代的宝剑战船到现代的原子弹、电子计算机都是战争的产物。冷战时期美国发起的“星球大战”计划以及“9·11”事件后美国加强反恐科技的研究，都是出于国防军事等方面的需要。但必须指出，战争和备战会导致科学技术畸形化，严重消耗国家经济实力。例如，海湾战争中，仅多国部队一方每天就耗资十几亿美元。因此，从根本上说，战争是科学技术正常发展的大敌。

在历史上将科学技术政治化由此对科学带来种种不利影响的事件比比皆是，在苏联出现过臭名昭著的“李森科事件”，[1] 用阶级来划分科学，学术争论变成了阶级斗争，有 20 多名教授被捕入狱，近百名研究者被开除公职，苏联的遗传学研究停滞不前达 20 年之久。我国在“文革”期间也发生过类似的从政治角度批判爱因斯坦相对论事件。历史的经验教训不能遗忘。

三、教育对科学技术发展的影响

教育是社会的一个特殊部门，其基本任务是教育人、传授知识、创造知识，因此，教育和科学技术是密不可分的，是科学技术发展的必要条件。世界历史发展的事实，已完全

---

[1] 孙小礼. 文理交融——奔向 21 世纪的科学潮流 [M]. 北京：北京大学出版社，2003：291－301.

证明教育的发展状况决定着科学技术的发展水平。教育对科学技术的影响主要体现在以下两个方面。

1. 教育的发展状况决定科技发展的状况

科学知识具有很强的继承性和连续性。教育是连接过去和未来的桥梁，没有教育，科学知识无法连续；没有教育，科学技术会后继乏人。教育是培养生产知识者的基地，科学技术劳动者是通过教育造就出来的。教育发展状况的好坏，不仅决定着科技队伍的质量、数量和结构，而且还决定着科技队伍知识更新的能力及其后备力量的培养。科学认识的特点在于其创新，而创新只能在继承的基础上发生，所以没有教育，就没有创新的基础。

2. 教育的普及程度决定着科技知识在社会中的普及程度和全民科学意识的水平

教育的普及程度决定着科学技术成果在社会中传播、消化、吸收和应用的程度。科学技术是没有国界的，任何科学技术成果都是人类的共同财富，可以为整个人类所共享。但每个国家和民族享用这些科技成果的能力，取决于该国家和民族的教育水平。一个国家和民族的教育水平越高，公民的科学素质就越高，接受、消化、吸收和应用成果的能力就越强；反之，则越弱。

四、文化对科学技术发展的影响

文化有狭义和广义之分，狭义的文化仅指人类所创造的精神财富，而广义的文化还包括人类所创造的物质财富。科学技术是文化的重要组成部分，同时又是在整个社会的文化环境中存在和发展的。文化构成科学技术生长的土壤，它制约着人们的科技活动和社会的科技体制，而文化也必将全方位地、多层次地、潜移默化地影响科学技术的进程。社会文化对科技的影响一般是通过哲学思潮、价值观念和行为规范层次、文化的制度层次、文化的器物层次等方面发生作用的。

例如，不同的哲学观念对科学技术发展所起的作用就不同。在科学史上，唯心主义和形而上学都曾经把科学研究引入歧途，阻碍了科技的正常发展，辩证唯物主义的问世为科技发展指明了道路。在研究人与自然的关系中，西方的哲学思想试图给出一条解决自然奥秘和应用自然力的途径。从亚里士多德开始，西方哲学就明确地分化为自然哲学、伦理学和逻辑学等，并且对自然科学的本质进行艰难的探索；文艺复兴时期，培根又论述了自然科学的性质、结构和功能，表明欧洲人对于发展科学技术有着深刻的自觉。所以近代科学在欧洲产生是不足为奇的。当然，文艺复兴、宗教改革、新教伦理这些文化运动也为近代科学的诞生准备了文化条件。而中国传统哲学中占主导地位的儒家思想特别注重解决人与人之间的关系问题，这就决定了中国哲学关于自然界的论述都是以隐喻人生为目的的。因此，关于自然现象的研究就具有明显的思辨性、模糊性、神秘性，而科学性不强。由此，中国哲学探索自然和利用自然的知识没有形成系统的理论，技术知识也没有通过逻辑建构理论化上升为规律性的知识。可以说，这是近代科学没有在中国产生的重要原因之一。

价值观念对科学技术发展的影响也是不容忽视的。价值是客体与主体需要之间的一种特定的关系，科学技术在被作为客体显现在人们面前时，会产生价值，人们对这一价值的认识会因价值观念的差异而有所不同。例如，在古代封建社会的中国，技术发明和新工具的创造被斥为“奇技淫巧”，从而削弱了人们进行技术发明的动力；而欧洲文艺复兴运动却旗帜鲜明地打出“知识就是力量”的口号，极大促进了科技的繁荣。又如，技术悲观主义和技术乐观主义，对科学技术的价值也做出了完全相反的估计。再如，反科学主义者认为，科学技术是没有感情色彩的，从事科学技术事业研究的人是冷漠而又缺乏个性的；科学主义则主张科学把真理制度化，是最为值得尊敬和效仿的行为方式。显然，不同价值观念的形成是同各样的哲学思潮有关的，它也必然影响到科学技术发展的方向、规模和速度。

文化传统的地域性特点也能产生不同模式的科学技术。例如，中国、印度和西方不同的文化模式中发展起来的科学技术，在问题叙述和处理的方式方法上各有不同，甚至连基本概念都互不相干，但都表明了各自的文化特征。在科学技术传播过程中，传统文化中固有的哲学思想、宗教信仰、价值观，也往往决定着作为外来文化的科学技术能否与本土文化很好相容的前提。

五、中国的科教兴国战略

21 世纪是科学世纪，我们面临的时代是一个知识经济的时代，知识经济对于我国的现代化建设，是机遇也是挑战。面对世界科技、经济、军事等诸方面的激烈竞争与严峻挑战，我们必须制定与我国国情国力相适应、与世界高新技术相吻合的科技发展战略。1995 年 5 月，党中央国务院做出了关于“加速科学技术进步”的决定，提出了“科教兴国”的战略方针。即，坚持科学技术是第一生产力的思想，经济建设必须依靠科学技术，科学技术工作者必须面向经济建设，努力攀登科学技术高峰。[1]

1. 实施科教兴国战略是中国现代化建设的必然选择

科教兴国战略，是我们党根据经济和社会发展规律及我国现实情况做出的重大战略部署，是保证国民经济持续健康快速发展的根本措施，是实现我国社会主义现代化宏伟目标的必然选择。贯彻和落实“科教兴国”，就是依靠科技、依靠教育，造就高素质的人才，创造当代最先进的生产力。

我国的现代化建设只能走依靠科技进步和提高劳动者素质的道路，这是我国国情决定的。我国的国情之一就是人口众多，资源相对不足，经济文化比较落后。我国现代化进程中遇到的最大难题就是人口问题。能否把沉重的人口负担转化为巨大的人才资源优势，将决定着我国现代化的成败，而实现这种转化的唯一出路就是大力发展教育，把科技和教育摆在经济、社会发展的重要位置。江泽民同志在 1994 年全国教育工作会议上的讲话中，对教育优先发展战略的必要性做了深刻论述。他指出，在我们这样一个近十二亿人口、资源相对不足、经济文化比较落后的国家，依靠什么来实现社会主义现代化建设的宏伟目标呢？具有决定性意义的一条，就是把经济建设转到依靠科技进步和提高劳动者素质的轨道上来，真正把教育摆在优先发展的战略地位，努力提高全民族的思想道德和科学文化水平。这是实现我国现代化建设的根本大计。

科教兴国的发展战略是跨世纪的战略抉择。当今世界科学技术突飞猛进，国力竞争日趋激烈。这种竞争归根到底是人才竞争、智力竞争。一个国家的持续发展力和竞争力，越来越取决于智力开发的状况。我国要在这种综合国力较量中立于不败之地，就必须大力发展教育和科技，制定相应的人才发展战略，加快人才的培养，营造出“尊重知识、保护人才”的法制环境，为我国 21 世纪参与国际高科技竞争准备一支高素质的科技队伍。

---

[1] 人民日报，1995－5－22.

科教兴国是一个宏大的系统工程，与经济体制、政治体制有密切的关系。我国社会主义制度的发展巩固很重要的一条，就是取决于我国的科技教育的发展状况。社会主义制度最本质的优越性，就在于它能够极大地解放和发展生产力，更好地实现国家繁荣富强和人民共同富裕。我国是发展中国家，我国的社会主义制度是在旧中国"一穷二白"的基础上建立的，因此，我们现在面临的最紧迫和最根本的任务就是大力发展生产力，尽快完成本应在资本主义阶段完成的工业化和生产社会化的任务。迎接知识经济时代的挑战更要大幅度、快速度地发展生产力，这一切，必须依靠科技教育的力量。

2. 科教兴国战略的总体目标和任务

党的"十五大"报告中明确指出，我们的目标是21世纪第一个10年实现国民生产总值比2000年翻一番，使人民的小康生活更加宽裕，形成比较完善的社会主义市场经济体制；再经过十年的努力，到建党100年时，使国民经济更加发展，各项制度更加完善；到建国100年时，基本实现现代化，建成富强民主文明的社会主义国家。党的"十六大"又指出，我们要在21世纪头20年，集中力量，全面建设惠及十几亿人口的更高水平的小康社会，使经济更加发展、民主更加健全、科教更加进步、文化更加繁荣、社会更加和谐、人民生活更加殷实。经过这个阶段的建设，再继续奋斗几十年，到21世纪中叶基本实现现代化，把我国建成富强民主文明的社会主义国家，全民族的思想道德素质、科学文化素质和健康素质明显提高，形成比较完善的现代国民教育体系、科技和文化创新体系、全民健身和医疗卫生体系。人民享有接受良好教育的机会，基本普及高中阶段教育，消除文盲。形成全民学习、终身学习的学习型社会，促进人的全面发展。

为实现这一宏伟战略目标，作为第一生产力的科学技术，就要制定出自己发展的战略原则：从国家长远发展需要出发，加强基础研究；发展高科技，实现产业化；强化应用技术的开发和推广，促进科技成果向现实生产力转化，集中力量解决社会经济发展的重大和关键技术问题。

教育是发展科学技术和培养人才的基础，在现代化建设中具有先导性全局作用，必须摆在优先发展的战略地位。在教育的发展战略上，我们应该加快教育现代化进程，努力构建有中国特色的社会主义现代化教育体系，全面贯彻党的教育方针，坚持教育为社会主义现代化建设服务、为人民服务、与生产劳动和社会实践相结合，培养"德智体美"全面发展的社会主义建设者和接班人。坚持教育创新，深化教育改革，优化教育结构，合理配置教育资源，提高教育质量和管理水平，全面推进素质教育，造就数以亿计的高素质劳动者、数以千万计的专门人才和一大批拔尖创新人才，为知识经济时代中国科教兴国战略的到来和"工业化"与"知识化"的双重跨越，为完成第三步伟大战略、到21世纪中叶基本实现四个现代化奠定基础。只有坚持教育面向现代化、面向世界、面向未来的方针，努力实现教育的信息化、终身化、法制化，才能实现中国教育的现代化。

党中央和国务院确立了"科教兴国"的战略方针，标志着我国的经济和社会发展迈入了工业化和知识化并重，并以知识化为主的重要发展阶段。1998年在国家科教领导小组的领导下出台的中国科学院"创新工程试点"和教育部"面向21世纪教育振兴行动计划"是我国政府"科教兴国"的两项重大战略举措。努力构建起包括知识创新、技术创新和教育振兴的国家创新体系，将使国家创新能力显著提高，使我国在全球化的知识传播与竞争中占有优势地位。"科教兴国"战略已开始进入重要的加速行动阶段。

第二节 科学技术的社会功能

一、科学技术推动人类物质文明的发展

文明是在一定历史阶段上成熟和发展起来的人类认识世界和改造世界的各项成就的总和，是人类脱离野蛮状态而发展到更高阶段的社会产物。社会文明包括物质文明和精神文明两个部分。物质文明是人类改造自然界的物质成果，表现为人们物质生产的进步和物质生活的改善。文明的出现标志着人类社会物质生活和精神生活都产生了新质，并从此不断发展和进步。

1. *科学技术推进社会生产力的发展*

20 世纪以来，由于科学技术的迅猛发展和科技成果的广泛应用，社会生产和经济面貌焕然一新，使生产更加科学化、经济结构合理化、经济效益最佳化，给人类物质生活带来深刻影响，科学技术对人类物质文明建设带来巨大的推动作用。

科学技术之所以能成为建设现代物质文明的强大动力，是由科学技术的生产力功能决定的。物质资料的生产是人类最基本的活动，而生产力就是人们在物质生产过程中形成的解决社会和自然之间矛盾的实际能力，它由劳动者、劳动资料、劳动对象三种实体要素，以及把实体要素结合起来的管理所构成。科学技术是生产力，并且是生产力的决定因素。它不是独立于生产力三要素之外，而是渗透到生产过程、渗透到生产力诸要素之中，从知识形态的生产力转化为直接的、现实的生产力。

进入 20 世纪以后，随着科学技术的高速发展和对社会生产以及整个社会作用的增强，它在当代物质生产和社会经济发展中的首要和主导地位已无可替代。所以，1978 年 3 月 18 日，在全国科学大会上，邓小平同志强调了马克思主义关于科学技术是生产力的观点，1988 年，邓小平同志又明确提出了“科学技术是第一生产力”的论断，这是马克思、恩格斯“科学技术是生产力”理论的进一步发展。这里的“第一”是“最重要”或“起决定作用的意思”，就是说在现代条件下，科学技术在生产力诸要素中是最重要的、起决定作用的要素。

生产劳动是一种有目的、有意识的活动。纵观人类社会的发展史，其实是一部活生生的生产力进化史，是走向知识经济的演化史。通过科学技术教育，提高劳动者的科学技术水平和劳动技能，是发展社会生产力的重要途径。生产工具既是生产力发展程度的重要标志，又是科学技术发展水平的显示器，而生产工具是人制造的，是人类智慧的物化，是人们运用科学原理，通过技术发明，物化为现代化的机器设备。科学技术不仅使人类能够利用新的自然资源，而且能够开发自然资源的新用途，从而扩大了人类对自然资源的利用。生产管理的科学化和现代化可以使人类更合理、高效地利用资源，从整体上提高生产力的水平。

20 世纪 90 年代初，联合国经贸组织明确提出“以知识为基础的经济”，知识经济的概念为全球所关注和讨论。许多学者认为，知识经济是指以现代科学技术为核心，建立在知识和信息的生产、存储、使用和消费之上的经济。

人类正在经历一场全球性的科学技术革命，推动经济发展的主要因素已不再是土地、

劳力及资本，而是知识。在农业经济中，推动经济发展的主要是土地和劳力；在工业经济中，推动经济发展的主要是资本和劳力；在知识经济时代，经济的增长主要依赖的不是土地和劳力，也不是资本和劳力，而是知识及掌握知识的人。

为了使知识对经济发展起主导作用，必须保证知识源源不断地产生（知识创新）、广泛传播（特别是教育及培训）、转化及使用（转化为技术，再转化为直接生产力）。当然，知识对经济发展起主导作用并不排斥或否定资本、劳力的重要作用，也不排斥物质生产的重要性。只不过资本、劳力、知识三者比较起来，知识更为重要，对经济发展更具有引导性、决定性的作用。据统计，体脑劳动消耗的比例，在机械化程度很低的情况下为9:1，在中等机械化水平时为6:4，在自动化的情况下为1:9。当前在西方发达国家，智力型劳动者“白领”人数已经超过了体力型劳动者“蓝领”人数。

2. 科学技术促进劳动方式的改变

随着科学技术的进步，人类对自然的支配能力日益加强，人在劳动过程中的地位和作用也有了很大不同，人类劳动方式也大大改变。在人类历史上，劳动方式曾有过两次大的分化：第一次是由原始社会向奴隶社会过渡时开始的，一部分人从体力劳动中分化出来专门从事脑力活动；第二次是随着近代机器大工业的发展，工程技术和企业管理人员又从直接的生产中分离出来。到了现代，以原子能、电子计算机和空间技术的广泛应用为标志，开辟了用计算机代替人脑劳动的信息化新时代。现代化的技术装备不但能取代人在生产中的控制职能，而且也从根本上改变了人类劳动的性质、内容和方式。人类劳动将由体力支出为主的时代转变为以脑力支出为主、体脑相结合的新时代。这样，人们可以从各种繁重的机械式的劳动中解放出来，就可以有更多的时间进行学习和从事更富有创造性的活动，为人类本身的全面发展创造了条件。

3. 科学技术提高人类的物质生活水平

科学技术的进步推动了经济的迅速增长，因而也大大提高了人类物质生活水平。社会物质生产是人类社会生存和发展的根本前提，它的发展又是以不断满足人类物质生活的需要为目的的。科学技术的进步使人类从野蛮时代进入文明时代，科学技术还不断为人类创造数量日益丰富和质量日益精美的物质产品，使人类的衣、食、住、行发生了巨大变化。目前，人类正在为发展无污染、营养丰富、具有保健作用的优质化“绿色食品”而努力。随着农业、化工技术的发展，人类的衣着也朝着舒适、美观、多样化方向发展，现代科技还使人类住房面积和舒适程度大大增强，居住条件明显改善。

科学技术进步使人类的活动空间大大扩展，从渔猎经济时代的数十公里、农业经济时代的上百公里，到工业经济时代已达全球规模，而网络经济时代人类的交往差不多已经不受时空的限制。科技使人类的交往方式和生活内容不断丰富，健康得以增进，安全得以保证，人类的寿命不断延长。当今的信息技术使人类实现了“数字化生存”，生物工程技术、纳米技术则给人类带来了更多的福音。总之，科学技术有力地推动着整个人类生活方式的改变。

二、科学技术推动社会精神文明的进步

科学技术在推动人类物质文明进步的同时，也给精神文明建设带来了巨大影响。

1. 科学技术推动着人类认识能力的提高

在自然科学活动中，通过观察、测量、实验等获取大量感性材料，经过科学抽象，揭示自然事物的本质和规律，获得关于自然事物的真理性认识，使人们对自然界的认识由感性上升到理性。同时科学技术通过对自然界的规律性认识，还能够解释和说明自然现象和本质，能够预见自然界运动变化的方向。这些都体现了科学技术的认识功能。科学技术的发展，使知识的积累呈加速度的提高，由此形成了严密的知识体系。各学科、各门类之间也相互连接，整个自然科学融为一体，空前提高了人类的认识能力。技术的进步不仅为人类认识和改造自然提供了更加有力的工具，而且也为一切科学认识的发展提供了越来越强大的研究手段。科学技术还提供了科学的认识方法，已经深入自然科学以外的各门科学中去，获得了卓有成效的应用。现代技术作为一种科学认识手段，已广泛应用于人类认识的各个领域。先进的技术仪器设备、日益增强的信息获取、传递和处理功能，使人类的感官和大脑大大延伸，使人类的认识能力终于突破自身生理条件的局限得以不断提高和扩大，从而推进了整个人类认识的发展。

2. 科学技术推动着人类哲学观念和思维方式的进步

一个时代的科学发展在很大程度上决定着一个时代的哲学观念，有什么性质、内容和形式的自然科学，也必然产生与之相适应的哲学。16 世纪中叶，以哥白尼日心说为标志的近代第一次科学革命，使科学摆脱了神学婢女的地位，并成为近代唯物主义萌芽的土壤。自然科学的发展不断为唯物主义哲学提供新的论据。恩格斯指出，“随着自然科学领域中每一个划时代的发现，唯物主义也必然要改变自己的形式”。18 世纪，近代自然科学分门别类的研究方法和力学的率先成熟，使形而上学机械唯物主义成为唯物主义的第二种形态。19 世纪科学所取得的突破性进展，尤其是自然科学的三大发现，在人们面前展现一幅崭新的自然界辩证图景，使辩证唯物主义世界观和方法论应运而生。现代科技的一系列新发现和新突破，为辩证唯物主义提供了更新更可靠的科学论据，也向哲学提出了一系列的新问题和新材料，为辩证唯物主义的丰富和发展提供了更加广阔的前景。

每一个时代有其特有的思维方式，人的思维方式是历史地形成和发展的，它同社会生产力的发展，特别是科学技术的进步密切相关。自然科学在其不同的发展阶段上，造就了不同的思维方式，并给整个时代的人类认识打上深刻的烙印。现代科学技术发展中所形成的系统思维方式就已成为当代人类思维的重要特征之一，它为人们对各种问题的认识提供了一种新的思考模式。

3. 科学技术推动着社会民主的发展、文化的繁荣、教育的普及以及道德水准的提高

科学研究是对客观事物和规律的一种探索，除了具备必要的物质条件外，还必须具备有利于探索的自由和民主的气氛。科学和民主是支撑近代文明的两大基石，是人类自我意识的一种觉醒。爱因斯坦认为，科学需要三种自由：言论自由、必要劳动之外支配自己时间和精力的自由、内心独立思考的自由。这三种自由就整个社会来说，必须在人民充分享受民主权利的条件下才能实现。科学的进步使人类越来越认识到自身的力量和价值。科学知识，尤其是科学精神，向政治思想领域渗透，终将唤起民主意识的增强和活跃。技术的进步则为民主政治的实施提供了具体手段，比如印刷技术的发展提高了民众分享信息的能力；电信技术可以摆脱受教育不多者的文字阅读困难，让民众更容易接受和参与政治；互联网为民意表达和公众参与提供了有效的技术手段，特别是使弱势群体也有可能参与决策。

总之，科学是民主思想的来源，民主是科学的客观要求。

科学和技术都隶属于文化范畴，并构成了整个社会文化的重要组成部分。科学技术的发展，其本身就意味着文化的发展，而且还会作用于文化的其他要素，引起整个文化的变迁。文化在其物质层次、制度层次、行为规范层次和价值观念层次上，都受到科学技术的深刻影响。在人类文化的发展中，科技占据了不可替代的重要地位。就某一特定社会来说，科学技术的发展，主要是大量科学技术新成果急剧输入所带来的外来文化压力，可能引起其固有文化的变态、异化、解体以及二元文化的激烈冲突。但就整个社会和整个时代而言，科学技术的发展通过与传统文化的冲突与整合，终将被文化消化和吸收，从而导致文化的更新和繁荣。

人类在不同的历史时期和社会发展阶段，教育的内容无论在深度方面还是在广度方面都有很大变化，引起这种变化的原因很多，但科学技术的发展无疑是最为重要的因素。科技的发展对教育提出了更高的要求，也为教育的发展提供了更大的可能性。随着科学技术的发展，大量新的科技成果渗入教育领域，必然会导致教育内容、教育手段、教育方式的不断更新，从而推动教育的发展。随着科学技术在社会中的作用日益增强、在社会中的应用日益广泛，必然导致教育对象的扩大、教育功能的扩充、教育水准的提高、教育程度的普及和教育制度的完善。这样，科学技术的发展，就不仅对教育的发展提出了更高的要求，而且也为教育的发展提供了更大的可能性。教育结构朝着多元化方向发展：在中等教育中出现了各种类型的职业教育、在职培训等；高等教育中产生了电视大学、网络大学等新的教育形式；教育也从学龄教育发展为终身教育。

科学技术的发展必然促使人们改变传统的旧道德观念，因为社会上很多不良习俗、落后的道德风尚是同愚昧无知相联系的。例如，哥白尼天文学、达尔文生物进化论给宗教神学道德观念以巨大冲击。社会生活中形成新的道德规范、判断和道德理想，正如抛弃某种旧的道德观念一样，总是借鉴当时条件下一定的科学技术成果。影响伦理道德的因素是多方面的，社会物质条件、政治经济体制、社会生活方式、文化背景等，而科学技术以不同的方式渗透到这些因素之中，直接或间接影响伦理思想的变化和道德规范的更改。科学技术进步还推动社会职业分层的发展，促进形成各种各样的职业道德和职业道德理想；它还为道德教育和修养的提高，提供了有利的科学条件和更为有效的手段。科学技术还以其自身特有的精神气质深刻地影响到社会其他成员的精神面貌和道德观念，从而推动整个社会道德水准的提高。当然，科学技术的发展也向人们提出许多伦理道德方面的新课题，如生命伦理、生态伦理、计算机犯罪等。

三、科学技术推进社会结构变革

1. 科学技术促进经济结构变革

科学技术的发展改变了整个社会生产的产品结构、劳动力结构以及资源和资金的配置，从而导致产业结构的改变。在社会生产和再生产过程中，随着科技的发展，脑力劳动和科学的投入相对增大，体力劳动和物质资源的投入相对减少，第一产业（以农业为主导）的产业结构过渡到以第二产业（以工业为主导）的产业结构。20 世纪以来，科学技术迅速转化为生产力，第三产业（劳动服务性行业）兴起，第二产业从以劳动密集型为主变为向以资金密集型为主，进而向以技术密集型为主过渡。钢铁、汽车、橡胶、造船等传统工业被称为“夕阳”工业，而激光、光导纤维、生物工程、新能源等新兴的“朝阳”工业发展迅速，尤其是信息产业发展更为迅猛。科技的发展不仅引起生产领域的一系列变革，而且还直接或间接地影响到流通、分配、消费等其他社会经济领域的变革，从而导致整个社会经济结构的更新，新的产业和产业部门层出不穷。

2. 科学技术促进生产关系变革

社会生产力的发展引起了生产关系的变革，导致社会形态的变化。因此马克思把科学看成是“最高意义上的革命力量”，“是一种在历史上起推动作用的、革命的力量。”[1] 生产力和生产关系是社会的基本矛盾。生产力决定生产关系，随着生产力的发展，现存的生产关系就会逐步成为生产力发展的障碍而最终为新的生产关系所取代。第一次产业革命使以机器为主体的工厂制度代替了以手工技术为基础的手工工场，资本主义生产方式在欧洲取得了统治地位。马克思认为：“手推磨产生的是封建主为首的社会，蒸汽磨产生的是工业资本家为首的社会”。科学技术不仅是资本主义社会取代封建社会的物质武器，而且也是社会主义生产关系的建立、巩固、发展的强大力量。在马克思看来，“蒸汽、电力和自动纺机甚至是比巴尔贝斯、拉斯拜尔和布朗基诸位公民更危险万分的革命家”。当今的资产阶级虽然在科学管理、科研指导思想和政策方面作了局部调整，暂缓了一些矛盾，但却改变不了资本主义生产社会化和生产资料私人占有之间的基本矛盾。随着现代科学技术的发展，这种矛盾还是无法调和的，最终必然要引起新的，用社会主义制度代替资本主义制度。

3. 科学技术促进世界政治经济格局的变动

科学技术通过对一国的经济、政治、国防、外交、文化等各方面因素发挥作用，从而直接影响到各国综合国力的强弱和升降，推动世界格局的演变。最早是英国，由于首先开始并最早完成产业革命，综合国力大增，一跃成为世界头号工业强国而得以称霸世界。但是随之而来的第二次科学技术革命，使得德国和美国后来居上，迅速崛起。此前，美国只不过是刚刚摆脱英国殖民统治的弱国，但由于它重视教育和科学技术，在新的工业技术革命中捷足先登，很快赶法超英而发展成为世界数一数二的强国。德国凭借科学技术的力量崛起，就直接、深刻、全面地改变了世界格局，英国一国称霸的时代结束，代之而起的是欧洲两大军事集团的对立。此外，科学技术进步还直接关系到交通、通信、能源、国际贸易和战争手段的改善，从而对世界格局产生一定的影响。当今世界发达国家与发展中国家之间的关系（如南北对立），以及发达国家之间的关系（如贸易战），都与各国的科学技术的发展水平和实力相关。如今，发达国家竞相发展高科技，力图凭借雄厚的经济实力和技术实力，抢占科技制高点，以维护其在经济、军事上的垄断地位。

[1] 马克思恩格斯全集第19卷［M］. 北京：人民出版社，1971：372，375.

第五篇 科学技术的人文价值反思

近代以来，科学技术大大改变了人们的生活，科学技术文化也逐渐繁荣和强大，但是同时，人文文化却日渐衰微。科学技术文化逐步占据了人类文化的主导地位，人们更注重科技带给我们的物质利益，却在一定程度上忽视了人文文化所产生的精神作用。但是，科学技术在其发展过程中，产生许多了消极、负面的影响，这主要表现在因科技发展而产生的现代工业社会对人的全面发展的阻碍上。科技被滥用，人本身却得不到应有的关怀。正是这种倾向、效应被放大了，造成了今天诸多的社会问题和生态环境问题。

因此，在未来如何保持科技文化与人文文化的均衡发展、和谐发展，成为人类面临的、必须解决的一个重大课题。科学家的价值观、人生观、情感世界、审美能力、伦理准则、艺术想象等人文旨趣，都应该参与到具体的科学活动中，这就决定了科学文化必然与人文文化相关联，人文价值才真正是科学发展的终极价值。

第十一章　科学技术的价值评价

科学技术作为人类征服自然的工具，使自然界的状况似乎显得越来越有利于人类，特别是18~19世纪以来，人类依靠科技力量去改造自然、征服自然，取得了一个又一个伟大的胜利。科学技术的突飞猛进，极大地改变了整个世界的面貌，使人类社会发生了巨大变化。

当然，我们在歌颂科技的丰功伟绩时，又不得不正视它的另一面。当越来越多的计算机技术、核技术、生物技术等一些21世纪最前沿的技术带给人类财富、舒适和便捷的同时，也带来了不安全感和生存环境的恶化。各种社会问题与生态问题交织在一起，构成了我们这个时代最严重的生存危机。人们自然要反思，科学技术对我们究竟意味着什么？是增加了人类的福祉还是增加了毁灭的力量？

技术的过度开发已经引发了一系列人类未曾料到的后果。世界人口空前膨胀，对环境和资源形成极大的压力。核武器的壮大，已使人类的文明处于岌岌可危的状态。由于大量消耗燃料，大气中的二氧化碳含量剧增，使地球表面温度逐渐上升，改变了全球生态环境。严重的工业污染、城市污染，破坏了我们的生活环境。森林的大肆砍伐，加剧了生态不稳定性，引发了自然灾害。农药化肥的大量使用，损害了土地的肥力，破坏了食物的营养结构，最终危害人类物种的安全。这一切是否昭示了科学技术的某种界限？这个问题值得我们去认真研究并采取相应的防范措施。

第一节　网络技术的冲击

20世纪中叶，电子计算机的诞生和迅猛发展，使人类以前所未有的高速度大步跨进了信息时代。计算机网络技术的全面兴起和飞速进展，更是以迅雷不及掩耳之势，使世界跨入了网络世纪。网络技术真正敲响了信息革命的晨钟，信息时代的春天真正到来了。

网络在冲击、改变着人们的生活。它大大缩短了人类生存的空间和时间，使地球为之变小。来自地球上不同角落操持不同语言的人都被互联网广泛地联系在一起，引起人类生活的巨大变化，呈现出全球化、一体化的趋势。它把政府机构、科研院所、图书馆、企业以及家家户户的多媒体计算机连接起来，使人们足不出户便可快捷地传递、处理各种信息，尽享丰富多彩的信息资源，从而使人与人之间的沟通和交流变得异常容易。

网络互联形成了一个新的生存空间——网络社会，出现了电子商务、电子政府、网络课堂、网络社区、网上医院等；生产、生活、文化娱乐以及许多学科领域与网络形成了密切联系……网络正越来越广泛地进入人们的日常工作和生活当中，为各领域、各部门的发展做出了贡献，并已成为我们生活的一部分。

网络推动人类文明进程，对社会产生了全方位的影响。可以说，计算机网络是人类社会文明高度发展的重要体现，是人类文明史上的一大盛事，也是人类科技史上的一座丰碑。

然而和人类文明史上所有其他的美好事物一样，计算机网络在展现其巨大魅力、给人类科技生活带来巨大进步和变化的同时，也不可避免地暴露出许多问题和困惑。计算机和网络使人类的生活变得快捷和方便，同时也变得岌岌可危和脆弱。

互联网是个不能让人放心的地方。黑客、病毒时时威胁着网民的计算机和隐私权。网络社会的生存和发展深刻地影响和改变着人们的交往方式、思维方式、工作方式和竞争方式，直接引发了现实社会生产方式、生活方式的变革，对现实社会、法律、道德等产生了巨大的冲击。

一、黑客活动

随着网络在人们生活中的日益普及，网络中的黑客现象越来越被人们所关注，黑客们的肆意横行，也正在成为网络社会令人头痛的行为。黑客为了追求一种自我表现的成功感，在网络空间四处寻找可钻的漏洞，侵入他人系统，留下自身的足迹，如添加、修改和窃取信息，甚至破坏和控制他人系统。黑客活动也使网络安全成为众多网民面临的难题。

无疑，在绝大多数人眼中，黑客已构成网络安全的最大威胁，成为网络犯罪的代名词，无论个人、企业还是政府机构，只要一进入计算机网络，都会时时感到黑客带来的安全威胁。大至国家机密，小到商业机密、个人隐私，都随时可能被黑客发现并公布。可以说，网络是一把双刃剑：一方面，人类为它带来的神奇世界而欢呼雀跃，另一方面，人们又不可避免地品尝着它带来的种种苦涩。黑客侵袭事件在让人们为之痛恨的同时，也引起人们深深的感慨和反思。

无所不通的网络技术把整个社会、整个世界紧密相连，使社会生活的运转高度地依赖于芯片和网络，因此也使网络社会生活的高效与快捷与它本身运作的脆弱性同时并生。黑客轻而易举地入侵，充分暴露了网络的脆弱与缺陷。事实上，几乎所有的黑客入侵，都是因为被侵入的网络存在种种漏洞。黑客事件给人们发出了强烈警告：我们更应该增强和提高网络防范的意识和水平。开发商们应不断修补产品的安全缺陷，使网络和软件不断升级，愈加完美。

二、隐私问题

有人说，在网络时代，对于任何对你的隐私感兴趣的人来说，你的生活是一本打开的书。网络成为一个大容器，可以包罗万象。因特网的确给人们带来了自由、平等、充满机遇的交流空间。信息在因特网上获得了迄今为止最大的解放，人们的思想方式和行为方式受到了巨大的冲击与深刻影响，人们的日常生活、工作、学习似乎已经与互联网息息相关，不可分离了。然而，当与个人、社会密切联系的一切相关事物，都可以用互联网公布于天下时，人们不禁要问：网络时代还有隐私吗？

个人隐私也许是每个人心灵中最秘密、极力维护的一个领地，也是人们极不愿意暴露的领域。尊重他人隐私也是人类社会高度文明的重要体现。然而在信息高速公路四通八达、奉行“系统开放”与“符号一致”的原则、强调言论自由与人际的虚拟沟通时，在它鼓励对“真实”与“个性”的追求和张扬时，在信息网络世界日益凸现、人们越来越依赖于网络、享受它所带来的巨大便利时，这种网络文化造成的后果可能是个人隐私的被剥夺，私人生活的价值流失。人们必定会处处感受到隐私权所受到的威胁和伤害。

众所周知，互联网服务供应商可以记录我们在网上的每一次活动。每次我们同一个网站链接时也会发生同样的情况，即管理该站点的服务器会记录下我们的网址、联网的日期及时间。一些网站还会要求我们的个人计算机下载 Cookies，以监视我们在联网期间的一举一动。不仅是我们网上行动受到监视，甚至我们的日常生活也会受到影响。

除了以上这两大问题，网络还存在形形色色的其他问题。网络犯罪、网络色情、新的两极分化、信息垄断、道德人格扭曲、情感迷失、网络病毒等问题成为网络时代的病症。

1）网络犯罪。由于网络的自主性及安全性差，为犯罪分子提供了可乘之隙。随着网络的普及，各种形式的网络犯罪层出不穷：侵犯知识产权和隐私权、诈骗、诽谤、勒索、盗窃……数字化犯罪方式正在破坏网络的正常秩序。

2）信息污染。垃圾邮件、色情信息、虚假信息及网上暴力文化的泛滥阻塞了网络的正常流通，污染了网络空间，对一些缺乏自制力的网民形成了不良影响，尤其是严重毒害了一些青少年网民。

3）网络病毒。病毒攻击严重地干扰了人们正常的网络生活，给计算机网络和系统带来了巨大的潜在威胁和破坏。已经出现的一些病毒，如“CIH”“梅利莎”“爱虫”“强风”等已经造成了巨大的经济损失，严重影响了生产、生活。而且网络病毒传播速度十分迅速，破坏性强，成为令人头痛的问题。

第二节　资源枯竭和生态失衡

一、资源濒于耗竭的地球

在人类早期文明的意识中，地球就像是一个取之不竭、用之不尽的大宝库。人类为了自身的发展，不断向地球索取——土地被大面积地种植，沉睡的矿产资源被开发，森林被大面积砍伐。20 世纪是人类社会发展最快的时代。人类物质文明和科学技术上的进步，几乎达到了登峰造极的地步。而同时，20 世纪也是人类赖以生存的自然资源遭受最严重毁坏的时代。这不仅仅是巧合。美国前副总统戈尔曾经说过，对地球生态环境最危险的威胁，也许不在于这些威胁本身，而在于人类对它的认识。虽然现在资源危机已为大多数人认识，“可持续发展”的概念也被广泛接受，但是这还远远不够。

1. 水危机

生命起源于水，人类依存于水，地球是一颗充满了水的星球，然而陆地上所有的动物（我们就属其中）和植物需要的水是淡水。因此，面对覆盖了地球 70% 面积的海洋，我们毫无对水资源乐观的理由。当前，世界上有 60% 以上的地区淡水紧缺，有 1/3 的人口面临中度到高度缺水的压力。造成目前全球性水荒的原因主要有以下三个方面。一是由于生产的迅猛发展和人们生活方式的改变，导致用水量成倍增长。根据联合国提供的材料，全世界用水量平均每年递增 6%。二是水资源浪费惊人。三是大量水资源受到污染。我国每年约有 360 亿立方米的生活污水、工业废水、农业废水排向江河湖海，其中 80% 未作任何处理，水利部门实施监测的 532 条河流中有 80% 污染严重，全国 1. 7 亿人饮用受到污染的水。

20 世纪以来，全球工业用水量增加了 20 倍。另外其他人为因素也不可忽视，堤坝、河流改道及运河几乎破坏了 60% 世界大河的完整性。根据国际水资源管理学会的研究，2025

年世界总人口的1/4或发展中国家人口的1/3、近14亿人将严重缺水。

2. 能源危机

世界能源消耗量从1900年到1965年增长600%，从1965年到2000年增长了450%。自1939年以来，世界每年消耗的能源比有史以来到1938年所有消耗的总和还多！如果这种趋势继续下去的话，整个世界将面临严重的能源危机。

世界自然基金会公布的报告表明，1999年度全球环境指数整体下降，从1970年到1995年，全球共下降了30%。这意味着在短短25年时间，人类拥有的自然资源骤减了三成，消耗数量相当于过去一个世纪的总和。由此我们几乎可以断定，在人类的发展史上，文明程度越高，科学技术发展越快，对自然的侵犯也就越严重。

从1990年到1996年6年，我国耕地面积减少433多万公顷，相当于一个广西壮族自治区的耕地；平均每年减少72.2万公顷，相当于一个海南省的耕地。水土流失面积367万平方千米，约占国土面积的1/3，危及近1000个县。距北京最近的沙漠只有20km。

每个国家都面临着类似的问题。据估计到2000年，世界城市扩展将占用2500万公顷耕地。目前，全球土壤破坏现象相当严重。现在全世界有35%、3600万平方千米的陆地面积荒漠化，占整个地球陆地面积的1/4。世界上2/3的国家面临荒漠化的威胁，而且荒漠化正以每年5万~7万平方千米的速度迅速扩展。

来自两家世界权威科学院（英国皇家学会和美国国家科学院）的联合声明就更是振聋发聩："这些不加限制的资源消耗，可能给全球环境带来灾变的后果。某些环境变化会对地球维持生命的能力产生不可逆转的损害……，我们星球的未来安危未定……。"人类已经没有任何理由继续高枕无忧。

工业化进程的加快也同样威胁着矿产资源，这些非再生性资源已面临耗竭的局面。如美国几乎用尽了已探明的锰、镍和铝土矿，不得不依靠大量进口。

3. 环境污染

美国海洋生物学家卡森在《寂静的春天》中写道，"人类对环境最可怕的破坏是用危险甚至致命的物质对空气、土地、河流和海洋的污染。这种污染多数是无法救治的；由它所引发的恶性循环不仅存在于生物赖以生存的世界，而且存在于生物组织中，而这种恶性循环大都不可逆转。"

现代社会离不开能源，自从工业社会以来，人类消耗大量化石燃料（即石油、煤炭和天然气），导致二氧化碳过量排放，引起了"温室效应"，导致了厄尔尼诺现象——气候变化频繁和冰川融化造成的海平面上升。美国国家航空和宇航局在2002年11月进行的一项气象研究表明，在未来的50年内，无论温室气体的排放量是否减少，全球变暖的现象都会持续下去。如果不采取任何行动，地球的温度在未来的50年内将升高1~2℃；

在距地球表面15~50km的同温层中，臭氧的含量高，它能吸收99%以上的太阳紫外线和宇宙射线，被誉为地球的"天然保护伞"。而用于制冷剂、推进剂的氟利昂及农业上使用的化肥和各种燃料燃烧所产生的大量氧化氮严重破坏了臭氧层，使皮肤癌的发病率大大增加。

水污染、废气污染和电磁污染并称为人类的三大污染源，工业化污染造成的酸雨威胁着所有的国家，无一幸免；海洋污染威胁着生物链，污水排放造成的深海污染将会让我们的子孙后代彻底没鱼吃。如今，污染已遍及全球，从城市到农村，从天空到海洋，从赤道到南极……。污染种类也五花八门、层出不穷：噪声污染、化学污染、废气污染、光污染、色彩污染、电磁污染……，我们似乎已无处藏身。

自从广岛和长崎原子弹爆炸使日本人民饱尝核辐射之苦以后，人类可谓谈核色变，可事实上核污染的困扰从没有间断过。不可否认，核技术的发明与应用给人类带来了极大的利益，可是它的潜在危险和已经对人类造成的巨大危害却始终像是缠绕在人们心头的挥之不去的阴影，成为科学技术负面效应的又一例证。

人类已经生活在重重污染的重压之下，不论是否意识到，人类都已经到了非常危险的境地。

4. 危险的基因改造

转基因技术的应用对人类来说确实有巨大的作用，但其安全性如何还在争论之中。《自然》杂志发表的一篇文章中谈到，在过去的25年间，英国的鸟类数量已经下降了90%以上，而最新的杀手是转基因。原因是英国农民种植了转基因农作物，这种农作物可以让农民放心地使用除草剂，结果田里没有了杂草的草粒与草籽，鸟儿也就没有了食物，一批批死掉。

人为地介入生物基因是否会打破自然界的生态平衡，从而导致对环境的危害问题在我国也同样引起了广泛的关注。目前已经有部分实例证明至少有些转基因作物会对环境产生一定不良影响。例如，一些农作物被注入一种抗除草剂基因，当农田中施用除草剂时，所有的杂草都会死去，只保留农作物本身。但在某种情况下，这种抗除草剂的农作物会和杂草出现杂交，这种杂交草就变成了“超级杂草”，消灭起来十分困难。另外一个事例就是将巴西豆的基因转入大豆，虽然可以改良大豆的营养组成，但可能会引起部分人群发生过敏反应。

人类基因组的工作草图绘制完毕，这是人类科学史的又一次革命。基因技术将会给人类在疾病防治、健康保健、延年益寿方面带来革命性的变化。同时它也带来了技术威胁和伦理挑战。如果把基因作为武器，其危害将是覆灭性的。克隆人究竟是人还是作品，给法律和伦理提出了一个难题。基因的优劣甚至会引发再一次的物种歧视。

第三节　“电脑”与人脑的竞争

随着电子计算机技术的迅速发展，人们开始研究如何利用计算机模拟人类智能行为。人工智能学科由此诞生，它是用电子计算机模拟人类思维过程，使计算机系统能理解语言、自学习、自适应、进行逻辑推理并做出决策。人工智能已取得了许多惊人的成就，对人类的生产方式、工作方式和生活方式产生了巨大影响，也带来了许多问题。

一、人工智能对人类的挑战

从古至今，人类一直梦想有一种像人一样的机器，把人类从繁重的劳动中解脱出来。近年来人工智能研究为这一愿望的实现奠定了坚实的基础。20世纪60年代初机器人问世，成为20世纪人类最伟大的发明之一。经历40余年的发展，如今机器人正在各个领域代替人类甚至超过人类而从事各种工作。机器人正朝着越来越智能化、拟人化的方向发展。

1996年2月10日至17日，IBM为纪念世界上第一台电子计算机诞生50周年而举办的人机国际象棋对战引起了世人瞩目，参赛的双方分别代表了人脑和计算机的最高水平。最后是国际象棋世界大师卡斯帕罗夫以4:2战胜了机器人“深蓝”，但开局的第一盘“深蓝”的胜利却引起了世界极大的震动。机器与人类智慧的较量结果，使人类感到深深忧虑：人类的工具是否终于有一天会战胜自己？人工智能的发展是否会使机器人成为人类的统治者？人工智能与人类智慧是否能同时存在？人类如何对机器进行控制？

为了防止机器人伤害人类，美国作家艾萨克·阿西莫夫于1940年提出了“机器人三定律”：①机器人不能伤害人类，对伤害人的行为无动于衷；②机器人必须服从人类的指令，除非有关指令违反第一定律；③机器人必须正当防卫，但不得与第一、第二定律相抵触。这是给机器人赋予的伦理学准则，机器人必须按人的指令行事，为人类生产和生活服务。

“工欲善其事，必先利其器”。人类在认识、改造自然、推动社会进步的过程中，不断地创造出各种各样有益的工具。人工智能是人类智能的必要补充，正确认识人工智能对人类生产和生活具有重要意义。社会的进步是历史的必然，我们完全有理由相信，像其他许多科学技术的发明发现一样，经过合理开发和利用，机器人也应该成为人类的好助手、好朋友，它的发展将给人类社会带来了巨大的裨益，成为人类社会文明进步的有效手段之一。

二、人工智能忧思

发展人工智能的目的是为了更好地服务于人类，促进人类文明进步，但是也存在着种种问题。例如，人工智能是否能减少工作的种类？是否能最终减少就业人数或缩短工作时间？智能计算机系统是否能进行诸如军事决策、工商决策、社会规划的可行性决策、法律决策等重要决策呢？人们能够或应该以什么方式最终控制这些由机器做出的决策呢？人工智能将如何推动或改变其他科学和技术的发展？基于人工智能的计算模型会不会推动（或阻碍）心理学理论和我们对意志的理解？

我们应积极思考人工智能可能带来的弊端，应该努力做到趋利避害，更多地实现人工智能社会影响中积极的方面，只有这样我们才可以展望人工智能所带来的美好未来。人工智能的发展是源于人类的需要，我们相信，人类利用自身的智慧完全可以控制计算机沿着正确的方向发展。

第四节　生物技术的思考

在当代，克隆技术、器官移植、人工生殖技术、基因技术等如雨后春笋般纷纷涌现，高新科技已经如一列高速列车“飞驰闯入”医学领域。在人类社会还没有全面、理智地分析其利弊，没有建立一系列相应的社会调适机制的时候，它已经闯入并渗透到社会生活的各个层面。

但是，令人担忧的是，生物技术的发展，如果缺少一种将科技与人类社会纵横联系的洞察力，缺乏睿智深远的关于人类根本利益的总体认知和思考，必然出现诸多的难题和失误。在人类社会中，如果缺乏社会现实的检验和伦理学、法学、道德规范、社会价值观的依托，任何单纯对科学技术的追求都是缥缈的。归根结底，医学是不是人类的、社会的，判断标准是看它维护还是损害人类大多数的利益。

一、安乐死的困惑

20 世纪中期以来，对于“人有没有死亡的权利”的争论，尤其是患绝症以后，在临终前有没有选择死亡方式，或者说安乐死的权利，成为世界的一大热门话题。安乐死提出人类应当用最理想的手段来结束濒临终点的生命历程，为地球上所有今天和未来的生者解除死的恐惧和痛苦。近年来欧美各国以及国内的学者为此进行了引人注目的争论，在医学、法学、伦理、道德方面都引起了巨大反响。

的确，随着科学的进步与发展，人类已具备了许多简易的手段来结束自己或他人的生命。然而人到底能否自由选择死亡，帮助他人死亡是否道德或是否犯罪，这些问题越来越困扰着人类。

每个人有要求生活得更美满和幸福的权利，这是毋庸置疑的。但是对于人生的另一极点——死，人们是否拥有权利、是否有要求死亡时没有恐惧和痛苦的权利，却变得众说纷纭、莫衷一是了。

执行安乐死到底是善行还是罪恶，这个世界性的大论题在全球范围内普遍展开。安乐死在各个国家甚至在同一国家的不同地方，也遭到了不同的命运。澳大利亚的北部地方政府早在 1995 年就承认了安乐死的合法性，但澳大利亚议会并没有批准其为法律。

现今，医学科技手段在人患有任何疾病时都有可能延迟死亡、减缓痛苦。因此，直接决定患者是否能治疗的根本前提，就是患者医疗费用的承担能力。有的患者呼吁施行安乐死，因为他和其家庭无法承担高额的医疗费用，这引发了轩然大波。但无论法律与伦理学的意义如何，患者面临的是实实在在的经济困窘。

一个人究竟有没有权力掌握自己从生到死的命运，有没有无痛苦地尊严地死亡的权力。毫无疑问，人人都应该有这样的权力。但是，人并不是孤立的存在，每个人与社会都有千丝万缕的联系。在大社会的环境中，人无论是生还是死，都会牵动他所处的一系列社会关系，随着社会文明的进步，这些问题将更加尖锐。为此，中国协和医科大学的一位专家指出，从社会人文科学的角度来研究这类问题，不仅可以为立法和决策提供理论依据，而且本身就是精神文明建设的一部分。一个国家如果不能让她的公民安安静静无痛苦地走完人生的最后一步，而且还违背他的意愿，强迫他白白地浪费许多宝贵的医疗资源，无论如何都不能说这个国家文明程度很高。

因此，安乐死是一个极其复杂的问题，它与医学、伦理学、传统观念、法律、经济学、社会学、宗教、哲学都有着千丝万缕的联系。随着科技的日益进步，人们的一些观念也一定会发生变化。一项新的科技成果的诞生和推广尚需几代人的努力才能成功，更何况这样一个涉及全球、涉及多种文化、有关人类的生与死的重大课题呢？我们期待着有一天，科学与文化的发展，能够圆满解决这一难题，给人类一个满意的答案。我们拭目以待。

二、器官移植问题

器官移植的想法自古有之，但仅限于神话与幻想。古希腊诗人荷马在《伊利亚特》中曾描述过嵌合体，如狮头羊身蛇尾是古希腊神话中的嵌合体，后来成为建筑物上的装饰。而闻名世界的埃及狮身人面像，是个名叫斯芬克斯的吃人怪兽，相传是被古希腊英雄俄狄浦斯揭示了谜底之后而被移植上人头的。

当时光流逝到了20世纪，为人体更换“零件”，修复人体这部复杂的“机器”的梦想才真正变成了现实。1954年，美国波士顿医院的默里医生首次成功地在一对孪生兄弟间移植肾脏，开创了人类器官移植的新时代。

然而这并不就意味着器官移植完美无缺、毫无问题可言。毋庸置疑，器官移植存在许多隐患——

试想，更换人体内的许多器官，尤其是人工器官的发明与大量使用，会不会对这个人的个性或人格产生影响？赫尔曼在《未来的生物学》序言中曾描述一个妻子到法院去，诉说她的丈夫由于器官更换太多，成了一个完全不同于以前的人，可见植入异体器官对受体的长远影响，是人们必须正视而不能回避的问题。器官移植受供者接受移植手术后产生一系列精神和心理、人格特征等方面的变化。试想，如果身体里跳动着他人的心脏或用他人的眼睛去看世界，感受如何？

还有，试想一个等待器官移植的人可能希望听到急救车的鸣声。也许这种希望意味着某人意外伤亡，并处于危重之中，他的心脏可被用于移植，这样的动机供者在道德上能接受吗？

器官资源的分配伦理问题也是器官移植中的重要问题。因为可供移植的器官是有限的，能胜任的外科医生、护士、医院的设备是有限的。如何分配有限的资源是摆在医生面前一个严峻的道德抉择难题。从社会行为标准看，一个母亲是否该比一个没有子女的妇女优先得到移植器官？一个护士、一个医生、一个汽车司机或一个企业经理能够比较彼此的社会价值吗？是否有必要一次制造两个生命质量不高的人呢？这种资源分配是否能公正呢？答案难以肯定。

三、克隆人的困惑

1997年2月，苏格兰科学家用从一只6岁母羊的乳房上取下的组织克隆了绵羊“多利”，这是人类历史上首次成功地克隆哺乳动物。消息一经传出，立即引起了全世界的强烈反响，掀起了一场轩然大波，从生物学家、医学家、伦理学家，一直到发明原子弹的专家，上至各国政要，下至普通百姓，一时间众说纷纭、莫衷一是。诺贝尔和平奖得主、英国科学家罗特布拉特甚至将此科技的突破与原子弹相提并论。

美国前总统克林顿在椭圆形办公室发布总统令时说，“鉴于我们最为珍视的信仰和人性的观念，我自己的看法是，克隆人必然将引起人们深深的忧虑。”

伦理学家们对此表现出深深忧虑。达特茅斯学院的伦理学家埃德·伯杰认为，由此而产生的道德伦理问题太难解决而且太让人提心吊胆了。还有人认为克隆动物技术的成功和发展将使人类的伦理道德受到史无前例的最致命的一击。

如果“克隆人”真的诞生，那将导致一系列非常复杂的法律问题。例如，在家庭关系中谁是克隆人的父母？是否允许一对同性恋者克隆自己作为自己的孩子？如何防止克隆人受到歧视？但这一切只有等到有真正的克隆人诞生后才能提到立法议程上来。

科学家们同样对此担忧。英国科学家罗特布拉特说，“我们担心的是，在人类科学领域取得的其他进展可能会比核武器更容易产生严重的后果，遗传工程很有可能就是这样一个领域，克隆技术一旦被滥用，社会将陷入无穷的罪恶之中。研究人员认为，在理论上，同样的技术可以用来从一个成年人身上取出一个细胞，利用其脱氧核糖核酸制造在遗传上同样的人，一些科学家认为，这已经打开了人类也可以无性繁殖的大门。”❶ 更有危言耸听者惊呼，人类已闯进“复制时代”。

像许多有争议的重大科学技术一样，克隆技术对人类来说，也是一把“双刃剑”。一方面，它能给人类带来许多利益，如保持优良种性，避免因种性杂化而造成的良种丢失，增加珍稀濒危动物数量。另一方面，克隆技术也对生物多样性提出了挑战，并使人类面临宗教、人伦等诸多问题。生物多样性是自然进化的结果，也是进化的动力之一。有性繁殖是形成生物多样性的一个重要基础。克隆出的物种具有均一遗传物质，不仅将使生物品系减少，而且大量基因结构完全相同的克隆人能诱发新型疾病的广泛传播，使生命个体的生存能力遭到削弱。

在人伦方面，人们也很难接受“克隆人”成为现实。从有性繁殖到无性交殖，维系人伦的家庭，夫妻、父子等基本亲情都会受到冲击，并且动摇人类对生命的信仰以及社会化的人性基础。

在国际的舞台上，由法国和德国于2001年带头发起的禁止克隆人国际公约草案文本的磋商，已于2002年11月搁浅。由于美国联合多个国家，坚持全面禁止一切形式克隆人的立场，与法德等国家所持的预防疾病的“治疗性克隆”和克隆完整人类个体的“生殖性克隆”的主张难以达成妥协，有关国际条约的进一步磋商已被推延。

科技是一把双刃剑，是一首悲喜交加的交响乐，这在生物技术的发展上表现得尤为突出，因此建立完善的医学伦理学意义重大。医学伦理学的作用是判断高新技术进入医学领域对人类的益处。这是对人类负责，而不针对个人。人类要延续，就有生存优化的问题。不同的历史阶段观念在不断更新，扫除观念的障碍，让高新科技尽快造福于人类是伦理学的最大作用。科技进步有规律性，而伦理价值判断则有时代性，科学给人无限创造，而哲学给人理性，科学的进步不可阻挡，但是一定要受到伦理学制约。

在西方国家，很多大医院都有伦理委员会，我国也正逐渐重视这方面工作。伦理委员会作用越来越大，以后无论哪一个科研项目都要经过伦理论证，做出科学的利弊判断，这是通过科研项目的重要一票。

早在18世纪，法国资产阶级启蒙家卢梭曾断言，科学和艺术的进步与人类道德水平的提高是相互对立的，人类最好停留在“无知的幸福”之中。西方学者还提出了“二难推理”：人类的幸福前景有赖于不倦的科学探索，而无穷的求知欲又可能造成人类道德的堕落。

高科技的迅速发展对人类自身的伦理道德提出了愈加严峻的挑战。科学和伦理的争论肯定会贯穿21世纪。如何理智地驾驭科学发现和科技成果，使其更有效地为人类自身服务，实现可持续发展，必将成为所有科技人员的重大课题，当然也必须得到政府和社会及法律的支持和保证。

认识并强调这一点，人类就会为正在进行和将要加入科学研究的人提供更完善的法律和道德规范，更好地认识科学技术的作用和限度，用它为人类供利除弊。由于生物技术革命的复杂性，科学家和工程师以及社会各界人士应尽可能限制有可能出现影响生态系统、危害人类及其他生物的行为。

---

❶ 颜锋，张世涛．科技文明探析［M］．北京：解放军出版社，2003．

第五节　乐观还是悲观

20世纪中期以来，随着新技术革命的兴起，对科学技术社会价值的评价主要形成了两种观点——技术乐观主义和技术悲观主义。

技术乐观主义是试图从更广阔的视野上勾画未来世界的蓝图。他们坚信随着新技术的开发和人类自身能力的提高，未来是一派稳定、繁荣、充满希望的景象，认为技术进步可以使当前技术发展带来的各种问题迎刃而解。

美国学者赫尔曼的"大过渡"理论就表现出明显的乐观主义。他认为，"向美好世界的'伟大过渡'已经开始，只是现在还处在中间阶段，一切还相当困难……这是令人不安的时期，但是人类必然会摆脱这种困境。"《第三次浪潮》的作者美国未来学家托夫勒也是乐观主义者，他在《未来的冲击》中，把新社会称为后工业社会，以强调"一个复杂的、步伐迅速、依赖先进技术和后物质主义价值观的社会的诞生"。

一般来说，技术乐观主义关注的是对技术的物性评价，关注的是对技术重要性的认识和对技术进一步发展的要求，而对技术人文评价和人文批判则导致了技术悲观主义。技术悲观主义关注的是技术效应的人文评价，即技术的终极目标，技术对人的全面发展及人的幸福所起的作用。

人文评价反映着对技术终极目标的把握和对人的全面发展的关注。技术应用于社会，不仅要有经济的意义，而且还应有道德的价值，应能增加人的幸福总量。我们发展技术的最终目的仍然是人的幸福。因此，人文评价是在对技术的物性评价的基础上，在更高层次上关心技术的善用，关心技术在促进人的全面幸福中的作用。

美国学者哈代在他的《科学、技术和环境》一书中，提出了这样一个问题，"由于往往人们生活在技术化的环境中，因此不免要遇到这样一些问题：人类是新技术的主人还是奴隶？技术使人的选择自由得到发展，还是受到限制？"

1750年，法国思想家卢梭在《论科学与艺术》中，一反当时人们对科学与艺术的欣赏与赞叹，指责科学与艺术的进步泯灭了人的本性，使人性受到压抑，起到败坏风俗的作用。"随着科学与艺术的光芒在我们的地平线上升起，德行也就消失了。"他说，老于世故、把一切只当作工具来使用的理性业已取代了道德，惴惴不安、恐惧和冷酷取代了纯洁的、自然的清福；人与人之间的尔虞我诈、仇恨和告密，取代了本能的相亲相爱。在卢梭看来，奢侈无不与科学与艺术相伴而行，无不与善良、风化和德行背道而驰；与其有知识或有科学艺术而无道德，还不如有道德而无科学艺术。因此，他主张人类应该摈弃科学技术，返回自然的原始状态，过一种远离文明的淳朴生活，这样才能保持道德的、善的本性。

罗马俱乐部1972年发表的关于人类面临困境的研究报告《增长的极限》，一向被认为是悲观主义的代表作。罗马俱乐部成立于1968年4月，宗旨是"忠实和深刻地阐述人类面临的重要困难"。美国学者梅多斯在《增长的极限》中提出，人类社会将在不远的将来进入经济的零增长时期，否则人类社会必然崩溃。他认为影响经济的因素有五个：人口增长、粮食供应、资本投放、环境污染和资源耗竭。人口的指数增长要求粮食供给也要指数增长，而粮食的供给取决于土地和淡水的数量以及农业资本，最终取决于不可再生资源。

海德格是存在主义阵营中悲观主义的最著名代表。他认为，现代技术在本质上有一种非人道的价值取向，其最大的危险就是人们仅用工具理性去展示人和物，将人置于物的统治之下，剥夺了人的自由。科学技术所支配的已经不只是烟囱林立的大城市，也不只是整个工业国，而是人原先没有转让的内在生命。科学技术对智力的支配，已经扩展到操纵人的心理活动，包括无意识的领域。当人被纳入技术系统，即一种刻板的结构中之后，他就被一股力量安排着，这股力量是在技术的本质中显示出来的而又是人自己所不能控制的力量。这显然是对人生意义的戕害。由此构成现代技术的本质：它出自于人，又反过来成为不由人控制的超然之物，使人片面地依照现代技术的要求去展现自己的活动、去构造自己的生存方式。归根结底，技术活动本身是一种异化的活动，它把人的生存方式限制到一个狭窄的线路中，尤其当技术活动盛行时，这种异化作用就越来越明显。于是在海德格那里，技术进步远不是给人带来快乐和满足，而是把人从自然那里引开，从而使人同他自己的本质存在分离开来，因为工业技术就是以侵犯人本身的代价去征服自然的。一旦切断了把人和自然统一起来的纽带，人就变成一种没有根基的、迷失方向的存在，只是以内部精神上的丧失为代价去获得外部物质上的成就。因此，无限制的技术化的灾难性后果，是人的存在的丧失、人的异化。在历经原子科学和核技术开发所引发的种种人类灾难之后，人类，特别是科学家共同体对正在出现的生物技术保持了高度的警觉。由于生物技术革命的复杂性，科学家和工程师以及社会各界人士正在就基因控制技术和人类基因组计划方面的问题开展讨论，以限制有可能出现影响生态系统、危害人类及其他生物的行为。因为这些技术涉及一种完全不同于物理技术或处理微生物那样的价值判断，即伦理道德方面的问题，不能单独依据技术判断就付诸实施。至少在目前不应仅根据在技术上有可能这样一种理由就加以应用。

第十二章　科学文化与人文文化

20 世纪科学技术的迅猛发展大大改变了世界的图景与人类的生存方式，也给人类带来了前所未有的精神考验与伦理挑战。伴随着大科学和高技术的出现，科学家的科学研究已经不是纯粹的科学研究，而要与其社会利益、社会后果紧密相连，要对人类的健康、安全、环境和自由等普遍利益的研究任务担当必要的社会责任。总之，科学技术活动在很大程度上已经很难与社会的、伦理的义务相分离。

第一节　科学与伦理

20 世纪 70 年代以来，包括科学家和工程师在内的社会各界人士开始自觉地对信息技术、生物技术、新材料技术等高技术的选择和道德问题进行了最为广泛的讨论，这些讨论都充分地体现出人类对于科学和技术所赋予的人文关怀。学者们都大力倡导：要把技术的物质奇迹和人性的精神需要平衡起来。

哲学家罗素说，“科学提高了人类控制大自然的能力，因此就认为很可能会增加人类的快乐和富足。这种情形只能建立在理性基础上，但事实上，人类总是被激情和本能所束缚。”[1]现代科学和技术革命在为人类的发展带来许多积极的影响的同时，也由于其被不理性地使用而为人类制造了不少麻烦。但由于科学家和社会各界的理性自觉，“科技以人为本”的理念已经注入新文明的缔造之中，并成为人类文明的重点。因此，我们完全有信心对现代科技革命的未来前景表示乐观。

事实上，在现实的科学和技术活动中，科学和技术的伦理问题已经越来越受到重视，各国相继成立了生命伦理审查委员会，在一些新技术领域，科技工作者还提出了暂停研究的原则。这些实践虽不能彻底解决科学、技术与社会伦理价值体系的冲突，但的确起到了良好的缓冲作用。

1974 年，美国科学家曾建议，暂停重组 DNA 研究，直到国际会议制定出适当的安全措施为止。尽管 DNA 研究旋即得到了恢复，但这次暂停引起了科技共同体和公众对此问题的关注，进而对其利弊得失做了全面权衡，并制定了研究准则，而这对重组 DNA 研究的长远发展是有利的。20 世纪 90 年代，随着生命科学的突破性进展，生命科学家开始面对最为严峻的伦理考验。例如，科学家是否应该不顾社会伦理和规范的限制而从事干细胞研究和克隆人研究？科学家能否对不知情的生命个体进行各种科学研究？

1991 年，联合国教科文组织率先组建了一个完全独立于政治或经济权力的国际生物道德委员会。该委员会由多学科的专家组成，其中有经济学家、人口学家、人类学家、哲学家、社会学家、心理学家以及营养学家等，主要对从多方面影响着各国人民生活的科学和

---

[1] 张法瑞，李东松，颜锋．自然辩证法教程［M］．北京：中国农业大学出版社，2002：311．

技术问题进行公开、多学科的讨论，以发现最敏感的生物科学和技术道德问题，并制定必要的行动纲领和提出建议。国际生物道德委员会关注的根本问题是，保证每个人不因科学的进展及其应用而被抛在路边。换句话说，不能因为种族歧视有遗传学特征作证据，或者因为遗传学进展不能使他们受益而使人权受到侵犯。

迄今的科学技术主要是摆脱自然界的束缚、实现人类的欲望、以生产为主体的科学和技术，是以高效率、省力化为目标的科学技术。这种技术丰富了我们的物质生活，但却遮蔽了人类文明其他重要成分，给人类文明进步产生许多负面的影响。科学和技术的终极目标应该努力创造幸福和谐的人类生活而不仅是获得物质方面的成就。任何一项大的技术进步都必须包含尊重人的社会和重视自然生命的社会内容。爱因斯坦在对加州理工学院学生的讲话中说，“你们只懂得应用科学本身是不够的。关心人的本身，应当始终成为一切技术上奋斗的主要目标；关心怎样组织人的劳动和产品分配这样一些尚未解决的重大问题，用以保证我们科学思想的成果会造福于人类，而不致成为祸害。在你们埋头于图表和方程时，千万不要忘记这一点！”[1] 1931 年 10 月 19 日爱因斯坦又在祝贺大法官布兰代斯的信中说，“人类真正的进步的取得，依赖于发明创造的并不多，而更多的是依赖于像布兰代斯这样的人的良知良能。”[2] 在 1937 年 9 月的一封信中，爱因斯坦说，“我们切莫忘记，仅凭知识和技巧并不能给人类的生活带来幸福和尊严。人类完全有理由把高尚的道德标准和价值观的宣道士置于客观真理的发现者之上。在我看来，释迦牟尼、摩西和耶稣对人类所做的贡献远远超过那些聪明才智之士所取得的一切成就。”[3]

在过去的 100 多年里，人类征服了技术带来的种种挑战，但是为此也付出了惨痛的代价。工业革命在带来巨大社会财富的同时，牺牲了我们的环境和健康。在当代，“以人为本”的科学和技术发展观，就是希望将这种变化带来的副作用，人类付出的代价降低到最小限度，并因此在捍卫人的尊严和价值的基础上使人类文明得以永续健康地发展。

第二节　科学家的社会责任

科学研究的目的是认识客观世界的规律，本来没有好坏之分。英国皇家学会成立时，著名科学家胡克在起草的学会章程中指出，皇家学会的任务是靠实验来改进有关自然界诸事物的知识，以及一切有用的艺术、制造、机械实践、发动机和新发明，将其转换为科学的社会功能，即：①应致力于扩展确证无误的知识；②科学应为社会实践服务。显然，前者是后者得以实现的前提，因此科学的核心任务是扩展确证无误的知识。

但是，一旦利用科学来改造世界，进行价值判断就成为不可避免的事。人是科学的主人，科学究竟怎样应用、科学是给人类带来幸福还是灾难，完全取决于人类自己。19 世纪，科学开始发展成为一种具有广泛性、专门的职业，科学家和科学工作者也随之成为一种特定的社会角色，集合为有形的或无形的科学共同体。这样，社会对科学建制的外部控制逐渐减弱，而科学建制内部的自治则逐渐加强，科学道德也逐渐成为科学共同体必须面对的一个现实问题。

---

[1] 爱因斯坦文集第 3 卷［M］. 北京：商务印书馆，1979：73.

[2] 杜卡斯. 爱因斯坦谈人生［M］. 高凯，译. 世界知识出版社，1984：75.

[3] 爱因斯坦语录［M］. 仲维光，等译. 杭州：杭州出版社，2001.

一般来说，科学家有研究世界的自由，但是科学家没有把科学成果如何应用于实践的权利，政府、各种利益集团可以自由地使用科学研究成果。因此科学家对于社会应该具有强烈的责任心，有责任去避免科学技术被用以危害人类。科学家的社会责任性便随着科学体制化等因素的逐渐成熟而发展起来。

责任是知识和力量的函数，科学家由于掌握了知识或特殊的权力，会对他人、社会、自然界带来比其他人更大的影响，他们应负更多的伦理责任，需要有特殊的行规来约束其行为。

20 世纪 40 年代，由于原子能的开发而导致原子弹的爆炸，使科学家的心灵受到强烈的刺激，包括爱因斯坦在内的许多有良知的科学家在做出自己的科学发现之后都将面临十分现实的伦理困惑。约里奥 - 居里在发现铀裂变的链式反应之后，曾认真地同自己的助手讨论，出于对人类的责任继续研究是否道德。因为对原子的深入研究，除了可能有助于能源、医学等和平事业的发展，还可能导致原子武器的制造，后者很可能会在更大范围内给人类造成毁灭性灾难。

1955 年，获得诺贝尔奖的 52 位世界级科学家聚会博登湖畔，联名发表了《迈瑙宣言》。其中写道，“我们愉快地贡献我们一生为科学服务。我们相信：科学是通向人类幸福生活之路。但是，我们怀着惊恐的心情看到，也正是这个科学在向人类提供自杀的手段。”宣言呼吁所有国家“自动放弃使用武力作为政治的极端手段。”

1958 年，又有 70 位著名科学家在第 3 次帕格沃什科学和世界事务会议上发表宣言，明确指出科学家所承担的巨大责任，“科学家的事业所具有的意义，使科学家能事先预见到由自然科学的发展所产生的危险性，并能清楚地想象出同自然科学的发展所产生的危险性，并能清楚地想象同自然科学发展相联系的远景。他们在这方面对解决我们时代目前最要紧的问题具有特殊的权利，同时肩负特殊的责任”。❶

曾两次获得诺贝尔奖的科学家鲍林，从 1954 年开始就已经认真地考虑科学家的社会责任问题。在回顾自己的研究生涯时鲍林说，“如果说我关心控制癌症和心脏病是为了让人们免受痛苦之折磨，从而过一种健康而长寿的生活，那么，我必须同时要关心他们不在战争中被杀害或被致伤致残。”❷ 科学家的科学创造和发明应该是一项有意义的活动，但是如果这些发现和发明的目的仅仅是用来追逐权力和财富，那他必然会受到社会道义的谴责。科学家应该担负起对自己发现和发明合理使用的道德责任。

随着科学事业的进一步发展及其对社会影响的不断加深，科学研究与应用所引发的社会问题更多。从 1981 年起，一批科学家定期聚会在乌普斯拉大学，专门探讨科学研究的伦理学问题，并于 1984 年联名制定了“乌普斯拉规范”。该规范呼吁科学家用正确的道德伦理准则来控制自己的科学研究成果及其应用，不断地对其研究成果的后果做出判断，并经常性地公开自己的判断，进而抵制他或她认为是与伦理道德规范相悖的科学研究活动。

“乌普斯拉规范”可以看作是科学界对科学研究的影响及其后果所做出的一种反应。它明确地提出了科学家应该遵守的 4 条伦理道德规范：①科学家应该保证他们所进行的科学研究及其应用后果不致引起严重的生态破坏；②科学家应该保证他们所进行的科学研究及其应用后果不会对我们这一代及我们的后代的生存安全带来更多的危险，不与国际协议中

---

❶ 赫尔内克. 原子时代的先驱者［M］. 北京：科学技术文献出版社，1981：5，350.

❷ 张法瑞，李东松，颜锋. 自然辩证法教程［M］. 北京：中国农业大学出版社，2002：306.

提到的人类基本权利（包括公民权，政治、经济、社会和文化的权利等）相冲突；③科学家应该认真地估价自己的科学研究成果，并对其所产生的后果承担特殊责任；④当科学家断定他们正在进行或参加的科学研究活动与这一伦理道德规范相冲突时，他们应该中断他们所进行的研究活动，并公开声明他们做出这一判断的理由。科学家在做出这种判断时，应该充分考虑不利后果出现的可能性和严重性。

西方伦理学大师乔纳斯指出，由于科学和技术对任何自然的长远和整体影响很难全面了解和预见，因而存在一种“责任的绝对命令”，这种绝对命令呼唤一种新的谦逊。其原因在于，科技力量如此巨大，以至人类行为的力量远远超出了主体的预见和评判能力。鉴于此，技术实践主体工程师及工程师共同体需要一种前所未有的责任意识。

掌握科学和技术的人必须明确，科学探索虽无禁区，但是最终要造福于人类，不仅要具有技术的合理性，还要满足社会的合意性，这个目标永远不能脱离。随着科学技术的巨大发展，核战争、基因工程、生态危机等将对人类的生存起决定作用。科学家掌握了精深的专业知识，他们有更大的责任去预测评估有关科学的正面和负面的影响，对公众进行科学教育，对自己工作的社会后果作认真的思考和慎重的选择。

第三节　科学理性和科学精神

一、科学理性及其批判性反思

科学是理性的事业。科学不崇拜权威，不承认任何不受理性怀疑和检验的教条。科学作为一项理性的人类活动，从一开始就与人类精神的其他产物存在着重要的不同，因而表现出与其他文化的对立和冲突。

1. 科学和宗教之间存在着差异、对立和冲突

科学和宗教之间时常存在着冲突，这主要体现在 16 世纪哥白尼及其后继者为捍卫日心说同教会的斗争中，也体现在 19 世纪赫胥黎为捍卫进化论而与神父们的大辩论中。可以说，科学以确凿的事实为依据，批判传统宗教观念，迫使宗教按照时代的要求改变自身的形态；同时，宗教对科学的挑战也刺激了科学的发展，对近代自然科学和人类科学的萌生也起到了重要作用。这些冲突的最终结果是确立了科学理性的客观性原则，即任何权威、任何感情偏见，无论是宗教的、政治的还是伦理的，都不能作为评定真理的标准。评价科学真理性的理性原则是实验和事实。

当然宗教与科学的关系不是一成不变的，它也会随着时代的变迁而变化。但是，即使科学高度发达，宗教仍然会存在而不会消亡。

2. 科学和哲学的分离再次强化了科学理性的实证原则

从 16、17 世纪开始，自然科学渐渐从哲学中分离开来。物理学家伽利略自己设计实验和观测仪器，用数学方法整理实验和观测数据，确立了数学实验方法。培根主张科学研究要从自然和经验出发，强调最理想的科学是实验科学，其基本特征就在于运用实验方法。牛顿不仅创立了经典物理学体系，而且提出“实验哲学”的科学观，他认为，科学是通过对自然进行实验得来的认识。自然科学即“自然哲学的目的在于发现自然界的结构和作用，并且尽可能把它们归结为一些普遍的法则和一般的定律——用观察和实验来建立这些法则，

从而找到事物的原因和结果”。这些都标志着科学渐渐地从哲学母体中分离出来，成为一种独特的具有理性的人类精神活动。

不少西方哲学家认为，我们所谓的“理性思维”简单地是指任何与亚里士多德逻辑原则，或在某种情况下与现代的非亚里士多德原则相容的思维。理性思维首先使非同一性事物保持分立（A 不能既是 A 又是非 A），然后体现在对事物之间的联系进行演绎推理的过程之中。无论我们是明确地使用逻辑还是仅仅隐含地利用逻辑，所有的人都多少具有进行理性思维和活动的潜在能力，并且把他们用在其日常生活中。

然而，逻辑合理性与科学并没有一对一的关系，只有当理性思维被应用于我们称之为“经验的”目的——即对于我们的感官，或对于以科学仪器的形式加以改进发展的感官来说，是可以达到的客体时，科学才存在。因此，科学必须既是理性的又是经验的。科学理性的基本内涵就在于逻辑合理性和经验实证性的统一。

20 世纪初期，实证原则成了科学理性的第一原则，它不仅是科学和哲学的划界标准，而且也是科学和哲学分离的重要标志。然而，随着波佩尔、库恩、奎因等一些哲学家对归纳法和经验论等的批判和反思，科学理性的内涵得到更深刻的解释。“越来越多的哲学家们发现，实证精神未必就涵盖了科学理性的全部，科学理性不能完全凭借实证原则或形式逻辑等来确立，而应该借助于更广阔的、全方位的人本主义的反思才能达到。科学理性既扩张了人的能力，也比以往更深刻地使人意识到自己的局限性。”❶

二、科学的规范结构

在科学建制化的过程中，逐渐形成了科学的规范结构。科学社会学的创始人默顿 1942 年发表文章《科学的规范结构》，运用结构功能理论，提出了科学建制内部的规范结构。默顿认为，“像其他建制一样，科学也有自身共享和传递的观念、价值和标准，它们是经过设计的，并用来指导那些科学建制里的人的行为。”在默顿看来，普遍性、公有性、无私利性和有条理的怀疑主义等作为惯例的规则构成了现代科学的精神气质。这些精神气质决定了科学建制内的理想型规范结构。

普遍性要求在对任何科学家研究成果的评价中，不应考虑种族、性别、年龄、民族、国家、阶级、宗教、个人品质或任何诸如此类的非认知性的因素，而只要求与观察和早已被证实的知识相一致。虽然这些因素会影响到科学成果的形成，但成果一旦产生，只有运用纯科学的、超越个人的和客观的评价系统，才能对其在认知领域所做的贡献做出客观公正的评判。普遍性意味着科学是一项向人类开放的普遍事业，在科学真理面前人人平等，社会应该保障学术思想自由和探索自由。普遍主义还说明，科学事业向所有具有才能的人开放，不受其他条件的限制。默顿认为，普遍主义的规范要求深深地根植于科学的非个人性特征之中，也与民主精神是一致的。

公有性要求科学家公开科研成果，即科学家只拥有科研成果的优先权，而不享有占有权。这一规范实质上是社会与科学建制之间的一种契约。科学共同体能成为一种自主的科学建制的根本原因在于，它具有不断地为社会提供公共知识资源的功能。默顿认为，坚持公有主义，是因为科学上的重大发现都是社会协作的产物，因此它们归属于科学共同体。

---

❶ 刘大椿．科学技术哲学导论［M］．北京：中国人民大学出版社，2000：8－11．

无私利性要求科学家为“科学的目的”做研究，而科学活动的目的在于追求真理和拓展知识，任何私利、偏见和欺骗都将违背这一规范。这一规范要求，科学家对真理的追求应胜过对私利的关注，他们应该尽可能地避免片面性。更为重要的是，科学家的成果要接受同行的严格审查。事实上，无私利性是科学体制的制度性要求，是保证科学交流的非个人化的客观性和科学知识的公共性的制度性控制。

有条理的怀疑主义要求对所有的知识，无论其来源如何，在其成为相对确证无误的知识之前，必须借助经验和逻辑的标准，经过同样的仔细的考察。这表明，科学活动对其成果始终持一种批判的态度，它不断言存在绝对的权威，也不承认有永恒的真理。默顿认为，这种有条理的怀疑主义，既是方法论的训令，也是体制的训令。有条理的怀疑主义实际上预设了一种反对教条和独断的知识论——任何知识都可能是错的。

科学家的行为规范是一种外在的制度性要求，但当这种外在的训令内化为科学家的自觉的行为准则时，科学家的行为规范就演变为科学的精神气质。在默顿看来，科学的社会规范是一种来自经验又高于经验的理想类型，其合理性在于推动科学活动所设定的求知目标的实现。因此，虽然科学的社会规范是一种理想类型，但由于它能有效地服务于科学活动的目标——扩展确证无误的知识，因而成为科学建制内合法的自律规范，同时也是科学建制对外捍卫其自主权的出发点。科学的社会规范是一种“应然”对“实然”的统摄，在现实的科学活动实践中，科学的社会规范不可避免地遭遇到科学建制内外两个方面的冲击和挑战。

三、科学精神

科学精神是科学活动的价值标准和行为规范的总和，是科学发展过程中积淀下来的独特的意识、气质、品格和情操，是科学本性的主观体现。科学精神集中体现在科学思想、科学方法和科学的精神气质之中，其首要者乃是理性精神和实证精神。科学精神的具体内容有以下几方面。

1. 追求真理、实事求是

科学的最高目标是追求真理，在人类探求客观世界的运动规律和追求真理过程中，必须坚持实事求是。科学的理性精神的精髓不在于固守驰名天下的公理，而在于不把任何东西视为理所当然。科学的实证精神也许集中体现在这样的观点上：科学力图按照宇宙的尺度而不是按照人的尺度来看世界。科学所认识的事实和规律必须经过逻辑论证和实践检验，科学的时间活动是检验科学理论真理性的唯一标准。因此，以理性为先导、以实证为根基的科学是一个“三无”世界——无偶像、无禁区、无顶峰。

2. 大胆怀疑，勇于创新

任何社会的最大危险莫过于盲目自信，科学的态度首先就在于怀疑，没有怀疑就没有科学。科学怀疑精神才是科学价值的深层含义。

创新是科学的生命。科学的任务就是要不断探索未知领域，直面真理，不迷信、不盲从，勇于向权威挑战，勇于创新。大凡科学思想都具有革命性；它能扩大人们的视野，开阔人们的胸怀，启迪人们的心智；它是愚昧的天敌，教条的对头，迷信的克星。科学为人们观察和分析问题提供了基点和视角。革故和鼎新是科学思想革命性的相辅相成的两方面。科学思想的革命性还表现在它的自我批判方面。自我批判是科学的生命，自我批判终止之日，就是科学发展停滞之时。

3. 坚持真理，诚实为本

在科学研究中，在严格确定的科学事实面前，要勇于维护真理，反对独断、虚伪、盲从和谬误。一个优秀科学家，不但要真实客观地对外公布自己的科学研究过程与结果，也要真实客观地对待他人的科学研究过程与结果。诚实性对于维护科学真理是至关重要的。科学具有强烈的社会效应，它要求科学家如实反映一项科学研究成果对自然与社会的积极作用与消极影响，要大力宣传有利于自然平衡和社会持续发展的科研成果，尽量避免消极影响。为了科学界应该建立一些成文或不成文的学术规范来对科学家的诚实性进行监督。但是，最重要的是每一个科学家主动遵守诚实性规则，坚持真理、承认现实、绝不舞弊，科学界的规范才能更好地起作用。要做到诚实性，科学家必须具有顽强地追求和维护科学真理的精神，这是科学家道德品质的核心。现在科学界有许多弄虚作假的恶习。①伪造数据。捏造数据或篡改数据都是违背科学基本道德准则的。②成果剽窃。窃取他人的个别或多个实验数据，抄袭他人的论文（个别段落或整篇论文）。③一稿两投或多投。按照国际上的学术惯例，不允许作者把一篇论文同时投往不同刊物，在一种刊物不用而退稿之后才能投往另一刊物。把论文改头换面重新投稿，则是变相的一稿多投。如果由于研究工作的连续性，论文内容需要有所重复时，则应加以注明。④强行署名。利用朋友关系或职权，在自己并无贡献的论文上署名，是不劳而获的典型表现。为自己的亲人、朋友或上司撰写论文，是培养不劳而获的弄虚作假行为。这种种背叛诚实性原则而弄虚作假的现象，都是利欲熏心或科研奖励机制的不合理造成的恶果。

4. 团结协作，崇尚民主

现在的科学是大科学，科学研究的项目繁多、规模越来越大，必须依靠多学科和社会多方面的协作与支持才能更好地完成任务，因此科学家、科学共同体之间，必须精诚团结，积极繁荣学术，崇尚民主精神，不迷信权威，不惧怕权势，在真理面前人人平等，反对以权谋私、弄虚作假，恪守职业道德，反对学术腐败，坚持百家争鸣、百花齐放的方针，科学才能健康、飞速的发展。

5. 博采众长，理性思辨

科学无国界，科学知识是人类共同的精神财富，因此每一位科学工作者都要有虚怀若谷的精神，虚心接受一切科学知识，接受人类创造的一切精神文明成果。科学无止境，科学活动犹如阶梯式递进，科学成就在很大程度上是积累的结果，是继承性很强的文化形态，只有不断地继承和创新，科学才会具有生命力，不断前进。科学活动要善于从经验认识上升到理性认识层次，科学认识就是一个从感性认识到理性认识的不断循环上升的过程。因此要重视科学抽象，善于理性思维，不但要弄清“是什么”，而且要回答“为什么”。

科学已成为人类文明的主流，它广泛渗透到政治、经济、法律、文化等领域之中。人是科学的主体，科学精神本身就蕴涵着以人为本的思想，要求与人文精神相结合，追求“真”和“善”的统一。然而，“在不少人的意识里，传播和弘扬科学精神，仅仅是为了解决面临的一两个具体事件或现实问题，这未免太狭小了。事实上，科学的实证精神、理性精神、臻美精神，以及美国社会学家默顿所揭示的科学的普遍性、公有性、无私利性和有条理的怀疑论的精神气质等，本身就是追求真善美的人文精神、以实证精神与理性精神的珠联璧合为根基的科学怀疑精神和批判精神，以及由此衍生的独立性、独创性、异议、自由、宽容、公正、人的尊严和自重等价值，都是一个现代人应有的思想观念和精神节操，也是抗衡和抵御现代社会的种种流行病——极端功利主义、实用主义、物欲主义、拜金主义——的有效解毒剂。”❶

在中国，有许多杰出的科学家充分意识到了，科学的“精神”高出具体“科学”的地方就在于“追求真理”。要勇于维护真理，反对独断、虚伪、盲从和谬误。竺可桢说，“提倡科学，不但要晓得科学的方法，而尤其在于认清近代科学的目标。近代科学的目标是什么？就是探求真理。科学方法可以随时随地而改变，这科学目标——追求真理，也就是科学的精神——是永远不改变的。”如何“追求真理”，竺可桢概括说，“只问是非，不计利害”。❷“不计利害”对于一个崇尚实用理性的民族来说是很难理解和接受的，这正是我们缺乏科学精神的根本原因。“不计利害”包含着独立思考、怀疑批判的精神，包含着不畏强权、为真理献身的精神，包含着为科学而科学的精神，所有这一切，实际上都是自由的精神。弘扬科学精神，首先是弘扬自由的精神。

控制论的创始者威纳在《发明：激动人心的创新之路》中指出，“如果我们想发现或培养真正的科学家，最好能从童年时代起，就让他们有机会感受什么叫真正的风险。那些对自然抱有深刻好奇心且不愿意被其他因素打扰的人，必须在他被‘获取更好的报酬’这种世俗的价值观俘虏之前，早早地树立献身科学、不谋私利的志向。”要做到这一点，除了让学生接受科学精神和人文教育之外，没有它途。

科学无国界，科学是开放的体系，我们要充分发扬科学精神，博采众长，理性思辨，继承人类创造的一切精神文明的优秀成果。只有使科学精神变为国民的自觉意识，我们所追求的现代化才不会仅仅是物的现代化，而且也是人的现代化。只有在此基础上，我们才有可能造就既具有专业素质和创造才能，又具有人道立场和社会责任感的科学家群体。

---

❶ 李醒民. 有关科学论的几个问题［J］. 中国社会科学，2002（1）：21－22.

❷ 竺可桢. 看风云舒卷［M］. 天津：百花文艺出版社，1998：140.

第十三章　创新精神的培养与教育

第一节　创新精神的培养

一、创新精神的含义

创新精神对个人和民族来说都是不可或缺的。全部人类历史表明，创造是人类生活的本质，创新精神是人类文明的源泉。创新精神的含义主要包括三个方面。

一是主体意识。它是指人们在认识和改造世界的过程中，所表现出来的主动、积极、自觉地进取，而不是被动、消极、盲目地等待的一种精神状态。这是创新精神的思想基础。二是求新意识。它是指不满现有的成果，冲破旧的框框，追求新的思维和新的事物的思想倾向。这是创新精神的核心内容。三是价值意识。它是指一种满足人类需求，促进社会进步的价值追求。这是创新精神的根本宗旨。

技术上的创新，离不开优秀的人才，而人的高素质应该表现在具有很强的理论思维，对于社会科学理论有修养、有兴趣，实质上是要求人文精神和科学精神的交融与结合。从科学史来看，凡是做出重大贡献的科学家、数学家，大都是文理兼通的。例如，笛卡儿、牛顿、帕斯卡、爱因斯坦……他们都是有思想的人，他们并不局限于自己在某一方面的创造发明，而能从更加广泛的意义上对于创造发明理论进行理论思维和归纳。他们虽不是哲学家，但是具有哲学理论思维的严格锻炼。他们对于方法论非常重视，使他们在科学技术上的创造性大大增强。他们有了宏观的关于世界的理解，才可能在微观即专门的科学技术领域有所创新。他们都喜爱文学，有的甚至对诗歌音乐还有很高的造诣。

二、创新人才的培养

培养创新人才首先要树立以人为本的科学理念。在科技创新中，以人为本就是尊重人们的创造性劳动特点。科技创新关键在人才，在当今科技发展中，尖子人才在创新活动中具有不可替代的作用，重大科技项目的成功关键也在于尖子人才的选拔和使用。

社会学家提出，在21世纪活跃于学术和科学领域的某些代表人物，应当是“人文科技”型人才。其实这种提法并不是首创。早在1948年，著名建筑学家梁思成先生就提出了“半个人的时代”的现象，谈文理分家导致人的片面化问题。清华大学人文社会科学院徐葆耕教授最近又提出了“走出‘半人’时代”的观念。他认为科技与人文分离的结果，就两个极端而言，出现了两种畸形人：只懂技术而灵魂苍白的“空心人”，和不懂技术、侈谈人文的“边缘人”。“空心人”他们自以为掌握了科技，其实是被科技所掌握，感情干瘪，思想空洞，不知道社会把自己带向何方，也不知道人为什么活着。有人把“科教兴国”改为

“科技兴国”，去了“教”字，一字之差，谬之千里。

人才是一个动态的概念。创新人才最根本的品质就是具有自觉的创新意识、缜密的创新思维和很强的创新能力。创新人才的培养和成长是一个多因素的复杂过程。要求学生走出校门就是创新人才，走上岗位就会创新这是不现实的，也是不可能的。大学教育更多的应是使学生学好基本理论，打好知识基础，掌握基本技能，学会学习的方法和科学思维方式，培养创新素质和不断吸纳新知识的能力，努力把学生培养成为具有创造性人格特质的人，为日后的发展和创新打好基础。

第二节　教育与创新人才的培养

教育是人力资本形成的一种重要机制，高等教育创新是国家创新体系建设的切入点和原动力。关系到国家创新能力的关键因素——科学技术创新、创造性人才和高素质的劳动力者，无一不与教育有着紧密的关系，而且从根本上取决于教育的改革和创新。经济竞争的基础是科技创新，科技创新的基础是教育创新，通过教育创新来提高整个社会的知识化程度是建设国家创新体系的基石。为此，高校在创新活动中，要不断地开发和拓展文化创新功能。

1956 年，中共中央召开知识分子会议，毛泽东发出了“向科学进军”的伟大号召。1978 年的全国科学大会上，邓小平指出“科学技术是生产力”，此后进一步明确指出“科学技术是第一生产力”。1995 年的全国科技大会上，以江泽民为核心的党的第三代中央领导集体明确提出实施“科教兴国”战略。“十一五”规划明确提出要“把增强自主创新能力作为科学技术发展的战略基点和调整产业结构、转变增长方式的中心环节”，把“建设创新型国家”提到了国家战略的高度。

1995 年提出的“科教兴国”，主要解决的是人们的认识问题，将科技和教育放到更高位置，使大家从思想上更为重视。而此次的“自主创新”和“创新型国家”事实上是落实“科教兴国”和“人才强国”战略的“抓手”，进一步具体落实到可操作的层面上。

教育的功能在于提高人的素质，科技创新带头人的素质要靠教育来培养，这些并不是天生的。美籍华裔物理学家诺贝尔奖获得者杨振宁在南京大学的演讲中说，“中国有数不清的可以造就的优秀青年。儒家的传统，注重人伦、勤奋、忍耐与教育，会培养出一代又一代勤奋努力的青年。……人才、传统、决心和经济支持，有了这四条，我对中国科技在 21 世纪的发展持极其乐观的态度。”

创新人才作为科技发展的要素之一，他们的知识结构应是综合和复合的，这才能适应社会的发展。

创新教育强调的是培养具有创新素质的人才。

一、教育理念创新

教育理念是教育的灵魂。人文精神的底蕴就是以人为本，重视人的物质和精神的需要，尊重人的创新精神，关怀人生的目的、意义和价值，追求人格的完善。无论是人文科学的教育，还是人文精神和科学精神的培养，还是加强人文科学的宣传，都是坚持先进的世界观在文化建设中的指导地位。这项工作虽不能立竿见影，却影响深远。

实现终身教育，推动学校教育、社会教育和家庭教育紧密结合、相互促进。学校要向社会开放，使学历教育和非学历教育、学校教育与非学校教育、继续教育和职业技术培训相结合，使学校教育资源面向社会开放，为学习者提供各种多次受教育的机会。另外，以远程教育网络为依托，形成覆盖全国城乡、连通国外的开放教育系统，为各类社会成员提供多层次、多样化的教育服务。

教育与培训环境是国家技术创新系统的基础子系统之一，其基本功能是为企业技术创新系统培养具有创新能力的人才，它构成了技术创新的人才资源环境。但传统教育是以传授知识为中心的教育，是继续性教育。按传统教育模式培养的人才，创新能力明显不尽人意，因而必须向创新教育转变。创新教育，即是一种注重培养创新意识、创新方法和创造性心理的教育模式。

应该从几个方面来建构教育创新机制：①适合创新人才成长的文化孕育机制；②发展人的个性和创造性的价值观念导向机制；③面向市场、面向科学、技术前沿的专业设置与学科建设机制；④科研创新的激励制度；⑤教学相长的师生互动机制；⑥教学实践机制。

二、教育体制创新

从教育体制来讲，为适应知识爆炸和多学科交叉、渗透、融合的发展趋势，必须改变原有的教育方式，从传统的应试教育和以知识传授为主的教育，转向学习能力教育和综合创新能力的培养，也就是向素质教育转变。

1）完善体制，健全社会化服务体系。日本物理学家、科技史家广重彻认为，日本明治时代从科技的发展水平上看与西方发达国家的差距是 250 年，但从科学制度化的意义上来考察，而差距则是 50 年。所谓“科学的制度化”，是指明治时代的思想家、政治家们能够比较客观科学地估价日本在当时世界上所处的地位，并制定出了一套加速科技、经济、教育发展的对策和措施，使之在不长的时间里就弥补了长达 250 年的差距，并且以神奇的速度跻身于世界强国之林。

2）建立与时俱进的新型教育观。一是确立高等教育大众化、多样化的观念，摒弃传统教育的单一化模式；二是确立开放性的教育观念，摒弃传统的封闭式教育模式；三是要确立教育终身化的观念，摒弃传统的一次性教育模式。

第三节　高校与科技创新培养

一、科技创新是高校的重要创新功能

科技创新是高校的重要创新功能，也是高校服务于经济社会发展和加强学科建设的基本途径。事实上，在国家创新体系的构成要素中，科学创新体系、技术创新体系和产品创新体系都与高校有着直接的联系，高校拥有先天条件和特殊的优势。在长期的实践中，高校总结出了“产学研”相结合或“教育—科技—经济”一体化等思路，其主旨就是坚持科技创新服务于经济发展的方向，同时又加强了自身的学科建设。

高校要以提高学生的创新品质和提高民族素质为重点，推动教育创新；以多出成果和促进成果转化为重点，推动科技创新；以发挥先进性和引导性为重点，推动文化创新；深化教育改革，扩展创新能力，为国家经济和社会发展多做贡献。

首先，高校是国家创新体系的人才基础。在构成国家创新体系的诸多因素中，人才是核心，而培养各类专门人才是高校的本质功能。在建立卓有成效的国家创新体系时，一方面需要高校不断地提供各种具有创新素质的人才，另一方面高校本身就是人才汇聚的地方，其自身也是国家创新人才的基本力量。其次，高校是国家创新体系的知识基础。知识创新是一个不断发展着的系统。从系统内部说，它是知识体系自身运动发展的结果，而具有知识创造、知识积累和知识传递、传播功能的高校是其不可缺少的基本因素；从系统外部环境来说，它受到各种因素的制约，其中基础研究是最重要的制约因素之一。没有了基础研究，科学和技术的创新就无从谈起。

高等院校和科研院所的研究与发展工作起着技术创新源头的作用。大家知道，现代化的产业并不是传统手工业的继承和发展，而是建立在现代科学的新发现上。这些重大的科学理论突破和成果的取得，主要应归功于今天的科研院所和高校。科研所和高校不仅聚集了社会上最精锐的科研人才，而且还有超越时代工业水平的技术条件。例如，高校实验室的低温设备导致了“超导现象”的发现。今天许多高新技术的开发和研究需要更加严格的研究条件：超高能、超强磁场、超高温、超真空、极低温、超高压、超净等。美国科学基金会曾对技术突破先驱的研究作过调查，在铁氧体、磁带录像机、口服避孕药、电子显微镜等重大成果中，有70%来源于应用研究。这些特点决定了高校和科研机构是任何产业都不能替代的新技术源头。在以促进经济发展为主要目标的科技进步格局中，要充分发挥研究机构和高校的先锋作用，广泛开拓技术创新的源头。

从高等教育的历史视角来看，现代大学是人类组织创新的产物。但是，大学一旦出现，它就与人类的创新活动内在地联系在一起。现代大学在11世纪的产生并不是一个偶然的事件。它是当时酝酿中的社会组织基本方式正在发生结构性转变的一个必然标志。正是对于新观念的需求、对于新的组织形式的需要、对于新的制度设计的期许、对于新的社会化方式的找寻，推动了大学的诞生。从后一视角看，大学一旦产生，就与后来社会的发展相互连接，形成了大学变革、创新与社会变革和创新的紧密互动。大学为社会的变革与创新所提供的深厚和持久的动力，以及这一动力机制自身在不断的改进中为社会持续的创新与发展提供广泛的支持。

大学具有的自我创制能力、自我创新机制。大学始终处于改革自身、创新自身的状态之中，大学改革的精神底蕴就是创新。而大学的创新历史就是现代社会创新历史的象征与写照，也是现代社会体现其创新本质的重要标志。

大学之作为一个创造性研究机构的性质日益显现出来。德国著名教育家洪堡对研究型大学的阐述，再次为大学的创新特质注入了新鲜的大学文化基因。洪堡强调，“国家不应当指望大学做与国家直接利益相关的事情，国家应当抱有一种信任感，让大学发挥真正的作用，大学不只是为国家的目的来工作，而应为一个更高的水平无限地发挥作用……提供增加更多有效的源泉和力量的场所，而不应当只是受国家本身所支配”。[1] 这可以代表19世纪大学创新的精神状态。大学以分门别类而又兼有学科优势的科学研究来展示自然世界、人文天地和精神领域的缤纷色彩，就是在洪堡的思路指引下获得的创新性特质。

以创新为导向的大学改革显示出大学的基本精神。现代大学之所以为“现代”大学，就是因为它与现代的创新精神处境相适应。而现代大学之所以为现代“大学”，也是因为它

---

[1] 博伊德，金合．西方教育史［M］．北京：人民教育出版社，1985：330－331．

具有的创新精神所具有的普世、普适特性。创新大学指的是一直处在创新境地中的大学对于创新在大学运行中的价值诉求、制度安排和具体举措的全面贯穿而形成的大学气质。

随着教育、科技、经济一体化发展进程的加快，教育已经进入社会经济发展的中心，面向社会经济建设和科技创新的主战场，加强科技应用与开发研究，促进成果转化，推动技术创新能力的提高。所以，高校应主动面向企业，以多种形式为企业提供技术服务。具体而言，一是利用高新技术改造传统产业，二是直接参与高新技术的发展，三是与企业合作进行应用型课题研究，解决企业发展的实际问题等。

高校是国家创新体系的支持系统。高校具有服务社会的功能，从而也直接服务于国家创新体系。一方面它为各种从业人员提供继续教育和培训，保证其知识结构的更新与时代同步；另一方面又通过教育将创新的科学转化为智力和能力，使其价值得到充分体现，保证国家创新体系的现实性。最后，高校本身也是国家创新体系的重要组成部分，它承担着国家创新任务中相当多的任务。仅以诺贝尔奖获得者为例，就有一半以上是大学的研究人员。

加强高校的科技创新工作，要坚持基础科学和前沿科学研究并重，加强基础科学研究和创新。高校一方面要加强基础科学研究，另一方面要跟踪国际科学发展的前沿。基础科学的创新是整个国家创新体系的基石，它决定着科技创新水平的高低和能力的强弱。但基础科学研究具有投入大、周期长、见效慢和风险大的特点，它需要众多科研人员不求功利、甘受寂寞、长期不懈的努力，因而使一般的创新主体受到了较大的制约。而高校在长期的科研积淀下，具有学科齐、基础厚、队伍强和设备先进等有利条件，而且加强基础科学研究又有助于创新人才的培养和学科建设。所以，加强基础科学研究特别是原创性研究是高校服务于国家创新体系的着力点，也是高校加强自身建设的立足点。

高校是培养人才和进行科学研究的专门机构，民主、科学、自由和平等的精神是构成大学精神的基本元素。因此，在文化创新的过程中，要特别重视大学精神的培育，努力营造有利于激发创新活力，造就创新型人才的良好氛围。

二、高校要加强自然科学和人文科学的融合

高校要重视自然科学和人文科学的融合。第一，要在重视智育的基础上，促使学生智商、情商和德商协调发展。第二，要重视个性教育，尊重和发展学生的个性。第三，要强调创造性教育。创新活动离不开创造，创造性是创新人才的基本素质。高校应把培养学生的创造精神、创新和创业能力当作教育的基本目标来认识。

高校要加强技术教育。技术教育有两个特征：作为程序的技术和作为知识的技术。大家普遍地认为，技术只是科学的附属品，是科学的简单演绎，只要建立了合理的科学理论，就可以轻松地从中产生技术，因而技术教育是可有可无的，只要科学教育搞好了，技术就会发展。即使勉为其难地开设了一些专业技术教育的学院，其课程也是以理论知识为主，且很大程度上是科学理论，实践仅被作为理论的应用和延伸而置于次要地位。

西方学者对这一问题的认识比我们深刻得多。波拉尼就曾写道，“直到最近，似乎没有任何东西比纯粹科学与技术之间的这一区别更明显的了。这一区别毫无意义地体现在高等

教育的一般框架中，正如高等教育被分为大学和技术学院所表明的那样。”❶

三、探索多种形式的“产学研”结合的新途径

高校要不断加强国内外的交流与合作，探索多种形式的产学研结合的新途径。一方面，要充分利用自身科技与人才的优势，加强同国外高校和科研机构以及相关企业的合作，引进和消化吸收国外的先进技术，了解和掌握当代最新的高科技发展动态，使我们的科技创新活动能够立足于最前沿，同时可以利用国外教育资源为我们培养骨干力量。另一方面，加强国内校际之间，院校与科研院所以及企业的合作，资源共享，优势互补，形成合力，联合攻关。这不仅能优化资源配置，节省大量的人力财力物力，而且能加快我国科技创新的步伐，多出成果，多出高水平的成果。

《国家中长期教育改革和发展规划纲要（2010—2020）》指出高等教育要“优化结构办出特色，要引导高校合理定位，克服同质化倾向，形成各自的理念和风格”。为此，高等院校必须转变办学观念，改革传统的以培养学术型人才为目标的人才培养模式，改革教学内容和教学模式，坚定不移地走以就业为导向、“产学研”结合的办学之路。

“产学研”结合是综合性的教育模式，它的任务是培养高质量、高素质、有特色的创新型人才，并根据人才培养的需要和社会经济发展的实际，进行应用技术的开发与转化工作，其中“学”是主体，“产”“研”是两翼，结合是关键，应用技术的开发与转化是重点，高校学生参与研发、研究活动是核心，提高人才培养质量是目的。它是以企业为主体，以市场为导向，教学、科研、生产三方逐步形成互利互补、良性循环、共同发展的合作关系的新型教育模式。学生在科研活动中把理论学习、科研实践和企业生产实践充分结合起来，全面提升自身的实践能力、就业创业能力、生存能力、创新能力与发展能力。

---

❶ 波拉尼. 个人知识［M］. 贵阳：贵州人民出版社，2000：276.

第十四章　构建和谐社会

第一节　科学与人文的融和

在当今世界，随着现代科学技术的飞速发展，科技在社会发展中的地位日益突出。“科学技术是第一生产力”的论述，亦成为有中国特色的社会主义现代化建设的重要指导思想。这一切，都说明了科学技术的重要性。科学技术之所以重要，是因为它在人类历史发展的过程中，尤其是在近代社会的建构过程中，起着极为重要的推动作用。科学技术所提供的思维方式、理论模型、实验成果、先进机制，都为现代社会提供了强大有力的精神和物质基础。可以说，没有科技的发展，就没有当今世界丰富的精神和文化成果，就没有现代社会发达的物质和社会产品与服务。

但是，现代工业社会，由于科学的发展，商品空前丰富，人们生活水平空前提高，在根本上成为一个商业社会。在这种商业社会中，人的生活越来越变得单一化；人生活的外部自然，由于科技推动的工业发展和商业消费，变得愈发与人的发展对立起来；本来应当作为人的发展的推动力量的科学，反而成了人的发展的障碍和对立面；科学发展的目的和意义被扭曲，成了奴役人的工具。

在现代科技给人类所营造的繁花似锦的环境中，人类却生活得越来越压抑、越来越缺少激情、越来越感到内心的孤独。在这整个人类历史处于重大转折的关口，慎重选择人类究竟应该何去何从，尤为必要。这需要我们重新审视科学与人文的关系。

一、科学与人文的关系

从社会来说，不管其处于什么阶段，人类追求的目标是永恒的，这就是对真、善、美的不懈追求。人类靠什么实现对真、善、美的追求呢？只有靠科学和人文。但是仔细分析一下，科学和人文在实现对真、善、美的追求中的作用是既不相同又必须密切配合的。

科学所追求的目标或所要解决的问题是研究和认识客观世界及其规律，是求真。科学是一个关于客观世界的知识体系、认识体系，是逻辑的、实证的、一元的，是独立于人的精神世界之外的。人文所追求的目标或所要解决的问题是满足个人与社会需要的终极关怀，是求善。我们的活动越符合社会、国家、民族、人民的利益就越人文。所以，人文不仅是一个知识体系、认识体系，还是一个价值体系、伦理体系。因而人文不同于科学，人文往往是非逻辑的、非实证的、非一元的，是同人的精神世界密切相关的。科学与人文同时都追求美。不仅人文在抑恶扬善中体现了人性中的美，而且科学在追求真理时既要揭示事物或现象的规律和本质，也要力求用美的形式将客观事物的内在美表达出来。

科学是求真的，但科学不能保证其本身方向正确，这既包括研究方向，也包括研究成果应用的方向。20 世纪科技的高度与迅速发展，不仅给人类带来了巨大的福利，同时也产生了许多众所周知的严重的负面影响。例如，采用基因技术，将人与黑猩猩进行某种杂交，肯定会出现一种新的生物，这种新的生物是否比人更聪明、更健康？这是一个科学问题，但绝对不能进行，绝对比克隆人更反“应该”、反伦理、反人类。显然，科学需要人文导向，求真需要求善的导向。科学好像一艘在雾海夜航的轮船，需要人文来导向，否则它就会触礁，而且现在科学越发达，这个船也越大，它的速度就越快，触礁的可能性就越大。

在人类文明发展的历史长河中，科学与人文两种文化的发展一直处于不平衡状态，这种不平衡主要体现在科学与人文的分裂，东西方文化的隔阂和“地球村”的南穷北富，后两者在一定程度上可以归为前者。科学与人文的分裂和对立始于近代。

20 世纪之前，人文之柱高于科学之柱，20 世纪以后，则恰恰相反。由于各种原因，随着科技的发展，两种学科之间的隔阂和分裂愈演愈烈，越来越深，自然科学家不了解社会科学家，哲学、社会科学素养不深；社会科学家同样也不了解科学家，科学文化素养较差。他们相互之间曾有根深蒂固的偏见。英国科学社会学家斯诺在其著作《两种文化和科学革命》中，认为两种文化的分裂和对抗的倾向使西方人丧失了整体的文化观，以致 20 世纪的思想界不能对“过去”做出正确的解释，不能对“现在”做出合理的判断，同时也不能对“未来”有所憧憬和展望。斯诺还风趣地说，一些科学家同传统文化的联系竟然如此之少，简直不比礼节性的碰碰礼帽更多些，一些科学家不读莎士比亚不朽的剧作，而一些社会科学家虽然常常自鸣得意地嘲讽科学家的无知，但他们却不知道热力学第二定律，甚至不懂加速度这个物理概念。19 世纪，德国生理学家菲尔绍曾感叹，每一个自然科学家在他的专业之外也不过是个半通，不客气地说是一个门外汉。

如今不仅两大学科间的分裂在加大，而且自然科学各学科之间的隔阂也越来越大，这对于我们的社会、国家、人类是一种大的损失，当然也是实际应用上的、智力和创造力的损失。

二、自然科学与社会科学的融合

20 世纪 30 年代，中国近代著名教育家、北大校长蔡元培先生曾竭力主张，反复强调要把“文”与“理”沟通起来，他在 1934 年的文章《我在北京大学的经历》中说，“那时候我又有一个理想，以为文理是不能分科的。例如，文科的哲学，必植基于自然科学；而理科学者最后的假定，亦往往牵涉哲学。从前心理学附入哲学，而现在用实验法应列入理科。教育与美学，也渐用实验法，有同一趋势。地理学的人文方面应属文科，而地质地文方面属理科。历史学自有史以来属文科，而推原于地质学的冰期与宇宙生成论，则属于理科。”在自述中，他又谈到，“孑民又发现文、理分科之流弊，即文科之史学、文学均与科学有关，而哲学则全以自然科学为基础。乃文科学生，因与理科隔绝之故，直视自然科学为无用，遂不免流于空谈。理科各学，均于哲学有关，自然哲学，尤为自然科学之归宿，乃理科学生，以与文科隔绝之故，遂视哲学为无用，而陷于机械的世界观。”他指出，文理两科之间，“彼此交错之处甚多”，故建议沟通文理，合为一科。

总体来说，在 21 世纪，体现着统一和多样的自然界和社会的各门科学越来越表现为相互联系的知识系统，更广泛的跨学科研究出现在自然科学、技术科学和社会科学之间。而在各门科学和科学知识的现代综合中，社会科学的地位又日益显著和重要，在自然科学与社会科学的相互作用中，技术科学又是二者统一的桥梁。科学和科学知识整体化的前景表明，我们必须从自然科学、技术科学和社会科学相互作用和相互渗透关系解决科学的当前任务和远景任务。不断扩大的跨学科研究正处在科技体系日益增长的结构转移之起点上，而这一结构也将越来越统一到各社会团体的总作用中去。

从现代科学的研究方法看，各种方法也呈现出交叉、融合的大趋势。一方面，自然科学中的常用方法及概念和思路正越来越多地渗入到社会科学，另一方面，社会科学中的一些思想方法、价值、伦理概念也逐渐浸入自然科学的许多部门。数学，以前作为典型的自然科学的研究工具，现在则因其高度的抽象性、应用的广泛性、严格的逻辑性和语言的简明性，向各门科学广泛地渗透，乃至在社会科学中也将广泛地采用数学语言、数学模型和数学方法，从而增强科学的抽象性、普遍性和统一性。可持续发展理论研究是一个综合性极强的研究领域，开拓出许多新的科研方向，形成新的研究领域，如环境科学、生态科学。还有一些交叉性学科，如环境化学、环境地质学等，特别是一批自然科学与社会科学相交叉的学科应运而生，如生态经济学、海洋经济学、生态伦理学等。近年来又出现了全球变化科学，即以全球环境变化为研究对象的一门综合性学科。

跨学科的综合研究领域，特别是社会迫切需要的难题和自然系统的综合研究，是一项艰巨的工作，它不仅要求门类科学内的广泛交叉，而且涉及自然科学、社会科学、数学科学和技术科学之间的广泛交叉。这就必然要求科学理论标准化、科学仪器系统化和科学知识社会化，这样才能有力地推动学科研究的交流和科学知识系统整合的步伐。

无数的历史事实表明，自然科学和社会科学的融合与渗透是科学发展不可逆转的滚滚洪流。科学历史也常常表明，大多数的科学突破往往产生在各学科各领域的边缘地带和交叉地带。但是，以跨学科综合研究的形式实现科学的整合、实现科学的不断发展的这种趋势往往为“专家”们所忽视。

爱因斯坦曾说，“科学研究的最高境界和对科学理论的普遍兴趣具有巨大的意义，因为它推动人们更正确地评价精神活动的成果”。也就是说，科学与人文的最高精神境界是一致的。现代自然科学的发展，迫切需要人文社会科学的价值指导并提供研究动力；人文社会现象的认识迫切需要借鉴和运用自然科学的手段不断向着科学化方向发展。科学发展成为人文研究的基础，人文精神又是对科学研究的升华。

“自然科学和社会科学，是人类在长期的实践中认识自然、认识社会的智慧结晶，它们本来就是一对孪生姊妹”。现代文明呼唤科学与社会科学“两科”联盟，呼唤科学知识、科学方法、科学思想和科学精神“四科”结合。唯有如此，才能与时俱进、开拓创新，建立起反映客观世界本来面貌的完整科学体系。[1]

三、科学与人文融合的历史渊源

人们不要忘记，科技与人文在人类历史上一直是相互交融、共同发展的，呈现一种你中有我、我中有你的关系。人类文明史上留下来的无数珍贵遗产，如我国的紫禁城、天坛、秦始皇陵兵马俑、大足石刻等，无一不体现着科技与人文的完美结合。到了现代，吸收了最新科技手段的人类杰作，更应该在塑造真与美统一的健康人格方面发挥更大作用。

科技力量作用于现实世界，给人们生活带来翻天覆地的变化，也给艺术家既带来新鲜素材，又带来艺术观念、形式、手段的变化。艺术创新与技术进步总是如影随形。音乐、

---

[1] 王渝生．现代文明呼唤“两科”联盟［M］．人民日报，2001－8－8．

绘画、雕塑、建筑等艺术与科学技术的关系也十分密切。乐器、画具、雕塑材料、建筑材料的产生、演化就与新材料新技术的发展紧密相连。乐器制作工艺的进步对音乐艺术的发展起着难以估量的作用。20世纪以来，音乐的发展与录音技术的发展是分不开的。50年代开始，电子技术的发展对音乐艺术又形成了一次巨大冲击。绘画材料的运用与科技的进步紧密相关，一些新材料乃至日常生活用品本身成为绘画内容。今天的计算机绘画技术使绘画艺术有了新的表现手段。从本质上说，科技的进步和艺术的发展都有着共同的目的，那就是使人类的生活环境更加美好，物质享受更加舒适，精神生活更加丰富。人格是人的主体性和自我意识的内在凝聚，是人的精神力量的最高体现。好的艺术品，恰恰可以用真善美塑造人的灵魂，陶冶人的感情，养成高尚、纯洁的人格，从而弘扬人文理想，为实现科技的人性化发挥更大作用。

历史上许多著名科学家同时也是伟大的艺术家。如亚里士多德一生撰写过逻辑学、物理学、天文学、动物学、心理学、伦理学、诗学、政治学等著作，在文学与科学的诸多方面都有建树。欧洲文艺复兴时期，人文主义的兴起，文学、绘画、音乐的发展，解放了被禁锢压抑的人性，激发了人们的创造激情，加上当时的经济与政治变革，使自然科学从神学中解放出来，大踏步地前进，成为科技和人文携手发展的重要历史时期。达·芬奇是当时的绘画大师，也是伟大的科学家。彼得拉尔卡以十四行诗闻名于世，又在地理学方面颇有建树，正是他绘制了第一张意大利地图。18世纪末，歌德既写出过不朽的诗剧《浮士德》，又写过多达14卷的自然科学方面的著作。炸药发明家诺贝尔，也写过小说和剧本。我们在尊重科学的前提下，坚持科学文化与人文文化的统一。科学精神，还应包括为人类生活更美好的奋斗精神。理性精神、有条理的怀疑精神和实证精神是科学精神的最基本方面。人文精神是指人文文化中的积极向上的精粹部分，而不包含人文文化中的糟粕部分。人文精神关注人和人生的价值和意义，如何使人的生活更加美好而有意义，当今科技发展存在着人性的失落等严重问题，亟须人文的关怀。

四、以人为本的科学和技术发展原则

实现科技的人性化，是当代众多科学家的共识。20世纪初流行于美国文学界和大学讲坛的“新人文主义”美学思潮，就打出过用“人的法则”反对“物的法则”的旗号。新人文主义的代表人物之一、著名科学史家乔治·萨顿大力倡导这种以科学为基础的人文主义，目的就是要把科学和文化结合起来，使科学人文主义化，进而使科学“更有意义，更为动人，更为亲切”。他主张既要重视科学的物质价值，更要重视科学的精神价值。这种新人文主义的实质，是使自然科学与人文科学协调发展，使科学精神与人文精神有机地统一起来。

日本三菱化成生命科学研究所的中村桂子先生说，今后“人类会继续巧妙地利用自然，一方面使自身免遭自然界的威胁，同时又与自然共存下去，人类并不完全像其他生物那样遵循自然法则进行弱肉强食，而是具有尊重各种个体的价值观。为此就需要开展各种各样不同于其他生物的活动，这种活动就是技术。所谓尊重个体并不是指维持每个人的生存，而是指使每个人能更好地生活，同时也包含着满足每个人的好奇心，提高每个人的能力等内容。今后的技术是生态系统一个组成部分，是使人享受生活的一种方法。”[1]

---

[1] 樱井二朗．八十年代技术开发的探索［M］．福州：福建科学技术出版社，1983：55.

20 世纪 60 年代，西方发达国家一批有识之士针对技术革命对于资源的掠夺性开发与使用所造成的生态与环境问题展开了深刻的批判，掀起了席卷全球的绿色运动。与此同时，西方战后成长起来的“新一代”面对价值的迷茫开始了对工业技术的“暴力”反抗和对人性精神的追求。

20 世纪 70 年代以来，社会各界人士尤其是科学家和工程师开始自觉地对信息技术、生物技术、新材料技术等高技术的选择和道德问题进行了最为广泛的讨论，充分地体现出人类对于科学和技术所赋予的人文关怀。随着高技术的发展，人类社会发展出了“一种非常个人化的价值系统，对技术的非个人化性质加以补偿，结果就出现了所谓的新自助运动或个人成长运动，这个运动的发展高峰即发掘人类潜能运动。”正因为如此，奈斯比特大声疾呼，“我们必须学会把技术的物质奇迹和人性的精神需要平衡起来”。主张“以人为本”的科学和技术发展观，并不是要反对科学和技术突破带来的社会变化，而是希望将这种变化带来的副作用、将人类为此付出的代价降低到最小限度，并因此在捍卫人的尊严和价值的基础上使人类文明得以永续健康地发展。

在科技飞速发展的 21 世纪，大科学和高技术已经广泛和深入地进入到政治、经济、军事、社会等的各个领域与人类生活的各个方面，影响和改变着人类的生存环境与生活方式。但是，在各种大科学和高技术以无可阻挡的力量推动社会的快速发展的同时，也可能正在将人类社会推向另一个无法预料的“灾难性”的深渊。这就使“以人为本”科学和技术发展原则更具有十分重要的意义。人类只有清醒地意识到这一点，才能更加深刻地领会到这一原则的重要意义。我们相信，经过人类不懈的努力，人类的明天一定会更加美好。

第二节　科学技术发展应该促使人与自然的和谐

现代科学技术的发展必须朝着有利于促进人与自然的和谐发展的方向前进，才会有强大的生命力，因此，“统筹人与自然和谐发展”就成为未来科学技术发展的前提和任务。

一、“统筹人与自然和谐发展”是科学发展观的基本要求

科学发展观，就是全面、协调和可持续的发展观。它是切合当代世界发展趋势的一种新的发展观。2003 年 10 月，党的十六届三中全会明确提出科学发展观的内涵：“坚持以人为本，树立全面、协调、可持续的发展观，促进经济社会和人的全面发展。”

现代科技中的高技术产业具有技术先进性、高增值性、高活力性、高渗透性、低消耗性等特点，高技术产业的发展必然会促进全球产业从高消耗、高投入、高污染的增长方式向依靠科技进步的内涵式增长方式转变，实现全面、协调、可持续发展。

近年来，国际上兴起的可持续发展战略是实现全球公平、持续、共同发展的伟大战略，它提出既要保证适度的经济增长与结构优化，又要保持资源的永续利用和环境优化；强调自然、经济和社会的统一，缓解人与自然的矛盾。可以说科学发展观是可持续发展的核心。

如何更好地落实科学发展观，人类和科学的历史表明：人类只有依靠科技的力量才能确保全球性、全人类的生存和可持续发展，才能导致人口、资源、能源、环境与发展等要素所构成的系统朝着合理的方向演化。科技进步是人类社会发展的基础和第一推动力。在未来，我们会更清楚地看到，人类只有更加依赖科学文明、技术文明，才能创建更高级的人类文明模式，从而导致区域的和世代的可持续发展。人类只有以人口为中心做出战略性

思考，努力提高人口的素质和智力水平，才能导致资源、能源、环境与发展所构成的系统实现结构和功能的优化。可持续发展战略实施中，始终要强调人口、资源、环境对于发展的强力约束，打破此约束的动力和潜力来自科学技术的进步。科技进步在可持续发展战略实施中，应该成为迅速把研究成果积极地转化为经济增长的重要推动力，并克服发展过程中的瓶颈，达到可持续发展的总体要求。从世界整体发展态势看，经济的全球化、信息化、知识化和市场化已经成为经济竞争的关键，在我国，依靠科技促进经济持续快速增长，依靠科技实现社会可持续发展，是我国提高综合国力的必然选择。

我们要大力发展能够促进人与自然和谐发展的高技术产业。例如，以电子技术为主要内容的新型信息产业，可使消耗减少，污染降低；新材料的发展使资源短缺得以缓解；再生能源新技术有可能使人类得到清洁的、取之不尽的新型能源等。遥测遥感技术、人造卫星技术的发展，为人类监测、分析、利用、治理生态环境提供了强有力的手段。生物工程新技术为合理开发生物资源、解决粮食问题、维护生态平衡等方面都将产生重要影响。而实现生产生态化对于协调人和自然的关系也至关重要。

自从 20 世纪 90 年代确立可持续发展战略以来，发达国家正在把发展循环经济看作是实施可持续发展战略的重要途径和实现方式，有些国家甚至以立法的方式加以推进。德国 1996 年就颁布实施了《循环经济与废物管理法》。2000 年日本实施了《促进建设循环型社会的基本法》。欧盟各国大力调整能源结构，计划至 2010 年可再生能源的比重从目前的约 6% 提高到 12%，风力发电占总发电量的 22%。发达国家通过技术创新，努力降低单位产值的资源消耗和污染物排放，提高资源的循环利用率。德国的汽车制造商宝马公司，他们生产的汽车从设计阶段就贯彻“循环经济”理念，从零部件的可拆性、互换性和装配性考虑，使报废了的汽车 70% 的零件还可以返用。近年，还提出要达到 90% 以上零件可以返用的新目标。

二、大力发展绿色产业

在现代科学技术发展中，不仅要大力发展绿色高技术产业，而且要利用新技术、新工艺和新装备来改造传统产业，促进其生产水平提升和产业结构变化，促进原有产品的更新换代。应将传统产业的战略性重组与信息化建设紧密结合起来，以提高传统产业市场竞争力和整体实力，带动这些产业也成为绿色产业。这样，一方面可促进传统产业优化升级并拉动对高技术产品的市场需求，使高技术产业发展具有坚实的基础，另一方面可以大大拓展高技术产业的发展空间，使其在“统筹人与自然和谐发展”中发挥更大的作用。

要正确处理发展高新技术产业和传统技术密集型产业和劳动密集型产业、虚拟经济和实体经济的关系。高科技的发展可以促使产业结构高级化或现代化，使科技密集产业在产业结构中所占的比重越来越大，劳动和资源密集型产业所占比重不断下降，知识产业逐渐上升为主导产业。将现代高科技的成果运用于传统产业的管理，如广泛应用数学、统计学、线性规划等理论和方法，以及网络技术、价值工程、系统工程、电子计算机等技术，可以大大提高这些产业的管理水平。这些都有利于传统产业减少污染，降低资源、能源消耗和实现资源的循环利用。

三、开拓创新与发掘继承相统一

在我国，高技术产业发展必须紧跟世界高技术发展的潮流，确立自己的发展方向和目标，不断开拓创新，开发出有独立知识产权、有特色、有竞争力的技术和产品。应将传统产业的技术改造和战略性重组与信息化建设紧密结合起来，以提高传统产业市场竞争力和整体实力为目标，促进传统产业优化升级并拉动对高技术产品的市场需求。其重点是：在农业方面，要利用覆盖全国农林牧渔、水利、气象等领域的综合信息服务体系，促进产品供求、水利、气象等信息的交流和共享。在基础工业和基础设施方面，要利用信息技术提高能源、交通的生产经营管理水平，促进能源信息的综合调度管理，实现智能运输综合管理，改善航空、铁路、公路、水运等综合信息服务。在制造业方面，要发展数控机床、柔性和敏捷化制造装备，推广计算机辅助设计、制造和管理，为加快制造业信息化创造条件。在财税、金融、商贸等服务业方面，要以财税经贸联网工程和电子商务示范工程为龙头，继续加大这些领域的信息化程度，使其服务效率与水平能够逐渐适应改革开放的需要。

四、全面提高现代科学技术人才的素质

要培养一大批坚持科学发展观、具有较强的“人与自然和谐发展”意识的高技术企业管理人才和技术开发人才。除了大学加强这方面的教育外，还要对高技术企业的领导和科技人员进行教育和培训。通过制定正确的社会政策和法律及一系列奖励机制，增强国人的环境意识和环保法制观念，以保证从社会规模、国家规模上合理地组织人类改造自然的实践活动，保证社会有一定的人力、物力、财力支持科技、经济、社会与自然协调发展方面的研究、实施和监督。

另外，加大教育投资，大力实施科教兴国的伟大战略，全面提高国人的素质，实施人才计划，使中国由一个人口大国变成一个人才大国，这是高技术产业中统筹人与自然的和谐发展的根本保证。

第三节　可持续发展观的形成

可持续发展是20世纪80年代随着人们对全球环境与发展问题的广泛讨论而提出的一个全新概念，是人类对传统发展模式长期深刻反思的结果，是在人类付出巨大代价后才逐渐树立起来的。

一、可持续发展理论产生的历史背景和现实依据

在人类文明的长期发展过程中，人类的活动与文明的兴衰繁荣息息相关。早在公元前3500年，苏美尔人在两河流域的下游建立了几个城邦，这是世界上最早的文明发源地之一，过度的土地开垦使文明的生命保障系统濒于崩溃，并最终导致文明的衰落。在希腊，第一次大规模的环境破坏发生于公元前680年，原因是人口的增长和聚居区的扩大。到公元前339年的伯罗奔尼撒战争之后，古希腊文明衰落了。在中国，我们的母亲河——黄河流域，据《史记》记载，2000多年前也曾经是林木繁茂，山川秀美。而如今经过历代人类“文明”的伤害，它日益憔悴和枯槁，旱涝频繁，多灾多难，断流、污染等问题层出不穷。我国西安城郊的半坡村位于白鹿原下的浐河畔，它是一个6000年前我们祖先的聚落。但由于森林植被的人为破坏，半坡村、白鹿原的环境严重恶化，逐渐成为黄土荒原，浐河已成为一条半干涸的河道。

轰轰烈烈的近代、现代工业革命以来，突飞猛进的科学技术极大地促进了社会经济的飞速发展，然而这种经济增长方式伴随的是高投入、高消耗、高污染的生产方式，这种生产方式满足了人类的物质需求，扩展了人类的生存空间，改变了人们的生活方式，也提高了人类控制自然的能力。但是，它没能从根本上改变人类文明在长期发展中存在的自然环境日益恶化的现象，反而使其愈演愈烈。人与自然的矛盾加剧，表现为人口激增、空气污染、水资源污染和短缺、土壤退化、物种锐减等“全球性问题”，环境和发展之间的矛盾日益尖锐，并最终成为各国社会经济持续发展的长期制约因素。

二、可持续发展理论的思想渊源

1. 人类中心主义

人类中心主义论，是在处理人与自然的关系中，主张以人为核心的观点，行为的出发点是人，行为的目的是从人的利益和需要出发向自然索取或者更好的索取。从伦理学的角度分析，人类中心主义认为只有人类才具有内在价值，只有人类才有资格获得伦理关怀。作为人类主体外的自然界是无所谓价值可言的。人作为理性存在物，其道德地位优于其他物种。传统观念中自然资源是取之不尽，用之不竭的。利用自然资源也毫不费力，唾手可得，从来不会考虑自然对人的价值问题。只是利用而不建设自然，把自然仅仅看作是获取丰富资源的仓库，人类中心主义成为工业化社会占主导地位的行为准则和实践理念。然而正如恩格斯所认为的，虽然人们改造自然取得一个又一个胜利，物质和文化生活大大丰富，但是大自然也一次又一次地地报复了人类，环境污染和生态破坏的惨痛现实，已经迫使人们改变上述价值观念。时至今日，全球性的生态危机日益加剧，人类中心主义被认为是导致这一危机的罪魁祸首。

2. 自然中心主义

自然中心主义，也称生态中心主义，是将人视为与自然平等的存在，否定人类的特殊性，在人与自然的关系上强调自然的核心地位。自然中心主义者认为，自然界是有价值的。自然价值的主体是自然本身，自然具有不依赖于人类的，以自然自身为主体和尺度的、自然本身所固有的“内在价值”，也有人类利用、开发自然而形成的，即能够满足人类的需要的外在价值。人类只有抛弃自己利益的尺度，以自然本身为尺度，才能确立保护自然生态平衡的科学的生态伦理观。

人类不是高高在上的，为了满足人的需要从而对自然界大肆进行掠夺式开发从来都不是天经地义的，而必须要把人类作为自然界的普通一员，把人的能动性与受动性相统一，以“人道主义”的态度对待自然界，即将人的伦理原则贯彻到自然界中去作为一种“生态伦理原则”，把自然界看作与人类相互依存的“伙伴”，尊重自然规律和生态学原理，保持自然界的生态平衡，把“人—自然”系统当作目的，承认自然的内在价值，如自然中心主义者所认为的，人不再是高贵物种，不再以人出发思考生态环境的问题，而应从公允的、没有物种偏好的立场建构自己的环境伦理理论。因为人不仅对人负有直接的道德义务，对自然物也负有直接的道德义务，并且后一种义务并不是前一种义务的间接表现。

可以说，自然中心主义论对传统的人与自然关系产生了强烈的冲击和震荡。与传统伦理学相反，它把人类道德关怀的对象拓展至整个自然界，认为我们对自然、对生态系统，对所有具有价值的自维生系统的完整稳定、美丽负有崇高的道德责任和义务，人类是地球人唯一的道德代理人，应该是完美的道德监督者，不应只把道德用作维护人这种生命形式的生存的工具，而应把它用来维护所有完美的生命形式。树立环境道德意识。

环境道德是人与自然和谐关系的反映以及社会共同的长远利益的反映，是一般社会道德在调节人对环境的行为规范方面的特殊体现，它的提出是解决环境问题的需要，也是传统伦理学中道德范畴发展的需要，更是道德实践的需要，有利于调整人与人、人与自然之间的关系，促进新时代的社会文明。

热爱人类生存的家园，建立人与自然的和谐关系，爱护并尊重生命和自然界，是环境道德的命令性原则，处于环境道德的核心地位。正如大地伦理学的提倡者美国哲学家利奥波德指出，“我不能想象，在没有对土地的热爱、尊敬和赞美，以及高度认识它的价值的情况下，能有一种对土地的道德关系。利奥波德在《大地伦理学》一书中还指出，“把道德扩展到人类环境，这是进化的可能性，也是生态的必要性。”生物学家赫胥黎也说过，用伦理学的术语来说，黄金律不仅适用于人与人之间，而且适用于人与自然的关系。[1] 伦理学范围扩大到动物—一切生命—生态环境，这是伦理进化的必然趋势。随着科学技术的发展和人类社会的进步，人类的伦理学如果不与生态密切联系，不向生态水平前进倒是不可思议的事情了。

近年来提倡的可持续发展的道德宗旨，把道德对象由人扩大到自然，承认自然界与人有同等的存在和发展权利，以“人—自然”平等互利的协同进化与发展作为人的行为的出发点和归宿，给自然赋予应有的道德地位。

人对自然界建立平等互利，协调发展的道德关系需要更大的自觉性。因为在人的巨大创造力面前，自然界是受动的，要维护人与自然的平等互利，协调发展，要靠人的自觉性，靠人确立坚定的可持续发展的道德观念。

三、可持续发展理论与战略的形成和发展过程

沉痛的历史教训和严峻的现实，迫使人们逐渐以科学理性的态度开展对人与自然关系的再探讨、再认识，不得不回过头来重新审视自己的社会经济行为，反省自己的发展思路，从而逐步形成了可持续发展理论与战略。从时间上看，大致可分为这几个阶段：20 世纪 60 年代的孕育阶段，70 年代到 80 年代初的产生阶段，80 年代中后期至今的不断完善阶段。

1962 年，被称作“环保斗士”的美国海洋生物学家卡森所著《寂静的春天》一书问世，它标志着人类把关心生态环境问题提上议事日程。书中，卡森根据大量事实科学论述了 DDT 等农药对空气、土壤、河流、海洋、动植物与人的污染，以及这些污染的迁移、转化，从而警告人们：要全面权衡和评价使用农药的利弊，要正视由于人类自身的生产活动而导致的严重后果。

1972 年 6 月，联合国在瑞典的斯德哥尔摩召开人类环境会议，发表了题为《只有一个地球》的人类环境宣言。宣言强调环境保护已成为同人类经济、社会发展同样紧迫的目标，必须共同和协调地实现：呼吁各国政府和人们为改善环境、拯救地球，造福全体人民和子孙后代而共同努力。本次会议唤起了世人对环境问题的觉醒，并在西方发达国家开始了认真治理，但尚未得到发展中国家的积极响应。而且这一阶段强调的是单纯的环境问题，还

[1] 刘大椿，等. 在真与善之间［M］. 北京：中国社会科学出版社，2000：131.

没有深刻地将环境问题与社会的发展很好联系起来。

1983 年 12 月，联合国成立了国际环境与发展委员会。1987 年，挪威首相布伦特兰夫人在该委员会的长篇专题报告《我们共同的未来》中第一次明确提出了可持续发展的定义：可持续发展是指既满足当代人的需要、又不损害后代人满足需要的能力的发展，并以此为基本纲领提出了一系列政策和行动建议。首次阐述了可持续发展战略，明确了这一战略的目标在于协调人口、经济、社会、资源、环境的相互关系，实现生态的持续性、经济的持续性、社会的持续性确保人类的持续存在和永续发展。为实现可持续发展战略目标，报告从政策高度提出了七大战略措施：①提高经济增长速度，解决贫困问题；②改善增长质量，改变以破坏环境和资源的现状为代价的发展状况；③千方百计地满足人们对就业、粮食、能源、住房、卫生保健等方面的需要；④把人口控制在可持续发展水平；⑤保护和加强资源基础；⑥技术发展要与环境保护相适应；⑦把环境与发展问题落实到政策法令和政府决策之中。从此，可持续发展的思想和战略逐步得到各国政府和各界的认同。

1992 年 6 月，联合国在巴西的里约热内卢召开了环境与发展大会，这次大会深刻认识到了环境与发展的密不可分；否定了工业革命以来那种“高生产、高消费、高污染”的传统发展模式及“先污染、后治理”的道路；主张要为保护地球生态环境、实现可持续发展建立“新的全球伙伴关系”；通过和签署了为开展全球环境领域合作、实现可持续发展的一系列重要文件，如《里约热内卢环境与发展宣言》《21 世纪议程》《关于森林问题的原则申明》《生物多样性公约》等，决定把可持续发展理论变为人们的行动纲领，形成了人类走向未来的发展战略。进一步阐述了可持续发展战略所要采取的措施：①改变单纯的经济增长、忽视生态环境保护的传统发展模式；②由资源型经济过渡到技术型经济，综合考虑经济、社会、资源与环境效益；③通过产业结构调整和合理布局，开发应用高新技术，实现清洁生产和文明消费，提高资源和能源的使用效率，减少废物排放，协调环境与发展之间的关系，使社会经济发展既能满足当代人的需求，又不致对后代人的需求构成危害，最终达到社会、经济、资源、环境的持续和稳定协调发展。

四、可持续发展的内涵与基本原则

可持续发展理论的基本内涵是：在协调好人与自然关系的前提下，提高人的生活质量；缓解人与自然的矛盾；既要考虑当前的发展需要，又要考虑未来的发展需要，不能以牺牲后代人的利益为代价来满足当代人的利益，既不能吃祖宗饭，也不能断子孙粮；既要保证适度的经济增长与结构优化，又要保持资源的永续利用和环境优化；强调自然、经济和社会的统一，即可持续发展包括自然的持续性、经济的持续性和社会持续性。

如上所述，可持续发展就应该遵守下面的基本原则。

1. 公平性原则

可持续发展所追求的公平性原则，包括三层意思。一是代内平等，即当代人之间的横向平等，它强调任何地区任何国家的发展不能以损害别的国家和地区为代价，特别要注意到欠发达的地区和国家的需求。二是代际间平等，即世代人之间的纵向平等，它强调当代人不能因为自己的发展与需求而损害人类世世代代满足需求的条件——自然资源与环境，要给世世代代以公平利用自然资源的权利。三是公平分配有限资源，针对目前富国在利用地球资源上拥有优势状况，这一原则要求各国拥有着按其本国的环境与发展政策开发本国自然资源的主权，并负有确保在其管辖范围内或在其控制下的活动不致损害其他国家的环境的责任。

2. **持续性原则**

人类的存在和活动不可避免地会对自然生态系统进行干预并产生一定程度的影响，要保持社会的持续发展，就必须把人为干预自觉地控制在自然生态系统维持自身的动态平衡所许可的范围之内。人类的发展一旦破坏了人类生存的物质基础，造成生态失衡，发展本身就会衰退，需求就难以满足。所以，人类的经济和社会发展不得超越资源与环境的承载能力。

3. **共同性原则**

地域不同、国情不同，实现可持续发展的具体模式和道路各异。然而，公平性原则、持续性原则应是共同的。并且，实现可持续发展的总体目标，应该在达成全球共识——只有在地球的整体性和相互依存性的前提下，采取全球的联合行动才能成功。

可持续发展问题，是21世纪世界面对的最大中心问题之一。它直接关系到人类文明的延续，并成为直接参与国家最高决策的不可或缺的基本要素。因此，“可持续发展”的概念一经提出，在短短的几年内已风靡全球，从国家首脑到广大社会公众，毫无例外地接受其观念和模式，并迅速地引入到计划制定、区域治理与全球合作等行动当中。

五、我国的可持续发展战略

我国是世界上最大的发展中国家，面临着经济增长和生态环境保护的双重巨大压力。中国的基本国情、面临的国际环境及特殊的建设任务，决定了我国的现代化建设只能走可持续发展道路。

1）人口增长过快，素质偏低。2005年新年伊始，我国第13亿个人口诞生。13亿人口中，有9亿农民，而且处于快速增长阶段。21世纪初，60岁以上的老龄人口达到1.3亿，提前进入老龄社会；2020年，劳动力人口（15～59岁）将达到10亿，出现一个庞大的就业大军；2030年，总人口将达到16亿，这必将给有限的耕地、脆弱的生态环境造成巨大的压力。

2）人均资源不足。我国虽为资源大国，但人均起来就变成了资源小国。如人均土地面积和耕地面积仅为世界平均水平的1/3；人均森林、草地面积分别为世界平均水平的1/6和1/3；人均水资源和矿产资源分别为世界平均水平的1/4和1/2。人均资源量排在世界各国的第120位。45种主要矿产资源的空间分布很不均衡，83%的降水集中在占耕地面积36%的长江以南，80%的能源分布在占工业产值不到10%的西北部。

3）生态失衡日渐突出。我国的生态环境脆弱，各种自然灾害频繁，不合理的生产活动和生活方式又进一步加剧了我国生态环境的恶化。全国500个大中城市中，大气质量达标的不到1%，酸雨面积已接近国土面积的30%。每年排放的废水总量为439.5亿吨，超过环境容量的82%，七大水系中50%的河段遭到污染，75%的湖泊出现不同程度的富营养化；2/3的城市处于垃圾的包围之中；水土流失面积达179万平方公里，每年流失的土壤总量达50亿吨，损失的氮、磷、钾相当于全国化肥总产量。从20世纪50年代到90年代，我国的沙化面积从560平方公里增加到2460平方公里。

所以，面对人口超载、资源短缺、环境污染、生态恶化加剧的特殊国情，我国的现代化建设必须坚持走经济、社会、人口、资源、环境协调发展的道路。

1992 年 8 月至 1994 年 1 月，我国政府组织有关部门制定和实施了我国的可持续发展战略，即《中国 21 世纪议程》，它是我国实现人口、资源、环境、经济、社会协调发展的对策和行动方案，包括四大部分：可持续发展总体战略、社会可持续发展内容、经济可持续发展内容、资源与环境的合理利用与保护。

第一部分一开始即明确指出，我国的可持续发展战略包括经济的可持续发展、社会的可持续发展、资源与环境的合理利用与保护三个方面。其中，经济的可持续发展是前提条件，社会的可持续发展是目的，资源的可持续利用和良好的生态环境是基础。要建立国家可持续发展的政策体系、法律体系、综合决策机制和协调管理机制。依靠科技进步增加经济效益，提高劳动者素质，不断改善发展的质量。社会可持续发展部分包括控制人口数量，提高人口素质，卫生保健，发展中小城市和小城镇，建立防灾体系等。

在论述经济的可持续发展时，议程明确指出：对于像我国这样的发展中国家，可持续发展的前提是发展。要坚持以经济建设为中心不动摇，但要转变经济增长的模式，依靠科技进步使经济增长模式向集约型、效益型转变，在保持经济快速增长的同时，保护好资源与环境基础。在农业结构、资源、投入与管理、生态环境上采取措施；改善工业结构与布局，推广清洁市场工艺和技术；发展交通、通信业；对能源的管理、节约、开发与提高效率等。

在资源的可持续利用与环境保护方面，包括自然资源保护与可持续利用、生物多样化保护、荒漠化防治、保护大气层和固体废物的无害化管理等。在减灾防灾方面，提出要减少人为的生态环境破坏诱发、加重的自然灾害。

自《中国 21 世纪议程》颁布以来，有关部门先后制定和颁布了一系列议程、计划和方案。其中，《全国主要污染物排放总量控制计划》要求以烟尘、二氧化碳、石油类、重金属、化学需氧量、工业固体废物排放量等几种主要污染物的排放量控制在国家批准的水平内。《中国跨世纪绿色工程（第一期）》则是具体、明确的工程计划，这些都显示了中国实施可持续发展的决心和勇气。

2003 年 10 月，党的十六届三中全会明确提出科学发展观的内涵："坚持以人为本，树立全面、协调、可持续的发展观，促进经济社会和人的全面发展。"2004 年 9 月，党的十六届四中全会通过的《中共中央关于完善社会主义市场经济体制若干问题的决定》又鲜明提出了"五个统筹"的重要思想，即统筹城乡发展、统筹区域发展、统筹经济社会发展、统筹人与自然和谐发展、统筹国内发展和对外开放。科学发展观以及五个统筹的核心内容，就是促进人与自然的和谐，实现经济发展和人口、资源、环境相协调，坚持走生产发展、生活富裕、生态良好的可持续发展道路。

科学发展观，就是全面、协调和可持续的发展观。它是在我国全面建成小康社会的情况下，新一届中央领导集体根据中国实际和改革开放的实践提出来的，切合当代世界发展趋势的一种新的发展观。因此，一经推出，便受到国际社会的极大关注。

种种措施表明，世界上人口最多的中国，正在把可持续发展作为国家基本战略而努力。通过这一战略的贯彻与执行，中国将在可持续发展方面不断地跃上新台阶，对世界发展的进程和人类文明的进程做出应有贡献。

第四节　树立科学发展观，实现全社会的和谐发展

人类产生于自然，又能动地反作用于自然，一部人类发展史，就是一部生产发展史。随着科技和社会生产力的加速发展，人对自然的影响和作用大大加强，人与自然的关系发生了本质变化，人口、资源、环境与经济社会出现了一系列尖锐矛盾。因此，如何正确认识和处理人类、科技与自然的关系，使它们和谐地发展，实现人类美好的未来，是当今人类面临的迫在眉睫的问题。

一、人类的困境

20 世纪以来，轰轰烈烈的工业革命、突飞猛进的科学技术极大地促进了社会经济的飞速发展，人工自然不断扩展，工业社会中到处是厂房机器、烟囱林立，在农业上，人们大规模的开垦荒地、围湖造田、引水挖渠、砍伐森林，构建了一个个新的人工自然。科技越发达，人类改造自然的力量越大，自然的面貌也就变化越快，人工自然以前所未有的速度向前发展，科技对自然的影响力也越来越大。

目前，几千年来一直有利于人类发展的地球，有可能由于人类的过度干预和控制，已经在朝着不利于人类发展的方向演变。人类对自然界的干预已经超过了自然界的再生能力和自我调节能力，使不同水平的自然平衡都已濒临自我修复的极限。

非协调发展使人类付出了沉重的代价。现代科学技术曾使大工业生产方式“武装到牙齿”，使非再生资源如石油、煤炭、天然气等由于过度开采趋于枯竭。可再生资源入不敷出，森林植被严重破坏，野生动植物濒临灭绝，热带雨林正在退化或消失，水供应严重不足。

非协调发展使环境恶化，人类面临着有史以来最严重的全球环境危机，这是人类步入工业社会之后才出现的。人们称之为工业代谢型生态危机，如二氧化碳排放量增加导致的“温室效应”，工业废气导致的“臭氧层空洞”、酸雨，工业和生活污物引起的“水源污染”，有害废弃物的国际范围流动和扩散等。

现代科技促进了医学进步，人类伤病死亡率大大下降，人类预期寿命明显提高，却造成人口激增。根据联合国预测，到 21 世纪末，如果不能有效控制，世界总人口将达到 110 亿。届时，粮食问题、就业问题、饮用水问题等都会成为对人类生存的严重威胁。

生态环境的恶化，自然界一次又一次的报复，迫使人们不得不认真思考如何善待自然、保护环境，理智地运用科学技术的力量，实现科技、经济、社会与自然的和谐发展。

二、树立科学发展观

发展问题是人类有史以来就存在的问题，但是在不同时期，人们对发展问题的认识却在不断变化。工业革命以后，人们把发展片面理解为科学技术的发达和国民生产总值的增长，受经济利益驱动，单纯追求近期、局部的甚至个人的利益。却忽视了对科技产业的生态伦理评价和长期效应评价，忽视了环境、资源和生态等自然系统方面的承载力；忽视了发展的自然成本，其后果是人类赖以生存和发展的环境被破坏得千疮百孔。所以，今天人们追求的目标是科技、经济、社会与自然的协调发展，树立科学发展观。

这是一个极其复杂的系统工程，它必须满足三个条件：首先，必须确立科技、经济、社会与自然的整体观念，这是协调发展的思想前提；其次，必须建立一种自觉的社会组织——共产主义社会，这是协调发展的社会前提；最后，必须依靠科技进步，促进社会的发展，这是协调发展的科学技术前提。

1. **思想前提**

1）确立科技、经济、社会与自然相统一的大协调观念。科技、经济、社会与自然诸方面相互联系、相互制约、互渗互动，每一方面的变化都会对人与自然的关系产生影响。科技作为第一生产力推动着经济和社会的发展，也为调节保护自然环境动态平衡提供了必要的手段；经济为科技发展提供物质和资金保证以及新的课题，推动科技的发展；经济还是社会的基础，经济的发展也促进社会的发展；而社会的上层建筑和社会意识等因素又对经济以及科技的发展产生反作用，在一定程度上影响和制约着经济与科技的发展。由此可见，科技、经济、社会与自然是紧密相连的统一整体，过分强调其中任何一方面的都是片面的，不能从根本上解决人与自然的矛盾。

2）确立新的协调发展观念。传统的发展观念只把科学技术的发达和国民生产总值的增长作为发展的唯一尺度，单纯追求经济高速增长，忽视甚至以牺牲自然环境为代价，因此并不是真正意义上的增长。科学发展观强调的是和谐发展，强调人与自然关系的和谐。人既是自然界的主人，又是自然界的成员，既要肯定人的能动性，也要对受动性给予充分重视。这里也包含着新的生态伦理原则，把调节人与人之间的伦理原则扩大到人与自然关系的调节，以“人道主义”的态度对待自然。要求人类在经济活动中尊重自然规律，遵循生态学原理，自觉维护生态平衡。

协调发展的观念还包含一种新的经济价值原则，就是要求看到在生产的成本中既包括物质资本和人力资本，也包括自然环境资本。自然环境和资源也是有价的，所以人类的发展必须计入自然成本，否则今天自然资本的过度亏损将导致以后需付出更大的代价来弥补。

3）确立全球意识。所谓全球意识即指全球的各个地区、各个国家之间密切联系、相互影响、相互依存的意识。实现科技、经济、社会与自然的协调发展需要人们确立全球意识，开展国际或全球性合作。因为目前造成人类困境的问题已经跨越了国界，绝非哪一个国家能够独立解决的。目前，存在的人与自然关系不协调，从空间角度看，它不是发生在一个地区或一个国家，而是发生在整个地球，全球性问题是由全人类在千百年的活动中造成的，应该由全体人类一起来解决。2004 年印度洋大海啸，正是受灾国家得到了全球各方面的大力援助和支持，从而才能较好地度过灾难。从全人类看，虽然各自生活的国家和社会制度不同，但是都在同一个地球生物圈中，具有共同的利益、共同的需要、共同的责任和义务，所以应该统一行动，共同努力，建立相应的国际秩序与合作关系。

2. **社会前提**

科学技术活动是人类认识自然改造自然的一种社会实践，其发展方向和规模、作用的性质和大小离不开社会环境的影响和制约，要充分发挥科学技术在解决人与自然矛盾中的作用，努力控制科学技术的负效应，大力发挥科学技术的正效应，实现科技、经济、社会与自然的协调发展，必须创造适当的社会条件。

1）各国必须从自己的实际出发，调整社会关系，建立合理的社会制度。综合考虑科技、经济、社会与自然的复杂关系和相互作用，制定发展速度适当、整体优化的发展战略，以保证社会的可持续发展。

2）通过制定正确的社会政策和法律，增强各国人民的环保意识和环保法制观念，以保证从社会规模、国家规模乃至世界规模上合理地组织人类改造自然的实践活动。保证社会有一定的人力、物力和财力，支持科技、经济、社会与自然协调发展方面的研究、实施和监督。现在，不少国家都设立了环境保护的管理和研究机构，我国政府也十分重视这方面工作，已制定了环境保护、资源利用和计划生育等方面的有关政策和法规，提出了科学发展观。

3）人类社会必须以最佳的组织形式与自然进行物质、能量和信息的交换，如此才能保证人和自然长期协调的发展。协调科技、经济、社会与自然的关系，必须首先协调人与人的关系，必须改变不合理的社会制度。资本主义制度不能从根本上解决人与自然的矛盾冲突，需要建立一种在总体上、宏观上有计划地生产和分配的自觉的社会组织——社会主义和共产主义，才能真正用整体观念从全球角度，实现对自然的合理开发、利用和改造，达到科技、经济、社会和自然的协调发展。

3. 科学技术前提

在实现科技、经济、社会与自然的协调发展中，科学技术起着关键的作用。它是推动经济和社会发展的动力，也是解决人类面临的人口、粮食、资源、能源、环境等问题的首要条件。

科学技术的发展，揭示了自然和社会的发展规律，揭示了人与自然的真实关系，正确预见了发展的趋势。现代科学技术的发展不仅为人的能动性的再发挥，而且对人的受动性的认识和控制都提供了科学依据。现代意义上的人与自然的关系主要体现在生物圈的动态平衡对人类及生命系统稳定发展的影响。现代科学揭示的自然规律，已成为人类认识生物圈动态平衡机制的基础，而现代技术又为调节生物圈的动态平衡提供了必要的手段。

只有高度的生产力才能给人和自然关系的协调提供可能性，而高度的生产力必须依赖于高度发展的科学技术。科学技术的飞速发展，使人类通过科学技术对自然界的干预能力日益增强。以信息技术、生物工程、纳米技术为龙头的新技术革命，给科技、经济、社会与自然的协调发展提供了重要手段。以电子技术为主要内容的新型信息产业，使能耗减少。新材料的发展，使资源短缺得以缓解。再生能源新技术，有可能使人类得到清洁的、源源不断的新型能源。电子计算机技术、遥测遥感技术、人造卫星技术的发展，为人类监测、分析、利用、治理生态环境提供了强有力的手段。生物工程新技术为合理开发生物资源，解决粮食问题，维护生态平衡等方面都将产生重要影响。而实现生产生态化对于协调人和自然的关系也至关重要。

实现生产生态化对于协调人和自然的关系至关重要。生产生态化的核心是建立无废料、少废料的封闭循环的生产工艺，发展循环经济。生产过程的废料可以作为物质资源的一部分，作为另一个生产过程的原料。实现物质资料的综合利用。以保持生物圈动态平衡为出发点，制定新的技术发展战略：一方面通过生态论证，停止或限制使用那些破坏生物圈功能的技术；另一方面建立诸如生态农业、生态工业、生态经济等科研体系，使科学技术生态化。

解决人类的困境，科学技术是关键，它不仅渗透影响生产力的发展，而且通过科学管理促进生产力结构的优化组合，引起劳动方式的变化。

参考文献

[1] 张文彦. 科学技术史纲要 [M]. 北京：科学技术文献出版社，1989.
[2] 远德玉，陈昌曙. 论技术 [M]. 沈阳：辽宁科学技术出版社，1986.
[3] 宋健. 现代科学技术基础知识 [M]. 北京：科学出版社，中共中央党校出版社，1994.
[4] 潘永年. 自然科学发展简史 [M]. 北京：北京大学出版社，1984.
[5] 关士续. 科学技术史教程 [M]. 北京：高等教育出版社，1989.
[6] 陈昌曙. 自然辩证法新编 [M]. 沈阳：东北大学出版社，1995.
[7] 李思孟，宋子良. 科学技术史 [M]. 武汉：华中科技大学出版社，2000.
[8] 恩格斯. 自然辩证法 [M]. 北京：人民出版社，1971.
[9] 马克思. 机器、自然力和科学的应用 [M]. 北京：人民出版社，1978.
[10] 列宁. 唯物主义和经验批判主义 [M]. 北京：人民出版社，1960.
[11] 马克思恩格斯列宁斯大林论科学技术 [M]. 北京：人民出版社，1979.
[12] 邓小平文选第三卷 [M]. 北京：人民出版社，1993.
[13] 中共中央、国务院. 关于加速科学技术进步的决定，1995-5-6.
[14] 江泽民. 在全国科学技术大会上的讲话，1995-5-26.
[15] 国家教委社科司. 自然辩证法概论（修订版）[M]. 北京：高等教育出版社，1991.
[16] 自然辩证法原理 [M]. 长沙：湖南教育出版社，1984.
[17] 黄顺基，等. 自然辩证法教程 [M]. 北京：中国人民大学出版社，1985.
[18] 段联合，曹胜斌. 科学技术哲学教程 [M]. 北京：科学出版社，2003.
[19] 申仲英，肖子健. 自然辩证法新论 [M]. 西安：陕西人民出版社，1994.
[20] 周济. 自然辩证法教程 [M]. 福州：福建科学技术出版社，1987.
[21] 舒炜光. 自然辩证法原理 [M]. 长春：吉林人民出版社，1984.
[22] 吕乃基，等. 自然辩证法导论 [M]. 南京：东南大学出版社，1991.
[23] 曾国屏，等. 当代自然辩证法教程 [M]. 北京：清华大学出版社，2005.
[24] 自然辩证法百科全书 [M]. 北京：中国大百科全书出版社，1995.
[25] 黄顺基. 自然辩证法发展史 [M]. 北京：中国人民大学出版社，1988.
[26] 夏禹龙，等. 科学学基础 [M]. 北京：科学出版社，1983.
[27] 邬焜，等. 自然辩证法新编 [M]. 西安：西安交通大学出版社，2003.
[28] 朱丽兰，等. 科教兴国 [M]. 北京：中共中央党校出版社，1995.
[29] 丁长青. 科学技术学 [M]. 南京：江苏科学技术出版社，2003.
[30] 魏宏森，等. 开创复杂性研究的新学科——系统科学纵览 [M]. 成都：四川教育出版社，1991.
[31] 爱因斯坦文集 [M]. 许良英，等译. 北京：商务印书馆，1979.
[32] 昂利·彭加勒. 科学的价值 [M]. 北京：光明日报出版社，1988.
[33] 爱因斯坦晚年文集 [M]. 海口：海南出版社，2000.
[34] 贝尔纳. 科学的社会功能 [M]. 北京：商务印书馆，1985.
[35] 贝弗里奇. 科学研究的艺术——科学方法导论 [M]. 武汉：湖北出版社，1986.
[36] 保罗·戴维斯. 上帝与新物理学 [M]. 长沙：湖南科学技术出版社，2002.

[37] 丹尼尔·贝尔. 后工业社会的来临 [M]. 北京：商务印书馆，1984.
[38] 大卫·格里芬. 后现代科学——科学魅力的再现 [M]. 北京：中央编译出版社，1992.
[39] 丹皮尔. 科学史 [M]. 北京：商务印书馆，1983.
[40] 杜石然. 中国科学技术史稿 [M]. 北京：科学出版社，1982.
[41] 拉兹洛. 用系统的观点看世界 [M]. 北京：中国社会科学出版社，1985.
[42] 拉普. 技术科学的思维结构 [M]. 长春：吉林人民出版社，1988.
[43] 冯友兰. 中国哲学简史 [M]. 北京：北京大学出版社，2000.
[44] 弗朗西斯·克里克. 惊人的假说 [M]. 长沙：湖南科学技术出版社，1999.
[45] 黄顺基. 关于自然辩证法概论教学基本要求修订的基本思路 [J]. 思想理论教导刊，2002 (8)：19 –48.
[46] 中国自然辩证法研究会. 自然辩证法走进新世纪 [M]. 哈尔滨：哈尔滨出版社，2002.
[47] 怀特海. 科学与近代世界 [M]. 何钦，译. 北京：商务印书馆，1963.
[48] 哈雷. 科学逻辑导论 [M]. 杭州：浙江科技出版社，199O.
[49] 马尔库塞. 单向度的人 [M]. 上海：上海译文出版社，1989.
[50] 库恩. 科学革命的结构 [M]. 上海：上海科学技术出版社，1980.
[51] 库恩. 必要的张力 [M]. 北京：人民出版社，1980.
[52] 柯普宁. 辩证法·逻辑·科学 [M]. 上海：华东师范大学出版社，1981.
[53] 刘大椿. 科学技术哲学导论 [M]. 北京：人民大学出版社，2000.
[54] 劳丹. 进步及其问题 [M]. 北京：华夏出版社，1990.
[55] 劳丹. 科学与价值 [M]. 福州：福建人民出版社，1991.
[56] 赖欣巴哈. 科学哲学的兴起 [M]. 北京：商务印书馆，1983.
[57] 刘大椿. 比较方法论 [M]. 北京：中国文化书院，1987.
[58] 刘大椿. 科学活动论 [M]. 北京：人民出版社，1985.
[59] 李醒民，宋德生，王身立. 技术发明集 [M]. 长沙：湖南科学技术出版社，1999.
[60] 罗素. 西方哲学史 [M]. 北京：商务印书馆，1981.
[61] 福穆尼茨. 当代分析哲学 [M]. 上海：复旦大学出版社，1986.
[62] 孟建伟. 科学技术哲学研究 [M]. 北京：东方出版社，1998.
[63] 普里果金. 从存在到演化 [M]. 上海：上海科学技术出版社，1986.
[64] 卡尔·波佩尔. 客观知识 [M]. 上海：上海译文出版社，1987.
[65] 卡尔·波佩尔. 猜想与反驳 [M]. 上海：上海译文出版社，1987.
[66] 卡尔纳. 科学哲学和科学方法论 [M]. 北京：华夏出版社，1990.
[67] 邱仁宗. 生命伦理学 [M]. 上海：上海人民出版社，1987.
[68] 史蒂芬·霍金. 时间简史 [M]. 许明贤，译. 长沙：湖南科学技术出版社，2002.
[69] 史蒂芬·霍金. 壳中的宇宙 [M]. 吴忠超，译. 长沙：湖南科学技术出版社，7002.
[70] 海森伯. 理学和哲学——现代科学中的革命 [M]. 北京：商务印书馆，1987.
[71] 拉普. 技术哲学导论 [M]. 刘斌，等译. 沈阳：辽宁科学技术出版社，1987.
[72] 波佩尔. 猜想与反驳 [M]. 傅季重，等译. 上海：上海译文出版社，1986.
[73] 拉卡托什，科学研究纲领方法论 [M]. 兰征，译. 上海：上海译文出版社，2005.
[74] 拉兹洛. 进化——广义综合理论 [M]. 闵家胤，译. 北京：社会科学文献出版社，1986.
[75] 拉兹洛. 用系统论的观点看世界 [M]. 闵家胤，译. 北京：中国社会科学出版社，1986.
[76] 拜尔陶隆菲. 一般系统论 [M]. 秋同，袁嘉新，译. 北京：社会科学文献出版社，1987.
[77] 贝尔. 环境科学 [M]. 范淑琴，等译. 北京：科学出版社，1987.
[78] 杜博斯. 只有一个地球 [M]. 国外公害资料编译组，译. 北京：化学工业出版社，1974.
[79] 梅多斯，等. 增长的极限 [M]. 季恒，译. 成都：四川人民出版社，1983.

[80] 托夫勒．第三次浪潮［M］．北京：三联书店，1983.
[81] 孙小礼．可持续发展与科学技术［J］．自然辩证法研究，1995（3）.
[82] 赵鑫珊．普朗克之魂［M］．上海：文汇出版社，1999.